U0267363

DESIGNING DESIGN
by Kenya Hara

Originally published in Japanese by Iwanami Shoten, Publishers, Tokyo, 2007.
This Chinese (simplified character) language edition published in 2010
by the GUANGXI NORMAL UNIVERSITY PRESS, China

用语言表达设计是另一种设计行为。

Verbalizing design is another act of design.

原研哉

KENYA HARA

DESIGNING DESIGN

设计中的设计 | 全本

KENYA HARA

设计中的设计 | 全本

原研哉

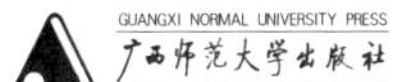

DESIGNING DESIGN

KENYA HARA

8 一种设计的方言：辨析原研哉

李 · 埃德尔库特

埃因霍温设计学院主席，趋势预测联盟潮流分析师

12 隐形的美学

前田约翰

麻省理工学院媒体实验室副研究主任

14 收到的信息

杰斯帕 · 莫里森

产品设计师

18 前言 原研哉

1 RE-DESIGN

Daily Products of the 21st Century

再设计——二十一世纪的日常用品

22 令平常未知

24 艺术与设计

25 再设计展

26 坂茂与卫生纸

30 佐藤雅彦与出入境章

33 隈研吾与捕蟑盒

38 面出薰与火柴

40 津村耕佑与尿片

44 深泽直人与袋茶

48 察觉时已在未来的正中央

建筑师的通心粉展

52 食品设计

56 今川宪英 | SHE & HE

57 大江匡 | WAVE—RIPPLE. LOOP. SURF.

58 奥村昭夫 | i flutte

59 葛西薰 | OTTOCO

60 隈研吾 | 半构成

61 象设计组合 | MACCHERONI

62 小林宽治 | Serie Macchel'occhi [马卡罗尼之眼]

63 宫胁檀 | 冲孔通心粉

64 剩下的作品

2 HAPTIC

Awakening the Senses

HAPTIC——五感的觉醒

68 感觉方式的设计

70 HAPTIC展

72 津村耕佑 | Kami Tama

76 祖父江慎 | 蝌蚪杯垫

80 杰斯帕·莫里森 | 挂钟

84 伊东丰雄｜来自未来的手——凝胶门把手
89 Panasonic设计公司｜凝胶遥控器
92 深泽直人｜果汁的肌肤
96 挟土秀平｜木屐
100 发生在皮膜上的事
104 铃木康广｜圆白菜碗
110 山中俊治｜漂浮的指南针
115 玛迪厄·曼区｜妈妈的宝贝
119 平野敬子｜废纸篓
122 原研哉｜水弹珠
128 阿部雅世｜文库本书封——八百个凸点
130 隈研吾｜蛇皮纹样擦手纸巾
134 须藤玲子｜瞪羚
138 服部一成｜带尾巴的礼品卡
140 原研哉｜加湿器
144 感觉驱动
144 技术的进步与感觉的退化
147 扩展感觉世界的版图

3 SENSEWARE

Medium That Intrigues Man

SENSEWARE——引人兴趣的媒介

152 是什么唤醒了感觉
152 一种白且具张力的物质
155 对话物质性

信息的建筑思考方式

156 感觉认知的领域
157 大脑中的建筑

长野冬季奥林匹克运动会
开闭幕式节目表册

158 设计纸
162 唤醒踏雪的记忆

医院视觉指示系统

164 梅田医院的视觉指示系统
166 让白布保持洁净传达的信息
170 公立刈田医院视觉指示系统

松屋银座再造项目

174 摸得着的媒介
177 与触觉性设计的联系
184 作为事件的信息

长崎县美术馆视觉识别系统

188 波动般的信息

斯沃琪集团
尼古拉斯·G.哈耶克中心的
标识系统

192 漂浮在空中的表
193 手中的表

作为信息雕刻的书籍

196 书籍的再发现
198 信息是一只煮熟的蛋
200 信息雕刻
200 不是未来而是现在
202 FILING——混沌的管理
204 不要谈论色彩
206 设计的原形
208 纸与设计

4 WHITE
白

212 作为设计理念的“白”

213 发现“白”

214 含蓄的颜色

216 规避色彩

216 信息与生命的原项

5 MUJI
Nothing, Yet Everything

無印良品——无，亦所有

228 無印良品理念的视觉化

230 田中一光传给我的事物

232 無印的根，無印的挑战

238 不是“这个好”而是“这样就好”

240 世界的無印良品

241 空

244 把标识放在地平线上

246 地点——搜寻地平线

254 家

272 什么是“简单”中的品质

282 设计的未来

283 欲望的教育

289 给土壤施肥

292 自然而然就变成这样了

6 VIEWING THE WORLD FROM THE TIP OF ASIA
从亚洲的顶端看世界

302 所有文化都有自己的位置

308 传统与普遍

310 成熟文化的再创造

312 等待自然赐予
——“雅叙园”与“天空之森”

314 改造世界眼中的日本品质
——“小布施堂”

318 挖掘无的意义：无何有之乡

325 氛围是产生吸引力的资源

本有可能实现的展览

330 原始想法与“大自然的智慧”

332 生态的实践力

334 我们的森林憧憬

338 每次进化都与自然更近

344 让熟悉的自然与生命成为主角

352 自我繁殖的媒体

354 永无终止的计划

北京奥林匹克运动会标志设计竞赛

356 亚洲的律动

7 ZONE QIANMEN
Special contents for China

前门再造计划的视觉系统提案

370 前门的历史与未来

8 EXFORMATION
A New Information Format

EXFORMATION—— 一种新的信息形式

380 将世界未知化
382 给思考画上句号
382 知识的获得并非终点
383 为好奇心创造入口
385 令事物未知化的过程

EXFORMATION – 1
四万十川

386 过程的对象
387 田野调研
388 八个研究
388 模拟——如果河是一条路
394 脚印景观——踏上四万十川
396 拣垃圾
398 六方位——以立方体切割四万十川
399 独自六天的记录

EXFORMATION – 2
度假地

401 穿的、吃的、住的之后
403 大家都理解的放松时间
405 救生圈／彩条：将东京变成救生圈和彩条
408 睡在外面
410 冰激凌机
412 松散的字体编排设计
413 度假地·开关
415 Exformation持续展开中

9 WHAT IS DESIGN?
设计到底是什么？

418 哀声何来
419 两个起源
421 装饰与力量
423 设计的产生
425 设计的整合
426 二十世纪后半叶的设计
428 规格化，量化的生产方式
430 风格再塑与定位
431 思想与品牌
433 后现代主义的嬉戏
434 电脑技术与设计
436 激进的冲锋
438 超越现代主义

444 关于原研哉
深泽直人

446 中文版后记
原研哉

450 作品一览
468 展览／获奖／著作·共著／简历

一种设计的方言：辨析原研哉

李·埃德尔库特［Li Edelkoort］

埃因霍温设计学院主席，趋势预测联盟潮流分析师

他是个有个性的人，高个子，有着严苛、精准的好品位。他是无年龄的。他的行为举止如同一剂镇静剂。穿着神甫般黑色、简洁而剪裁绝佳的衣服，或是在周末像个和尚般身着棉帽外套与松紧带长睡裤。他是那种惹人注目的人，锐利而洞察一切的鹰眼从睿智的圆形镜片后面观察着世界。一时间，你会误把他当作一位上世纪的瑞士现代主义设计师，性情强烈，棱角分明，而实际则正好相反，他恬淡儒雅，温润如玉。

精确、严谨，他谈起设计来有如一种生活哲学，不断变换着他对于整个过程的意识，总在某处有所进展，挑战、改变着他自己的智慧。他既是及时准确的信息传播者，又是exformation的发明人，于知识的获取中斗争、嬉戏，并消解着其间的赘余。

他是一个自阴影和黑暗中成长起来的真正的日本创意家，他的灵魂在近代史的伤疤中流着血，关心着他存在文化的根，及其设计律法的DNA，并在其他崛起的亚洲国家面前拔擢其存在。因此，他专注于这个岛国自身特殊的价值观，为纸张、印刷和新兴织物的生存而努力，为传统注入现代内容。

他正在设计之中发明一种方言，将全球的理念与本土、区域性的色彩和品位混合在一起。当涉及大和文化的身份时，他是个理想主义者。他成了一名追求“无”的武士，一位治疗视觉过剩的针灸师。他布的道是对空和简单的满足，视日本为一种吸收所有影响、中和所有混沌、独自挤在亚洲边缘的超级混血儿。作为一位乌托邦国度的公民，他信奉一种无矫饰的未来，憧憬着一个将自己从过去的美国梦、现

在的亚洲梦的束缚中解放出来的日本，与一种新型的经济和美学的成熟达成一致。仿佛精神上有着某种血缘关系似的，我们俩都相信一个充满理想和人道主义价值的更美好的世界。

他的的确确是在触摸中。他是一位材质的老师，一位触觉体验领域的领导者，启发着同事和学生们去发明新材质，去运用令人惊异的、对于手指及眼睛均属一种盛宴般的东西。手指柔软、意志坚强，他在感觉认知方面培养了自己与整整一代设计师，令日本处于运用崭新触觉体验设计新事物的前沿。

他是一位色彩逃逸者，因为他知道，躲开色彩，触感将会开口说话。他在白中设计，以表现雪、空间、漂浮、信任和休息，去低语。白似乎成了他作品身躯的骨骼。

他不断表现、探索着日常生活中设计的谦和之乐。作为一位基本物品的赋形者，他在其主要设计项目中使用纸张、纸板和纺织品等材料来传达忠诚、可靠。他设计出感觉像雪一样的纸，再将其压凹，看上去像冰一般，他给标识穿上新换洗的棉布，并不断将白用于包装、储存、陶瓷和建筑，烙印上红色的冲击：红火焰、红印章、红字、红标、红心、红点……

这是尊严的设计， 一种轻声低语的价值系统，通过所有感官穿透人的头脑。情感的投入体现于连接结点、组装模块、连接过去与未来、融合高级和低级技术，正如在纸上刺绣来做新海报。纸张及其永恒平静的抽象令他相信，在未来，书籍对于信息的携带将融合对触摸、重量、味觉和记忆的欣赏和附加值。对他来说，纸张是食物，白是一种理念，印刷是一种过程，而设计则是氧气。

作为一位真正现代与合作意义上的品牌战略建筑师，他引导客户对其形象以一种更柔和、更近乎自然的方式进行重新考虑和重新运作，这更如一种流体，整个过程像条河一样流动，默默地在认知中变换，而无任何明显的努力痕迹。他推动他的合作者精彩地工作，将最好的思想家、哲学家和设计师带给他们。他是位不断完善中的架构者，刺激着同侪们在情感设计领域做永远的新探索。

作为大自然智慧的先知，他更关注小的创意和案例，让大自然说话。他会去转变一处巨大空旷的地平线，来邀请我们去体验选择的自由并从消费主义的束缚中解放，他会将我们人类自己的手想象成一件饮水的容器，仿佛那是最初的，也是最完美的设计法则的例证。实际上他是个完美主义者，而一只眼睛却盯着不完美和衰败、事物枯竭的本质，以及季节变化的随机之美。

虽然他相信，预言未来［那可是我的专业!］是一种无效的职业，在我心目中，他却有着此方面的天才。当他谈到我们二十一世纪的生活时，他成了一位预言家，他摆在我们面前的任务是宏大而包罗万象的。

他将日本的美学和生活方式视为西方世界的一种榜样，凭着它的谦逊、象征主义、传统和阴翳，摈弃过度消费去体验另一种快乐，那种作为一个精神个体的快乐，太阳与月亮、河流与城市、森林与动物，包括我们自身。正在成长的健康工业的出现可视为这种哲学的一种早期信号。

作为一位艺术家，当涂写象形文字、书法、涂鸦或字母的时候，他的书写看起来仿佛雨滴、米粒、雪片与蝴蝶……传达着大自然中一种合辙押韵的诗歌。因此，他又似乎对“点”情有独钟，对此我丝毫不以为怪。只是近来我才发现“点”何以在这一时刻是如此有力而突出。我发现，当它代表一个苹果、一个轮子、一个气球和一个月亮时，“点”是叙事的，而在表示痕迹、水滴、石子和月亮时，则是抽象的，因此它成了将会融合所有今天对比强烈之物的未来主要运动的符号：年轻与迟暮、极简与装饰、稳健与顽皮、生态与技术、手工与工业、自然与人造、抽象与叙事。由此，“点”完美体现了杂糅的思想，几乎成了他作品本体的符号。

所以，我只能以他自己的方式去看他：古老的形式、突出的触感与逃逸者的颜色；一张雪白、吸水、稍有些不规则、平滑而纯洁无瑕的白纸上，点着一颗燃烧着激情、以完美形式接合的红心。他的民族身份嵌入了他的身体，植根于他的灵魂。

隐形的美学

前田约翰 [John Maeda]

麻省理工学院媒体实验室副研究主任

原研哉是个复杂的人。作为日本二十一世纪初杰出的艺术指导，他透过观看、品尝、嗅闻、抹除、蒸发以及各式各样建构、解构的滤镜观看这个世界。他的潜能是无限度的。如果说还有条界限他没打破的话，那就是他作品的国际魅力。原研哉就像许多优秀的亚洲设计师一样，在世界舞台上并不为人所知，他的作品是直接系于一个非英语国家的语言和文化上的。有了这本新书，现在全世界的人都能从原研哉对新日本设计的未知领域的长期研究工作中受益了。

我读到的原研哉的第一本书是关于通心粉与建筑之间关系的。我先是以为这个作品只是某种玩笑。但原研哉是个相当认真的人，当我快速掠过书页时，我很喜欢这种把纯粹的日本幽默与对建筑和人性状态的认真辨析融合在一起的做法。原研哉身上有一种“认真玩”的精神，我发现这一点在和他年龄相仿、同样出众的日本人身上很普遍。但原研哉的能力比其他人更突出。我要说，对于原研哉，“玩”应该不会是他的词汇。一定是某种宇宙性意外，造成原研哉严肃的设计作品内，总有一种笨拙或幽默正从完美之中向外窥探。

我个人最喜欢的是本书的第四章和第八章。我对“白”这个专题留意了很长时间，但一直没想过最终要去写本书。鉴于原研哉设计工作的非凡成就所展示的一种形式和意义上的纯粹，我毫不诧异他进行了一场关于“白”这样基本之物的完全理性的谈话，且重要得仿佛一场国家危机。“exformation”这个词对我来说是全新的。维基百科告诉我，这个词是丹麦作家托－诺雷特雷德斯杜撰出来的，可以如此定义：“exformation是指在我们说任何东西之前或当时，一切我们实际上没有说出来但又存在于我们脑子里的东西。”我觉得这个词传递的是一种与日本万物有灵文化所隐含的信息相关的那种难以形诸笔墨的灵性。

有很长一段时间，我拿原研哉的书当礼物送给朋友们，而他们总是悲叹由于是用日语写的，这只能是那种拿来“看”的大作了。现在有了拉尔斯·穆勒出版社出版的这本书〔本书英文版〕，原研哉不仅可以让人们“看”到他如何思考，而且还能让人们真正“读”到了。大家会在这本书中发现他的思想复杂得令人难以置信，那是深深植根于跨越所有文化和文明的理念，亦未在转译中丢掉任何日本神秘世界的东西。原研哉作品的有意思之处在于：在一种可感知的“日式简单”的文化中，他揭示了一种存在于禅式之“无”中心的，极其深刻、复杂而有意义的“有”。

收到的信息

杰斯帕·莫里森 [Jasper Morrison]

产品设计师

在尚未听到原研哉这个名字之前，我就知道关于他的某些东西。那是我早先去日本时，银座的松屋百货传达给我的。于我而言这并不经常出现，但就是这一次，我被这家百货商店的平面设计吸引过去了。几乎是某种有磁性的东西拉着我到了这家店里，那是一种好奇与期待的混合物。现在如果我一想起松屋，我想到的就是其平面设计，这二者是分不开的。我记得当时在想："谁做的平面设计，谁就知道他自己是在干什么。"当平面设计做得非常好时，很容易得到大众的认可，即使我们一点不懂平面设计。好的平面设计超越所有教育和经验的要求，它提供的信息如此简单，令我们都意识不到传播的完成。在松屋百货那次，它把我可能期待的商店背后的态度全都告知了我，根本不必我去想。它是一家好百货商店，毫无疑问，但有时我会怀疑其平面设计是否表达的是原研哉关于松屋百货应该是什么的想法，而商店自己却不得不拼命努力以达到其平面设计的水平。

我和原研哉真正第一次会面是在他银座的办公室。那之前我已经见过几本他设计的书，特别是《设计中的设计》，还有深泽直人所做的产品设计。给我的强烈印象是，日本在展示现代的模样上走在了欧洲前头。二人的作品看起来都很酷、很有品位，而且我感到他们在人类感觉的某些基本层面上进行传播的方式有些相通之处。不是去疏离那些对设计不熟悉的观众，而是请所有人都来看，当设计做对了的时候，它是多么简单和自然！

那次会面时原研哉给我看了一些他所做的其他项目，尤其是他给北京奥运会做的方案。思路很清晰，在本书中大家可以看到。它采取一种中国印章的形式，用红色印出来的印文用一个圆圈包含了许多复杂的东方文字，发展出一套文字或象形，每个都代表一种奥运精神或体育项目，可以作为标识独立使用，也可以在一个圆圈里组合起来形成运动会的一个主题。我们都知道七十年代奥运会严重系统化的视觉系统，但谁能想象得出以这样一种优雅而友好的形式将其予以更新，同时又为奥运会创造出一种起码在我眼中如此“中国”的形象呢？这个项目居然没有作为对北京奥运会的完美传播立刻得到采纳，令我至今仍感到困惑。

我和原研哉最近的接触是在無印良品。他作为無印良品的艺术指导，负责视觉传播已经有一段时间了。如果考虑到無印良品向来以一个不是品牌的品牌自居，可想而知这不是件轻松的工作。但原研哉对無印良品精神传播的关注使其创作出了一个独特的广告系列，它对该公司的哲学是一种绝佳的补充。明确表达了广告理念之后，他完成了一个与無印良品所提供的产品最为契合的详尽的逐一定位的标签系统。無印良品项目是一个很棒的平面设计工作，但原研哉的厉害之处却不局限于平面设计传播的普通视觉角色，而是似乎在某个自然的层面触及了我们。在这个层面上我们不需要问自己其平面信息的意义，我们只管接收。

DESIGNING DESIGN

KENYA HARA

前言

原研哉

用语言表达设计是另一种设计行为。我在撰写本书时明白了这一点。

理解一个东西不是能够定义它或是描述它，而是把这个我们认为自己已经知道的东西拿过来，让它变得未知，并激起我们对其真实性的新鲜感，从而深化我们对它的理解。比如说，这里有个杯子。你大概知道杯子是什么，但要是让你设计一个呢？在杯子被当成一个要去设计的东西的那一刻，你就开始想你要设计哪种杯子，你就失去了一些你对“杯子”的理解。这时，在你面前有几十种杯子依次排开，深浅不同，从“杯子”到“碟子”全有。如果需要让你说清一个和另一个之间的明确区别呢？面对这些东西，你困惑了，你对自己关于杯子的知识又少了一些确信。然而，这并不意味着你的知识都被推翻了。恰恰相反，你对杯子的意识已经比你之前只停留在无意识层面将它们统称为“杯子”时的理解更强烈了。现在，实际上你更真实地理解了杯子。

仅仅是把脸埋入手中思考，整个世界就会显得不同。思考和感知有着无限多样的方式。以我的理解，做设计的实质就是将这无限多样的思考和感知方式，有意识地运用在普通的物体、现象和传播上。

因此，即便阅读本书令你对设计的理解失去了一点把握，也不意味着你对设计比以前知道的更少了，这只能证明在设计的世界里你又前进了一步。

我在岩波书店坂本政谦先生的劝说下开始写书，第一本是《设计中的设计》［*DESIGN OF DESIGN*］，那已经是2003年的事。之后《设计中的设计》穿越日本国境被翻译成大陆版［简体字］、台湾版［繁体字］与韩文版，这使得东亚的人们可以阅读到此书。

另一方面，当在和瑞士拉尔斯·穆勒［Lars Müller］出版社洽谈英文版作品集的时候，得到了“只是作品集这种形式那就太平淡无奇了，如果要出设计书籍的话，那就应该要成为作者［作家］才对！”这样的意见。仔细思考的话，比起作品集，我变得比较想对海外的人们谈谈个人在日本所思考的设计为何物。当这点被拉尔斯·穆勒指出后，以结果而言，我中止了以图像为中心的出版计划并将《设计中的设计》解体，之后又再进行了大刀阔斧的增修作业。也因为累积了许多想表达的内容，加上日本适用的语法会造成不易理解而有修正的必要，当然，为了要让读者能更确切地理解内容，彩色图像的充实更是不可或缺，因此本书就在谈论个人设计观的角度，并在集大成的期许下，不断增加文字、图像，最后意外地就变成了具有相当份量的一本书。最后所完成的英文版已不能再称它为“DESIGN OF DESIGN”，因此便将书名定为“DESIGNING DESIGN”。中文版的《设计中的设计｜全本》和日文版是不一样的，不仅仅只是多加了一些彩色图片而已，从图文的品质上，中文版要比日文版更加充实，而且更在中文版中特别加入了我做的中国项目“北京前门PROJECT”。另外比从前著作《设计中的设计》增加的部分有“建筑师的通心粉展”、“HAPTIC”、“SENSEWARE”、“白”、“EXFORMATION”这些章节。此外，第五章“無印良品——无，亦所有”的内容，因为包含新开展的项目而大幅增修。而第九章“设计到底是什么？”在关于设计的起源方面，除了前著作所述工业革命后的事情之外，本书又追加了对人类史起源的考察。进行设计相关的工作后，愈是思考措词就愈会成长，然后，书籍又会再次改变它的面貌了！

1 RE-DESIGN

Daily Products of the 21st Century

再设计——二十一世纪的日常用品

RE-DESIGN

Exhibition first held in Tokyo,
Takeo Paper Show 2000

Daily Products of the 21st Century

再设计——二十一世纪的日常用品

令平常未知

“再设计”指的是把平常物品的设计再做一下。你可以称之为一种实验，一种把熟悉的东西看作初次相见般的尝试。再设计是一种手段，让我们修正和更新对设计实质的感觉。这种实质隐藏在物的迷人环境中，因过于熟悉而使我们不再能看见它。

从零开始搞出新东西来是创造，而将已知变成未知也是一种创造行为。要搞清设计到底是什么，后者可能还更有用。这个想法我是前一阵才有的。二十世纪的最

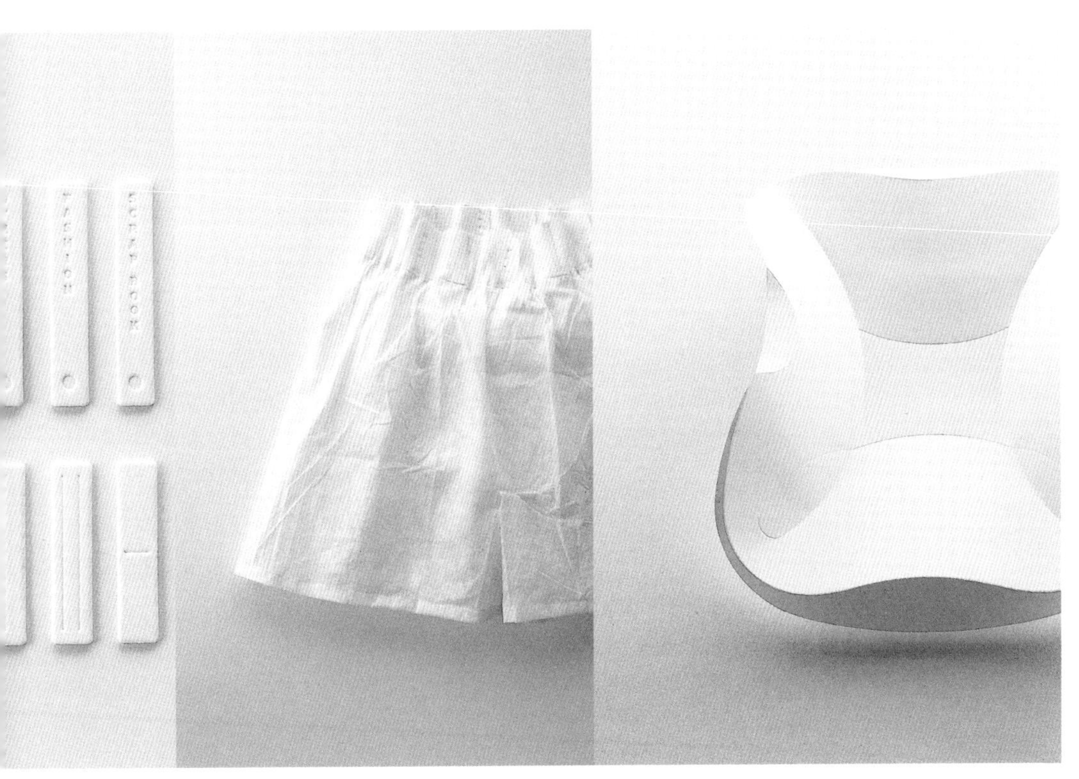

后十年，再设计的概念一直在我的脑际萦绕。所以我做了个通心粉新设计的展览；我设计了烟花；我弄了个新的滚珠游戏。我围绕着“令平常未知”这一概念组织实施了几个项目，把“平常”又往前推了一步。我的方向渐渐清晰了。下面，我来把这些项目讲一讲。

我们越是确信自己已非常了解某物，我们对它的理解也就越不准确。二十一世纪是发现的时代——发现令人惊异的好设计就在我们身边，在我们的日常生活中。我们以前只是在设计一些“刺激”，而现在我们要与那种过去分道扬镳，用明亮的眼睛看待平常，得出设计的新思路。

艺术与设计

一切塑造我们生活环境的物品，地板、浴缸、牙刷等，都是由颜色、形状和材质等基本元素构成的。现代主义的基础理念是：这些东西的造型应交给理性和明确的意识，目标在于对这些元素进行组织。因此设计的想法，从广义上来讲，就是通过理性、综合性的创造追求一种人类思维的普遍平衡与和谐。设计，就是通过做东西的过程对人类的生活与存在的意义进行阐释的行为；而艺术，则是发现一种新的人类精神的行为。设计和艺术都是对客体的某一操纵方式，它们采用塑造或表现等手段为我们的感觉器官所感知。我老是被问到艺术与设计有何区别。鉴于我对把艺术与设计结合起来，或是把艺术与设计隔离开来的意义都不太感冒，我不会在此界定它们。然而，为了帮助读者理解设计的概念并对再设计项目的范围有个理性把握，我就来谈谈它们的区别。

艺术说到底是个人意愿对社会的一种表达，其起源带有非常个人化的性质。所以只有艺术家自己才知道其作品的来源。这种玄虚性使得艺术“很酷”。当然，解读艺术家生成的表达有多种方式。非艺术家通过对艺术的有趣阐释与艺术互动，欣赏之，评论之，在展览中对艺术进行再创作，或把艺术当作一种智识资源使用。

而设计，则基本上不是一种自我表达，它源于社会。设计的实质在于发现一个很多人都遇到的问题然后试着去解决的过程。由于问题的根源在社会内部，除了能从设计师的视角看问题外，每个人都能理解解决问题的方案和过程。设计就是感染，因为其过程所创造的启发，是基于人类在普遍价值和精神上的共鸣。

“再设计”所包含的主题，乃是全社会普遍共享与认同的事物。把日常用品堆起来作为项目的主题不是什么新花样，而“再设计”是对设计理念进行再审视的最自然、最适当的方法，因为设计面对的就是我们普遍的、共享的价值。

再设计展

二〇〇〇年四月，我搞了个标题长长的展览项目："再设计：二十一世纪的日常用品"。为了这个项目我需要三十二位日本的顶尖创作者重新设计出某些很普通的商品，包括卫生纸和火柴。这些参展者活跃在许多领域，包括建筑、平面设计、产品设计、广告、照明、时装、摄影和文学，且对其所致力的领域均有真知灼见。每位参展者负责"再设计"专题中的一项。我们给每个方案做了一个原型，他们的新设计放在一个传统设计样品边上展示，让观众能够对比。物品和创作者的配对基本由我来定。

这类项目常会被误解为一种噱头。当然，我也不想排除乐趣，但我的目的不是这个。该项目的性质是严肃的。如果说这是一场网球赛的话，那就好像我故意把球发给一连串高手，对回球来说每个落点都很刁钻。球回过来了，比我的发球更漂亮、更犀利。发球是一个设计问题，而一个接一个的回球不仅弥补了我问题的不成熟，而且还如此有创意，竟然引出了其他的新问题。

为避免误解，我想补充的是：再设计展从未想通过汇集顶尖设计师们的帮助对日常用品予以实际改善。日常用品出自长期培养出来的完全成熟的设计之手，即便身为名家，短期内亦难超越。然而每位创作者的设计方案均有一个清晰的想法，且展示出其背后的理念与传统产品的明显区别。由此，我希望以此项目可以破解在这种差异中发现的设计本质。我从整个系列项目中学到了很多。现在我来追踪并介绍一下其中的某些专题。

左：卫生纸卷在十九世纪中期开始在美国和欧洲使用

右：坂茂在阪神大地震时设计的纸管做的临时庇护所

坂茂与卫生纸

Shigeru Ban and Toilet Paper

我给建筑师坂茂的专题是卫生纸。坂茂以用纸管设计建筑闻名世界，而他使用这种手法也有着充分的理由。坂茂发现，纸张表面看上去虽脆弱，实际上却有着足够的强度和耐久力，完全可用于永久性建筑。更重要的是，他关注其作为一种建筑材料的灵活性——可用简单、廉价的设施来生产。由于这些设施造成的负担小，纸管可在世界上任何地方生产。它们也符合普遍的标准，故同样的纸管可在任何地方得到采纳。而当它们没用了，还可以回收。坂茂关注纸管这些在日后可能很关键的隐性因素。

一九九五年的阪神大地震之后，坂茂用这些纸管设计了临时性房屋以及一间教堂。他游说联合国难民署，说服他们用纸管作为卢旺达共和国一所难民营的结构材料。因为若用木材的话就会立即破坏森林资源，建得太牢固的营房又会招致永久性难民。纸管最适合简易的帐篷式营房结构。在二〇〇〇年的汉诺威世博会上，坂茂也是用纸管建的日本馆，这使几十米高的巨型拱形空间得以实现。该馆建立在博览会一结束就立即回收这些纸管的理念上。这些项目均可使我们认识到他在普遍和理性的观念基础上，既实现建筑实际所需又避免滥用资源的清晰愿景。而将由这位建筑师按此理念来做的下一个项目，是卫生纸。

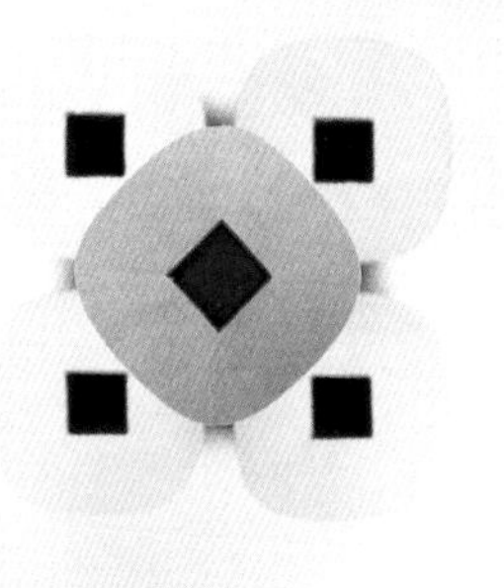

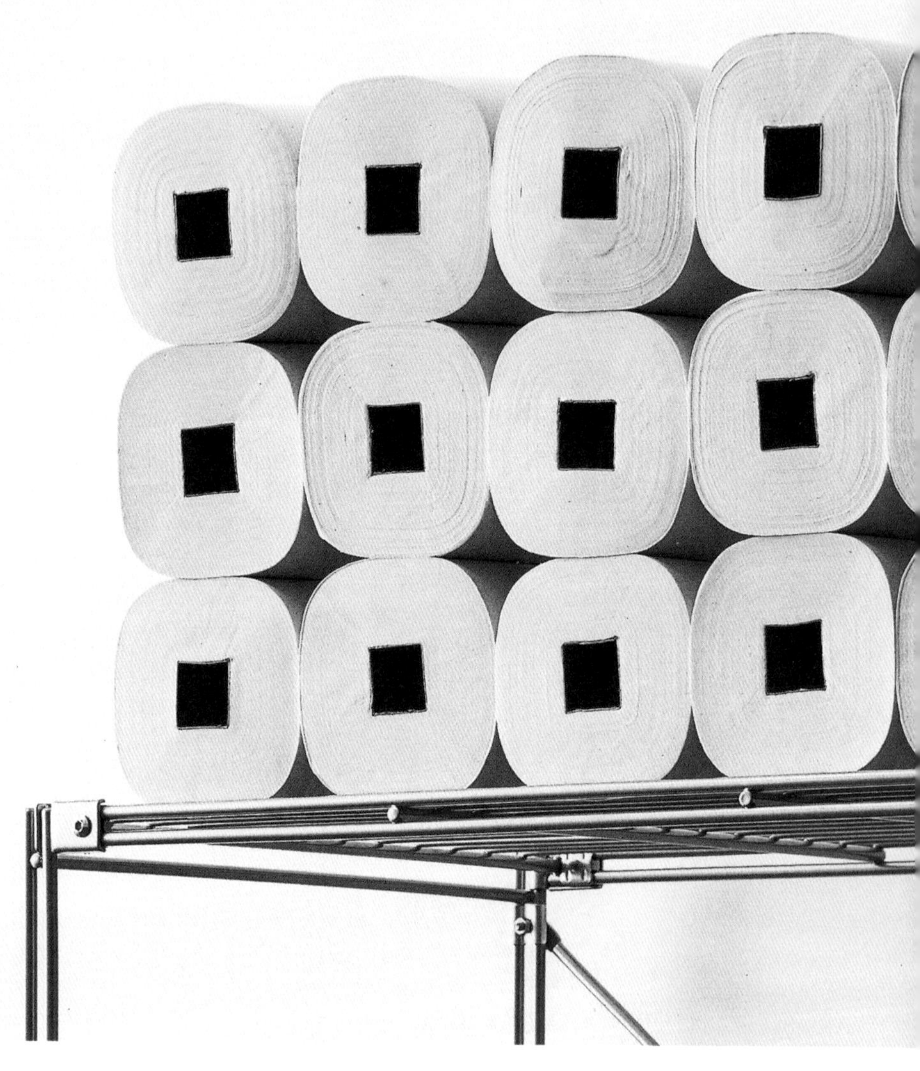

图片显示了坂茂对卫生纸的再设计。方型纸管形成纸卷芯。由于芯是方的，结果上面的纸也卷成了方的。放在纸架上拉出来用时，方纸卷会费劲地发出“咔哒咔哒”声。而传统的圆纸卷转起来则轻松顺畅，一拉“嗖嗖”的。所以，传统设计的圆纸卷被你拉出来的纸比你实际需要的多。而方纸卷则由于阻力，起到了降低资源消耗的作用，并传递了节省的信息。包装上也是，圆纸卷间隙较大，方纸卷能紧靠在一起，节省了运输和储存空间。

可见，光是一个卫生纸卷的再设计方案，就带来了这么大变化。坂茂的方案不是要让全世界的卫生纸卷都改成方的，但我希望大家注意到围绕着方纸卷概念隐隐透出的批评味道。从日常生活的角度，设计传递了对文明的批评。这不是什么新鲜事。设计思维和认知从一开始就是批判性的。如果你能从方纸卷和圆纸卷这二者间的差异中感受到设计的批判性的话，我会很高兴。

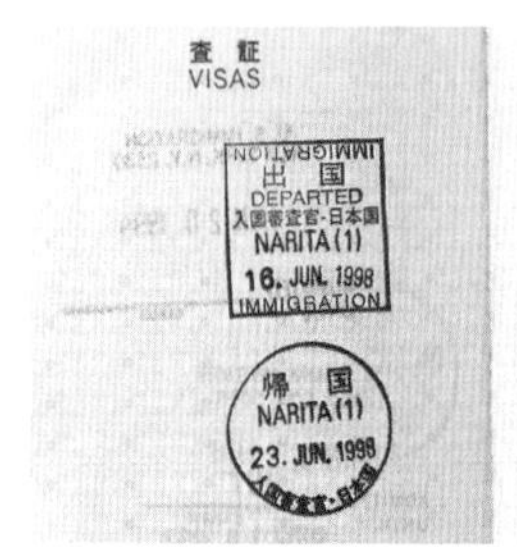

左：实际的日本出入境章

右：佐藤雅彦的电影*KINO*中“人类奥赛罗”的场景

佐藤雅彦与出入境章

Masahiko Sato and Exit/Entry Stamps

佐藤雅彦指导了一系列在日本广受欢迎的广告作品，推出了游戏*IQ*，制作了电影*KINO*；作为一位教授，他在东京艺术大学做了一次极受欢迎的讲座；他为一档儿童电视节目制作的歌曲《汤圆三兄弟》成了流行金曲，这间接证明了雅彦的理念甚至在儿童心中都能引起共鸣。而贯穿这些领域所有项目的主线是：他冷静地追求传播的法则，并以一种绝佳的方式去运用。

*KINO*是一部短片集。其中有一段叫做“人类奥赛罗”。三个人在一个公共汽车站一个挨一个地站着，全都朝右。第四个人过来了。不知何故他参加到这个行列，但朝反方向站。站在最右边的人本应是队首，瞥见第四人，受到传染转向了左边。很快，中间的两人注意到其方向出了问题，慢慢地也转过去了。结果整个队列改变了方向。这是一个有趣的故事，描绘了一种影响人类心理的奥赛罗式现象。雅彦一直在寻找某种传播种子式的东西。在人的头脑中围绕着这些种子，会出现细微的活动。让我们称之为启发的萌芽吧。雅彦发现了使其萌芽的法则。在他所做的每件事里，我们都能认出其敏锐的观察力以及此法则复杂的准确性。

我要雅彦做的专题是国际机场用于护照上的出入境印章。日本的印章用一个圆圈和一个方块表示出入的区别。想法简单，形状也好用。但我要他以其独创性通过设计一个章来温暖人心。他的方案在此——入境章是一架向右的飞机，出境章则向左。

此概念包含了一种沟通的种子，通过一次盖章将一剂沟通注入这一公事程序中，它也许会在见到此章的旅行者脑中进一步萌芽。你也许会听到盖章与旅行者之间相交的那一刻的一声“啊哈！”：出乎意料的旅行者先是落入一丝小小的恐慌，而在明白的一瞬又变成心头的一次小小惊喜。这种“啊哈！”是积极而充满善意的。如果这样的印章在我们的国际机场使用，当每天的一万名游客开始其日本初访

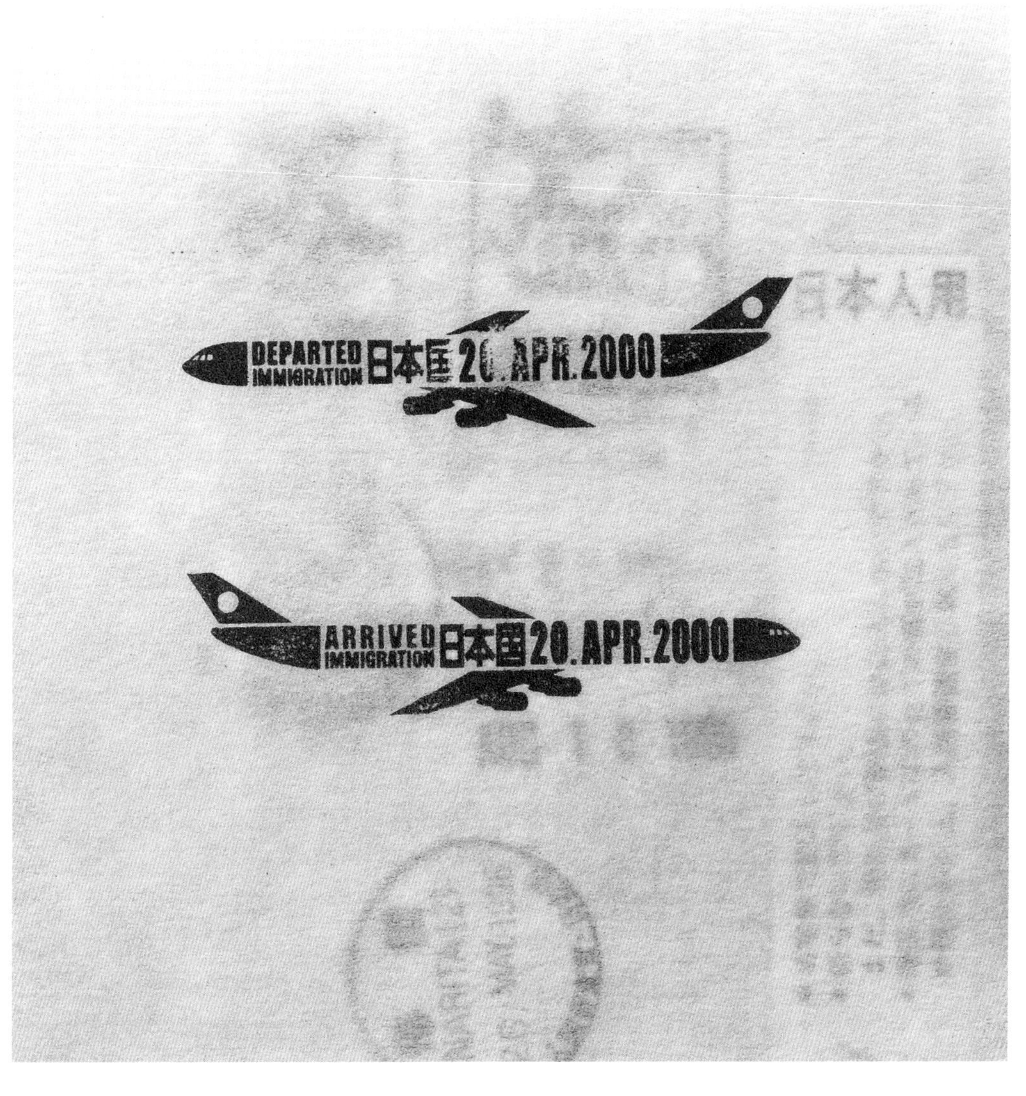

时，每天就能产生一万个积极的“啊哈！”，或是一万次友善的心情，伴随着一丝好客的之意。

要想用其他媒介达到同样的效果很难。针对那些到日本的初访者做个电视广告，让他们产生日本符合其预期的想法也没那么容易。何况，也没有完全针对这些人的媒介。

有个故事说，一个人飞到某国。当官员把他的护照递还给他时，注意到他护照上的日期，对他说了句：“生日快乐！”他也可以什么都不说，只把护照还回去，但他想说点什么。这个旅行的人后来说这一简单交流令他对整个国家都充满好感。

沉睡在这些琐事中的就是沟通的种子。

雅彦的印章向我们展示了这类种子的存在，并准确地告诉我们如何使之萌芽。我们有些人缺乏日常沟通的实际能力，沉于对电子媒介可能性的梦想中，因而有堕入一种沟通盲聋状态的危险。雅彦无疑给了他们一种有价值的提示。

另一方面，在项目的最后，雅彦提到在调整方案时他曾想，能让印章来传递我们的好客该有多好，因此做了一些会给游客们带来惊喜的东西。但经反复考量，他又觉得传统的中性印章效果更好。我们周围做过了的设计太多了，他想，而现在的东西显示了恰如其分的独创性。雅彦觉得做得太过分或者不协调都是一种遗憾。他总结说，更高明的手法，是不露痕迹。

也许他是对的。那种即使已得出方案也不怕进行调整的审慎与诚恳，就是他从一开始就对传播法则加以运用并付诸实践的那种精确感的一部分。

左：房子形状的捕蟑盒从1973年一出现便成为在日本很受欢迎的东西

中：龟老山展望台

右：水玻璃宾馆

隈研吾与捕蟑盒

Kengo Kuma and the Roach Trap

隈研吾是个饱含智慧的建筑师。他和那些倾一己之全部智识去诠释其建筑的普通设计师有着显著差别。隈研吾对以“建筑”的名义向世界推出任何过于华丽的东西均感到羞愧，他是深思熟虑、谨慎小心地以其智识将高品质的成熟思维带到其职业创作中的设计师。

隈研吾相信，要评价今日建筑的质量，关键在于搞清如何约束两件事：宣示权威的雄伟建筑的命运；通过建筑创造特质性审美的个人欲望。在此方面，隈研吾的工作一直是在创造一种高度的成熟。他的制约方式从不相同。在一个项目中他创造一个奇异的东西，以自相矛盾的设计否定自己的精致性。在另一处他又让建筑饱含光线，以削弱其存在感。而在别处他还设计了一所建筑，让其从外面看起来是隐形的。

“龟老山展望台”是隈研吾隐形建筑的一个代表作。展望台可从山顶看到濑户内海全景，而建筑本身则是隐形的，除非是乘直升飞机从它顶上飞过时从天上看它。而从山底向上仰望山顶则只能见到山。本来是让隈研吾在山上辟出来的一片地上设计一座瞭望台，而工程竣工后，瞭望台被隐藏了起来，现场植上了树。如此，这个地方是完全能作为观景点的，而从其他地方看过来，此实体建筑则消失在视线外。

另一个有隈研吾特点的作品是位于日本热海海滨的“水玻璃宾馆”。此建筑坐落在一处探向海洋的峭壁中途。其外观不坐船出海用望远镜搜索是看不见的，而视觉动感则被注入建筑内部。覆盖玻璃结构外缘的挑檐上是一个灌满水的露台，从室内观其表面，它与远方的太平洋连成一片。该建筑设计在由内向外看时，有意禁绝了外观上的想象。

对这样一位从如此聪明的角度设计建筑的建筑师，我要的仅仅是一个捕蟑盒的设计。捕蟑盒在日本很普遍，能巧妙地捕捉这种不受欢迎的虫子。要入圈套的蟑螂在入口垫上先把脚上的油擦掉，然后被胶粘住，最终饿死。这些产品被设计成就像幸福的蟑螂之家，听起来有些荒谬，但能让我们从精神上摆脱产品杀死虫子的残忍本质。这种传统捕蟑盒颇受欢迎，实际上也卖得很好。

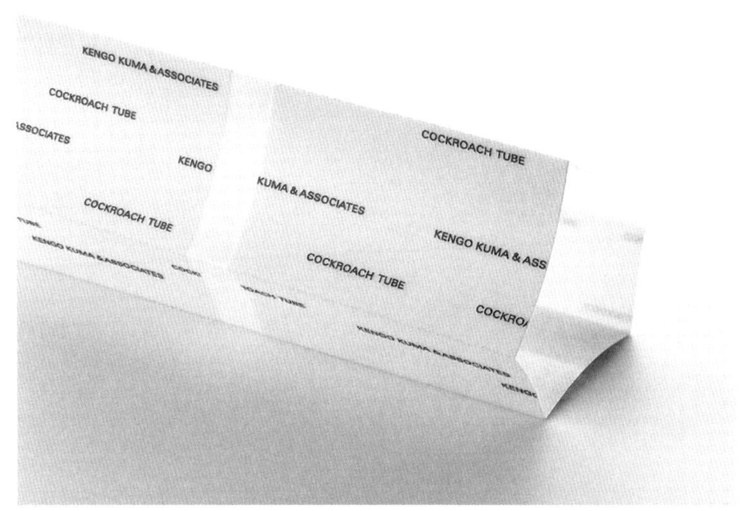

隈研吾的再设计方案是一卷胶带。用时将其剪到所需长度，并折成一根方管。因其内壁上有胶，于是它便成为一条黏黏的半透明隧道。其连接部之外也涂了胶，这样管状的捕蟑盒也可靠墙立放。它又长又薄，易于放置在橱柜缝隙等蟑螂爱出没的地方。

隈研吾的产品与现代室内设计很协调。从此，连蟑螂都将在一种功能美中被捕捉。这就像隈研吾对雄伟建筑的否定，这次选用的是一种可变管。虽然很小，此产品其实也是建筑，并给了我们一条理解这位建筑师思维方式的线索。

COCKROACH TUBE
KENGO KUMA & ASSOCIATES

COCKROACH TUBE
KENGO KUMA & ASSOCIATES

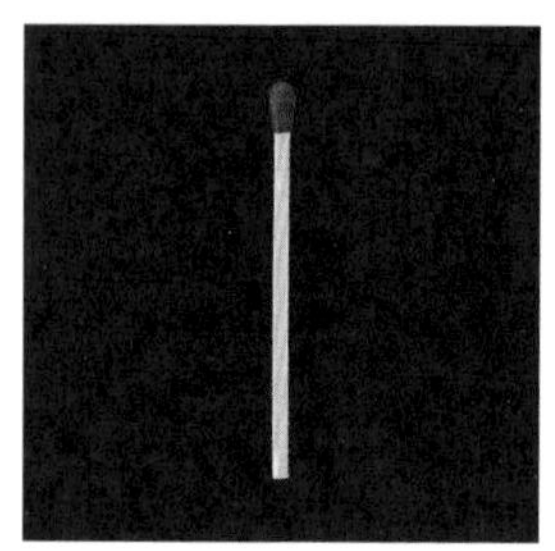

左：火柴的生产量从1975年一次性打火机问世以后急剧萎缩

右：面出薰做的仙台媒体中心的照明设计，伊东丰雄负责建筑设计。

面出薰与火柴

Kaoru Mende and Matches

这个专题是火柴，划了就能着的那种，现在家里已不太见得到了。即使是吸烟，我们一般也是用打火机。另外，自动煤气灶生火虽然很方便，但电烹饪设备还是日渐流行。我们真正与火打交道的时候越来越少了。这就是今天的状况。有人可能会纳闷我为何选火柴作为再设计项目专题之一。从根本上讲，此主题是想设计与家最具关联性的火。而这在当今估计属于照明专业人士的范畴，故我请面出薰这位照明设计师来做火柴。

面出薰做过一些大型公共空间的照明项目，包括仙台媒体中心和东京国际论坛。应该说面出薰设计的不只是照明设备，而是光本身。就是说，他既是光明又是

黑暗的设计师。而且，由于组织了一个叫做“照明侦探”的小组从事城市夜间照明研究，他成了某种名人。根据这个小组的调查，在城市街道上发出最强光的是自动售货机。此外，侦探组还报告说便利店的照明强得不正常，以至于这种强度在东京夜间街道上可能形成一种主导印象。“照明侦探”小组的调查结果证实，对这些事实的敏锐关注是城市设计的重要一步。

面出薰得出了下述火柴方案——它们是顶部涂上可燃物的天然小树枝。他这一理念的特别之处是在这些小枯枝回归泥土前赋予它们一个最终角色——火柴。此设计引导我们考虑人类与火之间的关系，它跨越万年，让我们的想象力穿越时间，越过我们祖先与火交织在一起的生活，然后把火放在我们的掌中。现在当我们仔细去看，树枝的形状在审美上十分悦人。我们繁忙的生活一般会将这样的审美客体从我们的头脑中放逐出去。自然、火与人类，面出薰的方案强烈地唤醒了它们各自的存在。

这种火柴被称为“纪念日火柴”。用这种火柴点起生日或纪念日蛋糕上的蜡烛效果相当好。毕竟烧火是一种强有力的符号。可能是因为火焰中珍藏着的可能性既是可以无限增长的毁灭性力量，又是创造的精髓。这种丰富的想象就这样融入了一个火柴大小的设计方案中。

津村耕佑与尿片

Kosuke Tsumura and Diapers

这个专题是一次性尿片，但不是给婴儿的，而是给成人，尤其是老人的。一次性尿片首次上市是在一九六三年。由于高分子聚合吸收材料在一九八三年开始投入应用，尿片就变得更合身、更好穿，也更小巧了。从功能上讲，一次性尿片已达到很高的标准，但我仍觉得传统产品缺了点什么。如果我明天不能自理了，我就不得不用今天市场上的这些产品。想起来就觉得悲哀。你要是对着镜子穿这么一种东西你也会认同我的感受。镜子里照出来的形象缺乏人的尊严，因为样式基本上是给婴儿的。我会很厌恶穿这么个东西，要我父母去穿我也会很难过。

我把这个专题委托给了时装设计师津村耕佑。他的品牌叫“最后的家”，以完全不同于传统品牌只关心时尚和潮流的理念为基础。“最后的家”这个理念来自于想找到服装与人之间新型关系的尝试性努力。

让我们来看一个例子。图片里的衣服四周都有拉锁，每条都能打开一个口袋。塞入卷起来的杂志或报纸，衣服的外观就会改变。同时，它能保温。如果把口袋用揉皱的纸填满，可以只穿这个睡在户外。当然，这不是给无家可归者设计的，但它这么好用让人没法不想到这一点。此设计有几种变化，其中一个有可拆卸、带拉锁的袖子，很新颖。穿上它会改变你对服装本身的认识。“最后的家”的做法启动了对服装与人之间关系多样性的一种探索，赢得了广泛的欢迎和国际性赞誉。

这里是津村耕佑对尿片问题的解决方案。首先，他将其当成一条裤子设计，因此把它做得比较时尚。请注意这里的两张图像不是用之前与用之后的照片。右边的照片用的是透视，黑暗的部分是高分子聚合材料，由于其有效性，因此是不会有渗漏的，即使是裤式的也没有。这样，一条在审美上令人愉悦的尿片便出现了。不仅如此，津村耕佑还把其想法推向更远。

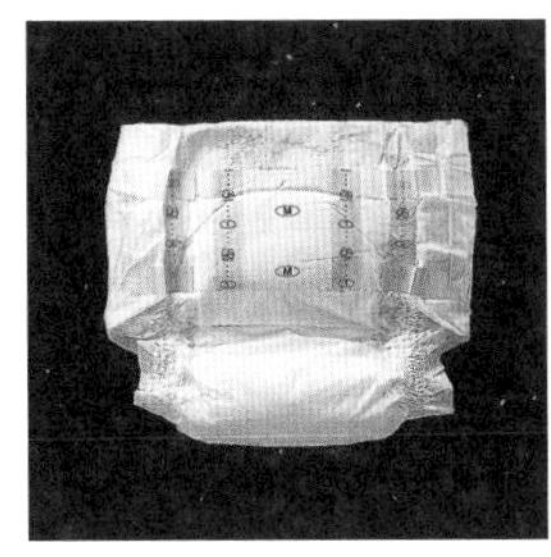

左：通过采用高分子聚合吸收材料，一次性尿片在紧凑性与舒适性改进方面迈出了显著的一步。
右：津村耕佑设计的带有许多拉锁和口袋的衣服

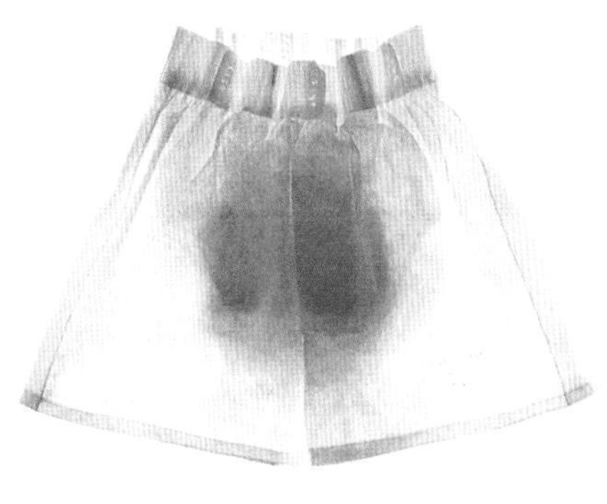

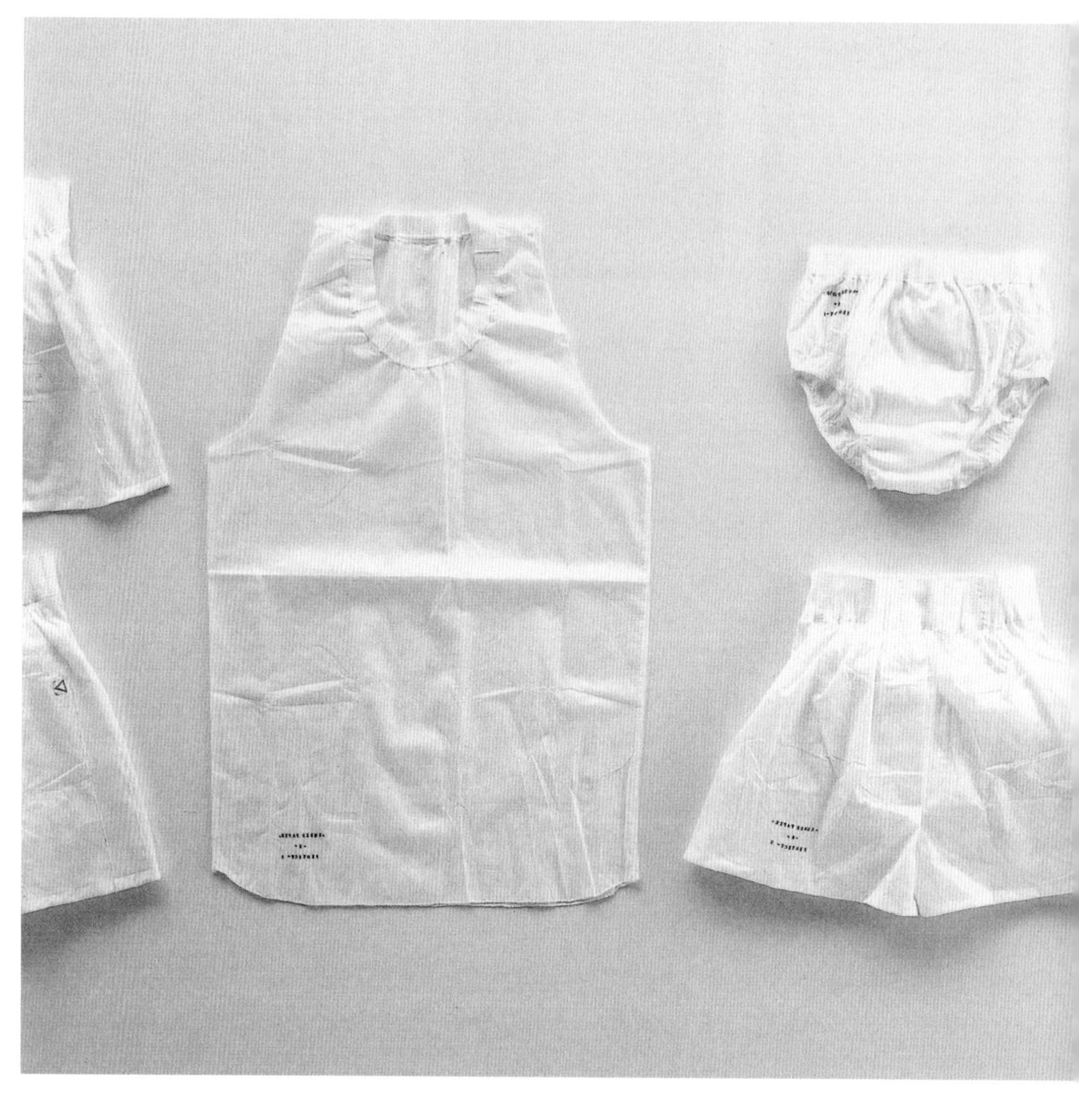

津村耕佑提出一整套吸收汗液及其他体液的服装，包括跑步衫、T恤衫和短裤。每种衣服上都标有吸收性能级别的指标。衬衫和短裤属于一级保护。尿片为三级。所以，现在即便是明天我就不得不开始穿尿片，我也无所谓了。我选三级保护的裤子就好了。基本上，此产品完全消除了穿尿片的心理抵触。津村耕佑的尿片证明，设计连我们的心理忧虑都能妙手解决。

左：袋茶在二十世纪早期进入商业化，一勺茶叶被放在标准袋中包好，
今天在主要工业国家中，袋茶的使用量要大于散装茶叶的量。
右：深泽直人设计的CD机，一拉绳光盘就开始转，像个厨房风扇。

深泽直人与袋茶
Naoto Fukasawa and Tea Bags

深泽直人是位产品设计师，但他下工夫的地方，都是别的设计师看不到的微妙而难以察觉之处。好像他的设计影响的是人的无意识领域，所以使用他设计的东西的人基本上意识不到其设计的作用。这样一位设计师，不仅创造畅销产品，还引导用户完成某些举动，却又不让我们发觉其招数究竟是在哪里起的作用，简直可怕！在其技能被用到某种邪路之前，我们最好努力揭开其设计的秘密！

假如说你要设计个雨伞架，某种管状物会立即跃入脑中。但深泽坚持说我们应去掉该想法。他说我们所要做的，只是在大楼入口处的水泥地上开一道八毫米宽、五毫米深的槽而已。找地方放伞的客人急的是赶紧找个地方把伞尖插进去。这就好像是雨伞自己来回想找个地方站着，它很容易就会发现有个槽正在那里等着它，因而所有的伞都会整齐地站成一列。而用伞的人们可能根本没意识到那道槽就是伞架！因此，伞的有序队列成了无意识行为的结果。深泽让其项目——伞架设计的完成落在了伞自己身上。

由此不难看出，深泽的方法是去审视我们的潜意识行为，并为之设计。这种思维方式令我想起一种叫做“能供性”[1]的发生认识论。能供性是对一个行为主体与“提供”某种条件或允许某种现象发生的环境的综合理解。例如，站立似乎是主体［站立者］意愿下的行为，但实际上，如果既没有重力也没有承载站立的固体表面，就不会出现站立行为。在一种无重量状态下，我们会飘起来。即使是在一个装满水

[1] 译者注：“affordance”，可译为“承担特质”、“默认用途”、“可操作暗示”、“支应性”、“能供性”，指一件物品根据其物理特性而提供给人的行为的可能性。此概念由知觉心理学家吉布森提出，后由唐·诺曼应用于设计领域。［据维基百科］

的深水游泳池，站立也无法作为一种行动存在。在站立这一案例中，不是主体而是重力和固体表面“提供”了该行为。

下面的故事可以进一步说明这种“提供论”。假设你和女朋友开车出去，你们想喝咖啡。你们在一台贩售机前停下车。你塞入一枚硬币，按键，第一杯咖啡从机器里出来了。拿着这杯咖啡，你无法从口袋里取出另一枚硬币放入机器。你需要找个地方放杯子。你女朋友还在车里。没有适合放杯子的地方，但你明白车顶的高度正好。看起来不太雅观，但没别的选择，你把杯子放在车顶上，又塞入一枚硬币，拿到第二杯咖啡。在这个情况里，虽然车顶显然不是拿来当桌子用的，但其理想的高度与平面的性质“提供”了放咖啡杯的行为。这导致了一个行动的产生：将杯子放在车顶。全面、客观地观察环境和情境的多样性及与之紧密联系的诸种行为，便可对“能供性”有所领会。深泽并非严格遵照能供性理论的指导得出他的方案。然而，他的关注点与此理论很接近。

看看深泽设计的CD机。它看起来就像一台壁挂式风扇。CD被放入中间。拉一下风扇上作开关用的那根绳子，光盘便开始像风扇一样转起来。虽然我们知道它是一台CD机，而扎根于我们头脑中的从前关于风扇的经验和记忆还是令我们会有错觉。尤其是我们脸颊上的皮肤，带着极高的敏感性，开始启动触觉传感器，等着期待中的风吹起。但那一刻向我们飘过来的不是风，而是音乐。由于采取了风扇形设计，该产品作为音频设备虽然性能有些偏低，但通过引导用户的感官为飘然的音乐做好充分准备，结果反而提供了相对更好的性能！深泽的方法试图在客体与其设计之间建立起这种神奇的关系。不管情况如何，無印良品这种声称与传统音频设备概念截然不同的CD机在全世界都成为一种深受青睐的产品。

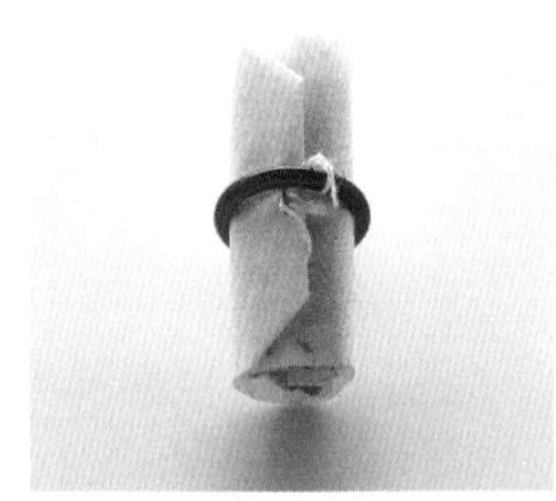

深泽此次的再设计专题是茶叶包。现在世界上90%的茶叶是装在茶包里的。对于这种标准设计深泽会动用哪些手段呢？让我来介绍一下他三个方案中的两个。

第一个方案是一条绳子的末端带个环的茶包。环的颜色是那种沏得很浓酽的茶色。这倒不是教用户要把茶沏到这种颜色再喝，此处不主动提供任何建议。深泽想象，当人们使用这一产品时，他们会逐渐意识到茶的颜色与环的颜色之间的关系。它会引发这样的品评："我的茶要沏得比这个环颜色还深"或是"我今天的茶要淡一点。"他不是想要说明颜色的意义，而是为从颜色中生出来的意义做好准备。简言之，深泽设计的是可提供的潜在性。

深泽的另一设计方案是一个牵线木偶形茶包。此概念来自于将茶包在热水中浸泡的动作，这令他想起牵线木偶的舞蹈。此人形茶包的握柄看起来也像是牵线木偶的握柄。当茶包被浸于热水中，茶叶胀满茶包，形成一个深色娃娃。不断重复浸泡动作，用户便会沉浸于一种玩偶游戏的神奇世界。由此，设计以一种动作为媒介与无意识达成沟通。

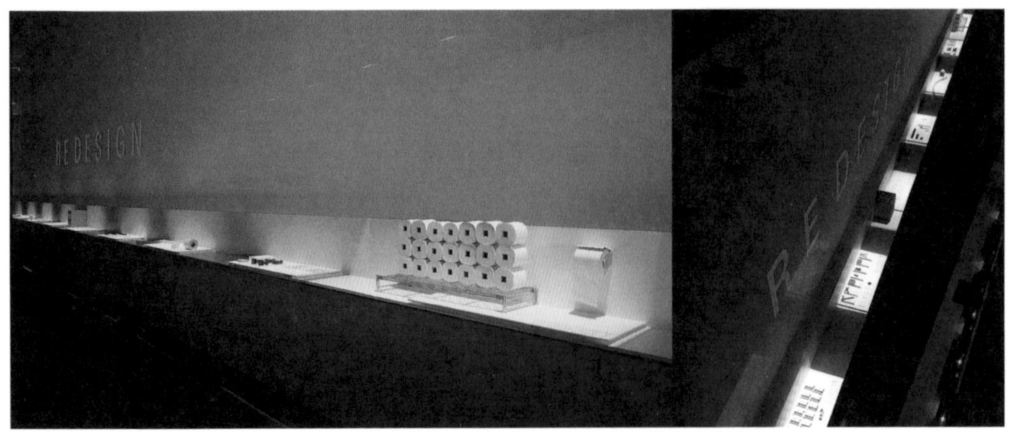

日本东京－2000年4月

察觉时已在未来的正中央

总结一下再设计方案的故事，我不觉得有必要把所有三十二个专题及其方案都讲解一遍。我相信，通过已介绍的几个案例，读者已完全理解了此项目的主旨。

我们的日常环境看来已完全被包覆在设计里了：我们的地板、墙壁、电视机、光盘、书籍、啤酒瓶、照明器材、浴袍、杯垫……所有都是设计工作的结果。设计师的才华就是以一种崭新的眼光，时时重新审视这些日常环境，好像它们仍是未知的一样。

我曾怀疑二十一世纪还能创造出什么新鲜东西来，我们还要经历的创新，无疑会是一个接一个。但今天我要说，这种想法应该留在上个世纪。一个新的时代要来了，因为我们觉得自己如此了解的日常被变得未知了，一样东西接着一样东西，就像手机悄无声息地取得了其处于通讯前沿的位置，我们应该明白我们就处在未来的

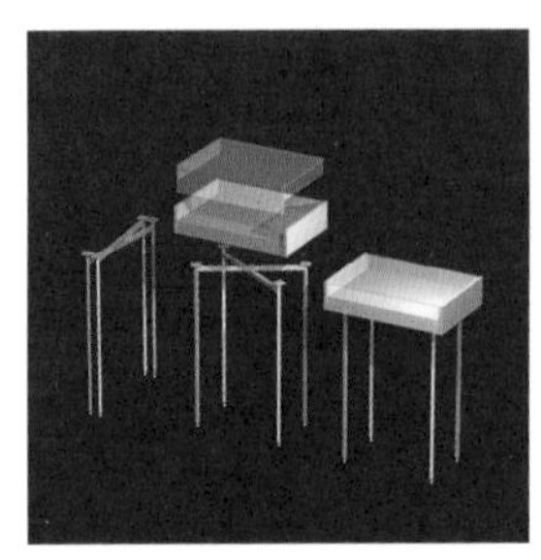

以伦敦为基地的Azumi设计的展示系统，使展品的规模可根据场地大小变化，易于组装、拆卸和运输。

上：英国格拉斯哥－2001年11月

下：丹麦哥本哈根－2002年4月

中心，它从日常生活的每个角度，一点点地向我们揭示自己。那种认为新东西将从远处向我们冲来，就像波浪起自大海远处的想法，是一幅属于过去的景象。

同时，那种认为技术创新席卷全球，并塑造我们日常生活的想法也是一种幻觉。技术会带来新的可能性，但它仍只是一种环境，而非创造性本身。问题是如何在技术提供的新环境中运用人类智慧。我们的目标是什么？我们应该实现什么样的计划？

提升我们有关日常生活的观点就像发现小数。未来不在每个人都在寻找的地方，“那里”就在现在后面。它不是一行里的一个整数：9、10、11……它在6.8或

7.3这种地方。栖居于日常生活中的新设计将由那些能在任何两个连续整数之间看到无限多数字的智慧创造出来。

再设计展在日本四个城市举办后，在我们的一些推动下又被送到世界其他地方的艺术画廊。开始时邀请还比较少，但最终进入了世界巡回模式。当它在多个城市登场后，邀请纷至沓来。几年之中，再设计展相继访问了格拉斯哥、哥本哈根、香港、多伦多、上海、北京和深圳等地。与我的预期相反，公众反应强烈。一开始这一标新立异的展览被误解为某种幽默的玩意。对那些物品的热情，虽然有时还包括了一些误解，但总体上展览还是异乎寻常地受到关注。当展览的意义逐渐得到肯定，与相对轻微的解读相比，它最终还是造成了强烈的影响。在格拉斯哥的博物馆，展览吸引了两万多人，来自八个小学和初中的学生参加了一个再设计工坊。在多伦多，展览

左｜上：香港－2002年11月
左｜下：加拿大多伦多－2003年2月
右｜中国上海－2003年9月
中国深圳－2003年10月
中国北京－2003年11月

比原定计划延长了两个月。

世界现在开始明白了。我们要在全社会启动一种价值感与洞察力，将世界引向一种理性平衡。变化也随之开始了。世界现在急需一种能在每个层面上灵活处理事物的意识：经济的公平、资源的保护、环境的和谐、想法的相互尊重，等等。

从一开始，设计的理念就一直与这种意识和理性紧密相连。再设计展之旅令我对这一点愈发清晰、肯定。

烟斗形面，一种管式通心粉的商业变种，其迷人的造型从某个角度看过去仿佛一个人的脸庞。

建筑师的通心粉展

The Architects' Macaroni Exhibition

食品设计

一九九五年，“再设计展”之前约五年，我在东京策划并制作了“建筑师的通心粉展”。回头去看，由于不是基于应用商业生产，此展作为一种产品设计展示有点太浪漫了。而我也由此发现自己对食品设计的热忱。

这个通心粉项目源自我对食品能否设计的好奇。从一种宽泛的意义来说，烹饪可以作为设计考虑。然而，由于烹饪已在高水平的文化层面上进行了深入开发，再刻意抛出设计的理念来围绕其挖掘便显得不是很有意义。煮好的土豆可以整个吃；

如果磨碎，它们就成了土豆泥；再加入牛奶，又成了土豆奶汤。跻身于优雅的法餐、琳琅满目的中餐，更别说香肠、匹萨、寿司、咖喱等令人目不暇接的美食盛宴之间，设计不得不沉默一阵。因为一旦我们把这些烹饪与美食贴上设计的标签，我们便步入了一种难以想象的困惑。

那通心粉会怎样呢？麦粒被压成粉后，面可以揉捏成种种形式。通心粉是一种经过再加工的东西。由于我们不过是给一种粉末材料赋予形式，出来的是哪种形状其实没那么重要。因此，它的成型过程就可称为设计，对吗？但我们所习惯的通心粉形状却未偏离其传统形式。它们也没像汽车和服装那样频繁地变换风格。为什么？在通心粉成型时，一定有某种将吃的行为与食品的原料结合起来的趣味界面设计。设计者在过程中出现吗？如果没有，在我们的未来会有某种联系吗？我对这些问题一度着了迷，并通过“建筑师的通心粉展”发展了我的兴趣。

这个展览的想法是日本建筑师事务所要我以普通公众能理解的某种方式表现其

成员的创造性时才开始有的。和以往想象的不一样，其实大多数人对建筑师的职业或个性的理解都不准确。大概是因为大建筑师们的每个项目从里到外都是如此光芒四射、势不可挡，公众很难理解其个人才华。所以我的想法是，如果我请建筑师们跑到厨房来，在一个普通人也能明白的主题上互相展开竞争，那么建筑职业的创造性、各个建筑师之间的理念差异及其原创性就能对所有普通人敞开。

通心粉就是这一竞争的主题。为通心粉创作蓝图看起来简单，实际上相当困难。通心粉为何成了这种短短的空心管的样子？自然有其特殊原因。首先是热传导。通心粉是煮来吃的，如果是实心而非空心，中心部分就会老也熟不了，所以通心粉厚度均匀而无芯。

其次， 需要抹酱。由于通心粉本身近于无味，要拌上很多酱才会好吃。这样其表面就要足够大。空心管的设计还形成了内表面。某些通心粉表面上还有沟槽，这是为了增加表面积，让其粘上更多酱汁的一种手段。

再次，方便生产。通心粉是一种工业商品，形状便于生产很关键。传统的空心通心粉是将原料从一个看上去边儿很厚的圆圈似的孔中挤出来的。当然，看着好吃，且具备一种百看不厌的简洁也很重要。空心通心粉满足了所有这些要求。

顺便说一句，通心粉在日本的对应物是乌东［大麦面］和soba［荞麦面］等条状杰作。意大利有意大利面条，而乌东面和soba面的简洁则更东方。用菜刀削出来的方形断面更适合筷子。把面从面汤里夹起来吸到嘴里的吃法是缘于平衡吃面时面条与面汤量的考虑。如果吃得太慢，汤就剩下了。吃也需要技巧。正确的方式是吃面时带上点空气，安静地吸，带有一种斯文的“嘶噜”声。

如此看来，很清楚，通心粉虽形状简单，却也有着复杂的标准。可称之为“食用建筑”。实际上，世界各地很多出色的设计师都接过通心粉的项目。乔治亚罗和菲利普·斯塔克就做出过有趣的通心粉设计。然而，大师们的设计并没能将传统通心粉挤跑，而只在商业生产中占了很小的份额。多数通心粉形状都很经典：空心的、扭曲的、贝壳形的、带状的、字母形的，等等。

我把这一背景向二十位日本建筑师和设计师做了介绍，要他们拿出自己的通心粉设计。每个设计都以原尺寸二十倍的模型展出，并配上一份食评家、插画家竹冈美穗提供的配菜谱。

现在我把某些方案介绍一下。认真对待这一专题的建筑师们给出了下述方案。

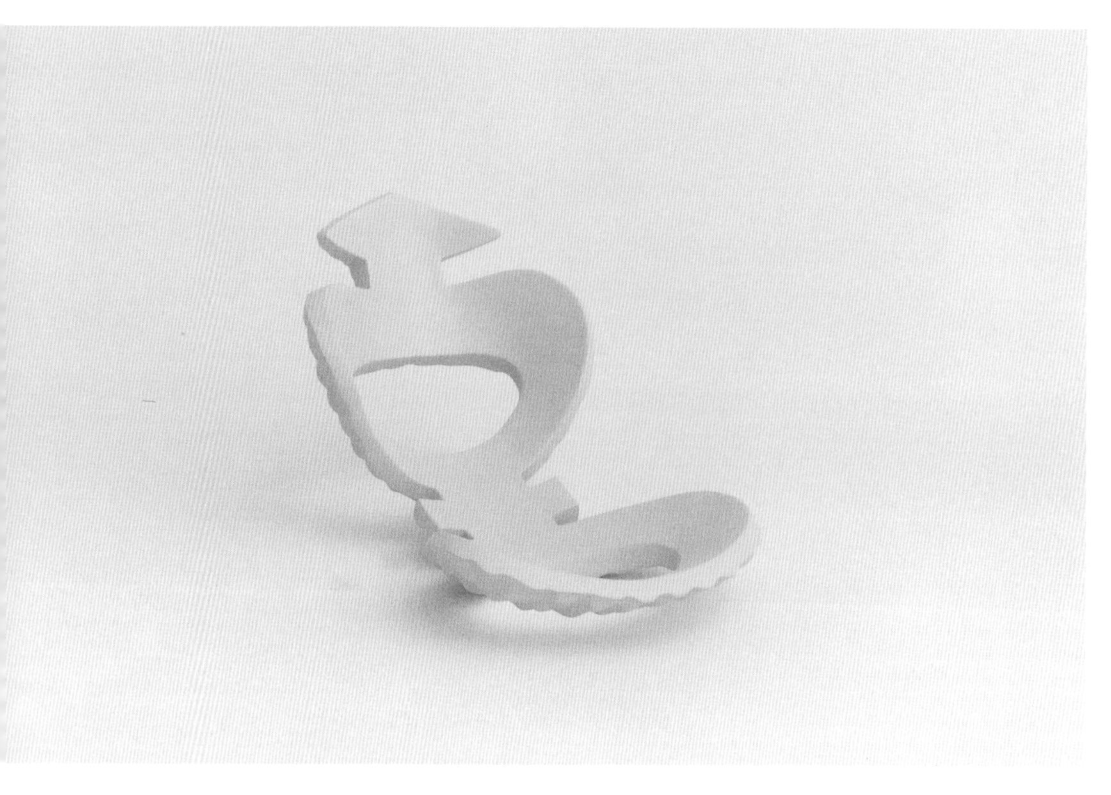

今川宪英 | SHE & HE

Norihide Imagawa: SHE & HE

今川宪英是一位结构设计专家。他是一位国际性建筑师，经常作为国外设计师在日项目的合作伙伴。今川的通心粉一侧有凹凸网眼，另一侧则是平的，因此每侧都有不同的表面形态。煮通心粉时一旦一侧的膨胀率大于另一侧，通心粉就会翘起来。形如一对玩偶，一女一男，翘起的姿态带着情色味道。

竹冈美穗为其搭配的菜谱是一道“海鲜汤配通心粉”。这道“她和他通心粉”被倒入一份海鲜、番茄大杂烩中，就如社会中人与各种东西混杂在一起的状况。这是一个社会的缩微，而只有当通心粉翘起时才显出其生动性。

大江匡 ｜ WAVE—RIPPLE. LOOP. SURF.

Tadasu Ohe: WAVE—RIPPLE. LOOP. SURF.

大江匡拒绝设计对自身概念自吹自擂的建筑。他将事物带入一种优雅、成熟的空间以施展其技。他的通心粉方案以波浪动机为基础，包括了三种形式：波纹、波环和波涛。图片显示的是波纹。环部保持了普通通心粉的样子，槽是为酱汁设计的。

竹冈美穗给这道通心粉所配的菜谱是“小意包”：“海之果”。封闭在两层波浪状通心粉之间的是时间本身。“将淡菜、三文鱼和扇贝放在黄油上烤，再加蛋黄，用白葡萄酒蒸。将混合物紧紧封在波浪之间。”当此“小意包”出没于盘碟之间，或可想象时间和宇宙的流动波浪。按大江的说法，这道菜可向你证明，这个世界上没有纯走直线之物。

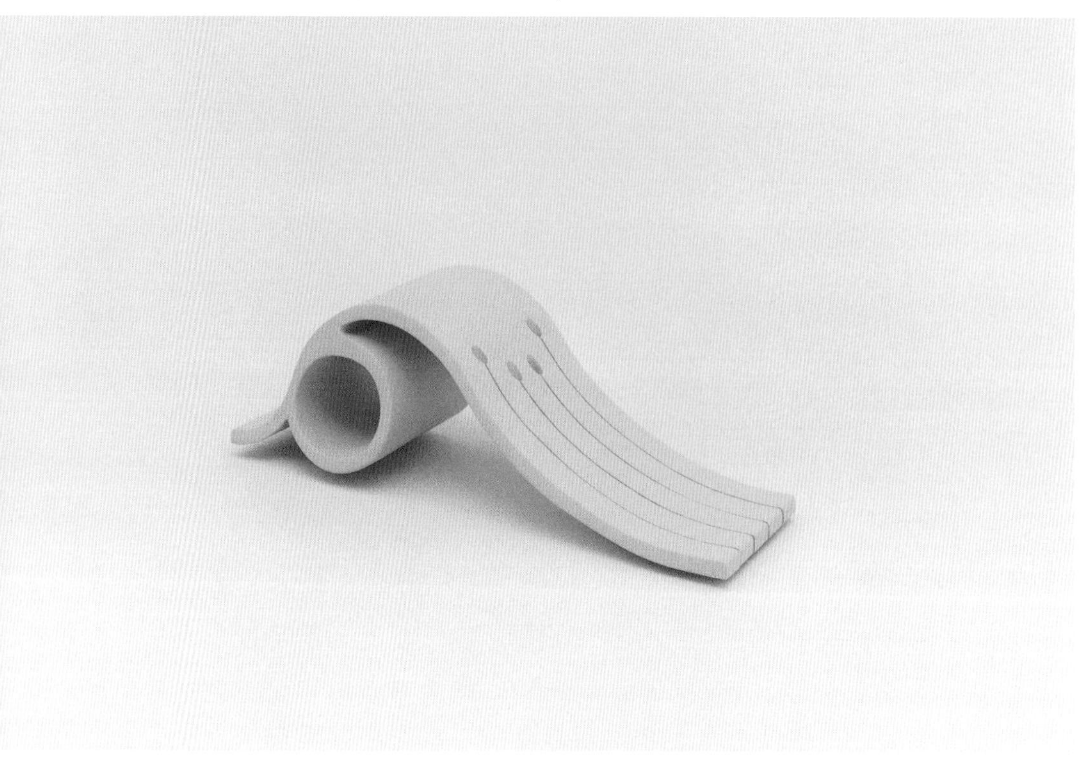

奥村昭夫 | i flutte

Akio Okumura: i flutte

奥村昭夫拿手的是基于理性思维的居住设计，包括光电［太阳能］系统的设施，以及生活环境中的其他物件，如家具、壁炉等物的设计。这位建筑师长期研究我们如何生活。奥村的通心粉设计同时满足了牙齿对于“咬感”的欲望，与舌头对通心粉滑顺感的喜爱。隆起的波峰设计是为了煮得合适，令通心粉的口感有韧性；而那趴在海岸上的波浪部分煮出来则会又软又滑。他的方案能同时得到这两种口感。我们可以轻松想象出它们在汤里优美地舞动，而其合咬的大小用叉子吃起来很容易。

菜谱是块菌面。“块菌”这个词象征着雅致、优美与独特。一旦此面进入商业生产，这样的通心粉及其菜谱定会令我等胃口大开。

葛西薰 | OTTOCO

Kaoru Kasai: OTTOCO

艺术指导葛西薰作为客人参与了这个项目。他极度精微的感觉一般是投在受欢迎的进口酒与茶的广告上。其作品处处散发着宁静，代表了今天日本平面设计的成熟元素之一。沿着柱状通心粉的设计思路，他设计出了一个形如经典日本面具，带有一张熟悉的噘嘴的方案。葛西薰说我们应想象那张小嘴正呼出很烫的汤的蒸气。

菜谱为“碳烧酱通心粉馅饼”。由于通心粉形状搞笑，菜谱故意迷惑大家的期望。当盒子在桌上打开，通心粉会从一张饼中跳出来，每张迷人的小嘴都会呼出一小股蒸气。

隈研吾 ｜ 半构成

Kengo Kuma: Semi Constructive

隈研吾采用了一种抽象手段。他称意大利面条为“非构成性的”，而通心粉则是“构成性的”。通心粉有形状，意大利面条却没有。今天的建筑应向非构成性的意大利面条看齐，超越构成性的有形性。故隈研吾的目标是去解构通心粉的构成性。为了模糊这两种意大利面食间的界限，他用意大利面条找到了一种无限统一的方案。其方案表达清晰，注重细节，是对如何在建筑中反映其哲学的最好诠释。

给隈研吾通心粉配的菜谱是“冷面扇贝鱼子酱”，因为冷餐最适合冷静观察构成性与非构成性之间摇摆不定的界限。将煮好的通心粉浸入冰水，配上扇贝片，再加几勺鱼子酱，上菜前多洒橄榄油。其味道应能超越意大利面条的界限吧!

象设计组合 | MACCHERONI [1]

Atelier Zo: MACCHERONI

象设计工作室以建造散发人文温暖的建筑著称。他们远离冰冷的现代主义，避开紧张时间的冲突，以自己的步调、自己的感觉在平静安宁中做着他们的工作。他们的通心粉方案从手工中获得其扭曲的形状：把一个面团压成饼，再快速垂直一扭，完成。此设计令人想起与家人或朋友一起其乐融融的野餐，大盘里新鲜通心粉的样子令我们充满期待。他们说任何人都能做出这个形状。

意大利云吞的菜谱是地道的意餐，而粗糙的手工通心粉则像典型的日本风格。

[1] 译者注：传说十八世纪，那不勒斯城一家经营面条和面皮的店主叫马卡·罗尼，他女儿玩耍时把面片卷成空心条并晾于衣绳上。罗尼将空心面煮熟后拌以番茄酱，结果大受顾客欢迎。于是这种以他名字“马卡罗尼”［maccheroni］命名的面食，即我们所称的“通心粉”，便传遍了欧洲和世界上许多地方。

小林宽治 | Serie Macchel'occhi［马卡罗尼之眼］

Kanji Hayashi: Serie Macchel'occhi

在所有参与者中，在罗马学建筑又与意大利人结婚的小林宽治应该算是最了解意大利的。可他却说，他在那里住得越久，就越是懂得日本。宽治日复一日地面对意大利人对其国家的热爱，面对他们对于意大利乃世界上最快乐、最美丽国家的坚定信仰，一种对抗这种论断的强烈愿望便在其内心油然而生。宽治的通心粉在横断面上可读作“め”字，或视为“眼睛”。由于他所见到的第一种通心粉是管状的，他本来特想做一种空心通心粉，而在工作中却发现，这种新形状仍具有煮得不太烂时那种软而有质感的口感。他向我们保证，这种类型即使是西西里的一个小厂都能生产。一根长管可切成各种长度：二十厘米的长度，七到八厘米的“利卡托尼”和“羽毛面”，四厘米的“标准面”和扁平“字母面”。

墨鱼汁与藏红花水的菜谱形象鲜明地展示了“め”字。

宫胁檀 | 冲孔通心粉

Mayumi Miyawaki: Punching Macaroni

宫胁檀说，如果一名建筑师要设计通心粉，那就该是通心粉的形状。他的方案是在一块明显带有建筑师某种印记的固体方块上打孔。另外，考虑到煮好后的最终品相，他将每片厚度设为一毫米，通心粉将妖娆地摇曳于盘中，为酱汁做好充分准备。

宫胁檀设计了大量住宅建筑。照他的说法，做建筑师就得时不时设计个建筑，每个都是一种初次体验。因此，当他得到一个机会去设计通心粉，这东西对他来说原是一种食品而已，他却很高兴接手。任何搞住宅设计的人对厨房、烹饪都很熟悉。宫胁檀想为此项目做出特殊贡献，因此他不只设计了通心粉，还包括了菜谱“四奶酪”，令“竹冈大厨”也十分满意。

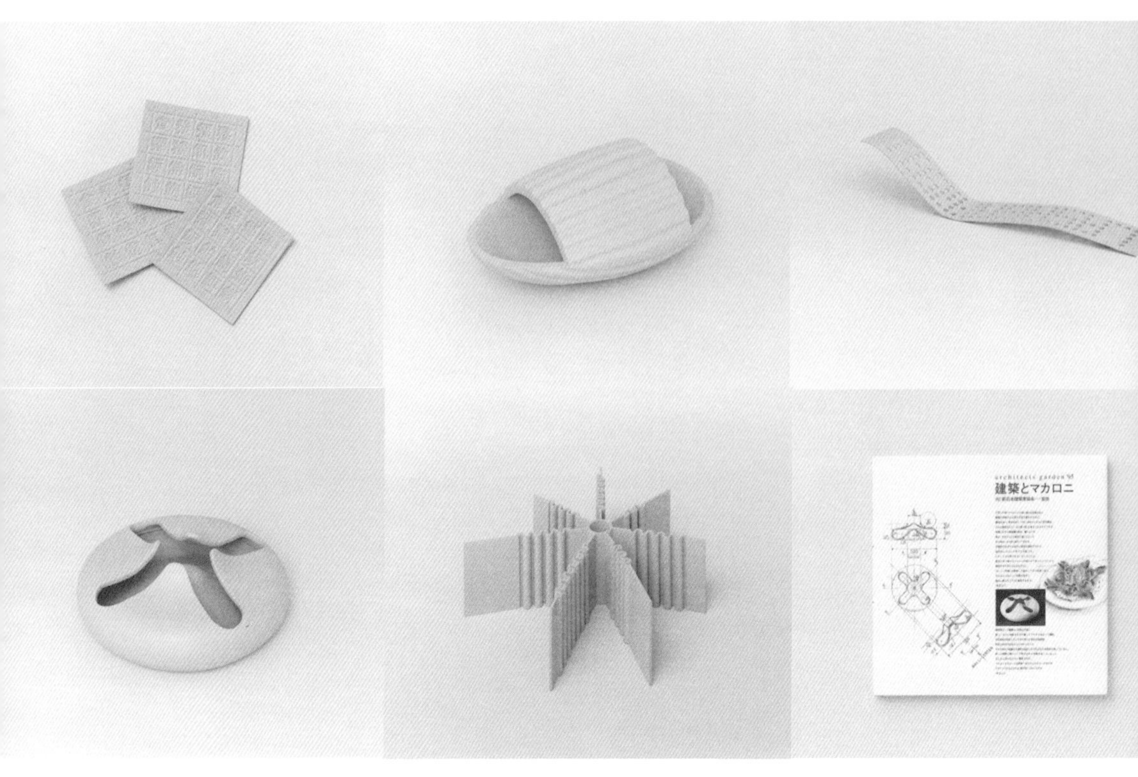

上排从左至右：Noriyuki Tanaka, Kazumasa Nagai, Shoji Hayashi设计的通心粉。
下排从左至右：Jun Harada, Hiroyuki Wakabayashi设计的通心粉，以及为建筑与通心粉展所做的书。

剩下的作品

最终我们得到了二十种新的通心粉设计。我们的“日本建筑师通心粉展”不久便蜚声意大利，受到通心粉设备制造商“PAVAN”邀请，参加了一九九七年的米兰通心粉展销会。

该展览的目的是展示建筑师的创意性。通心粉只是次要主题。然而建筑师们的方案或多或少是可生产的。展览也的确受到了某种程度的欢迎，至少是在意大利的通心粉展销会上。但我们至今未从制造商处收到对这些设计中的任何一个进行商业生产的委托。通心粉的生产设备比我所能想象的规模要大。当我在意大利见到这些机器时，我才意识到我在项目之初憧憬的食品设计画面是多么的浪漫。我认识到通心粉的具体设计是以成熟规划为基础的。在我的期望与现实之间的诸多鸿沟中包括了巨大的产量、精细化程度以及规划的精确性。一项不错但不完美的设计是激发不了市场上商业生产的动能的。今天通心粉市场上的幸存者在设计上均十分强大，这

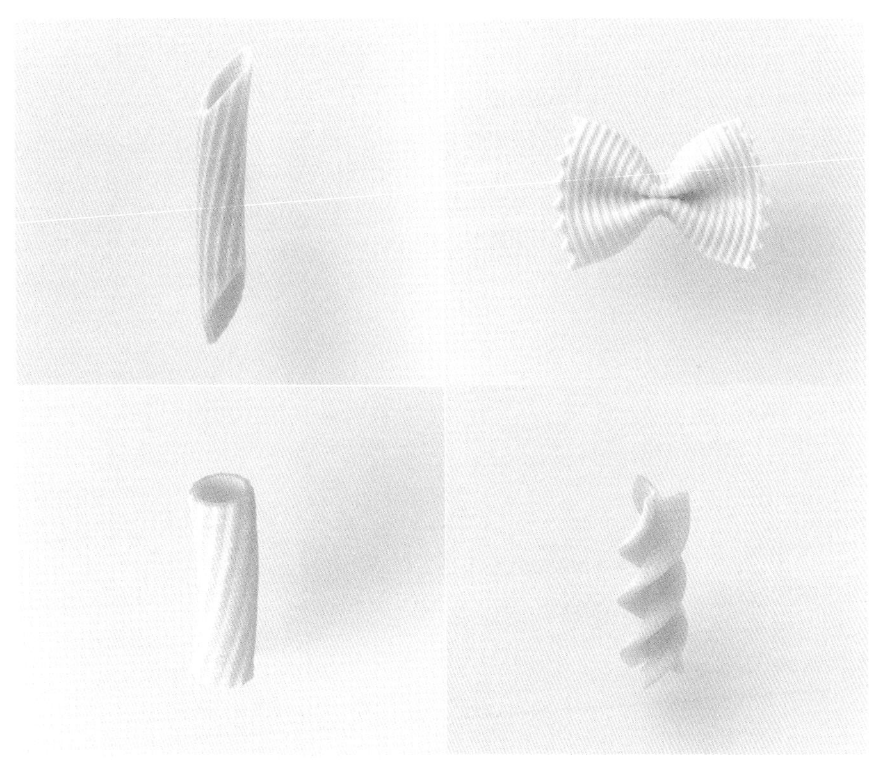

到处可见的规则型通心粉，
设计师和建筑师们短时间难以超越的集体智慧。

些杰作不是在家庭的盘子里就是在生产的效率上赢得并稳固了它们的地位。凭借追逐美味的快乐激情，意大利人保持着通心粉的进化。照片上的各种通心粉在今天的世界上都能找到。刚见到它们时，我便被深深感动了。

我说过，我们周围很多不起眼的东西里面其实藏着很强的设计。即便是满怀好奇心与智慧，自视为解决问题专家的建筑师，在通心粉的世界里都占不到什么便宜。

如果我们对从作为通心粉原材料的粮食生产，到它热气腾腾出现在盘中那一刻的漫长旅途进行追踪的话，我们定会发现一个全球范围的“通心粉故事”。

这一实现就是我们项目的果实。

2 HAPTIC

Awakening the Senses

HAPTIC——五感的觉醒

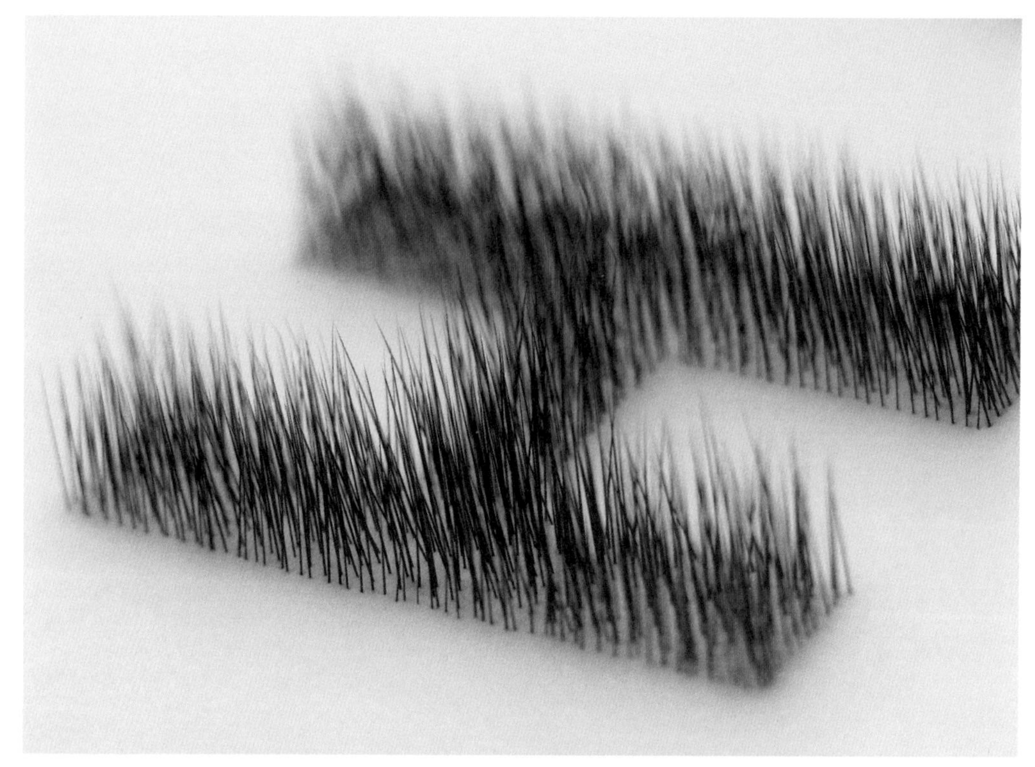

HAPTIC
Awakening the Senses

Exhibition first held in Tokyo,
Takeo Paper Show 2004

HAPTIC——五感的觉醒

感觉方式的设计

二〇〇四年我策划并完成了一个项目，叫“触觉展”[HAPTIC]。“触觉”[HAPTIC]这个词意为与触摸的感觉相关或是触感舒服的。作为展览名称，“触觉”被当作一个种类指示词使用。更直白地说，这个词在这里指的是一种去思考我们如何以自己的感觉进行认知的态度。与形状、颜色、材料和质地打交道是设计一个很重要的方面，但同时还有另一个方面的问题：不是如何创造，而是如何让某人感觉某物。我们可以把这种对人类感官的创造性唤醒称为“感觉的设计”。

一个人就是一套努力认知世界的感觉系统。眼睛、耳朵、鼻子、皮肤以及其他称为感觉接收器的东西，但这些词语所携带的意象对于感觉器官来说太被动了。人

两个HAPTIC标识
左边的是以动物毛发做在硅胶上
右边的是用在模具中培养的真菌画的

类的感官是对世界大胆开放的。它们不是“接收器”，而是积极、主动的器官。从大脑中萌发的无限多无形的感觉触须探索着世界。让我们就用头脑中的这幅画面来思考人类吧。

将这片疆域当作设计的领域，我们得出了一个叫做“触觉展”的实验。

对于这个展，我要各位创作者设计一个不是基于形式或颜色，而主要是受“触觉”激发的物体。不许画草图，于是他们便开始设计某种撩拨人感觉的东西。我们邀请的参展者来自各个领域，包括建筑、产品设计、时尚、平面、室内设计与纺织品。受邀的还有日本的传统泥瓦匠、电器技工和一位科技专家。一旦他们消化了展览的目的和意图，一切便都为此任务充分准备好了。

观察感觉的环境，或生态。我们蓄意将我们的感觉获得的结果拿来，把它们交给做东西和传播的过程。这一态度揭开了一个融合了设计、科学和感觉的新领域。此展览不指向怀旧，其创作直接指向未来。由于我们出色的参展者，触觉的理念在此展览一开始便获得了完全的明晰性。现在我来介绍他们的几件作品。我希望大家喜欢这些触觉展示，让自己感觉的每根无限小的触须都竖起来！

HAPTIC展

第68页上的照片是展览标志“H”［HAPTIC的第一个字母］的一个近景。我将猪鬃植在硅胶的表面做成这些字母。我设计了这个带毛刺的标志，把理念介绍给潜在的参与者。它有没有让你打个小冷战呢？当我们构思设计，不先去想颜色和形状就开始设计是很难的。例如咖啡杯，任何设计师都会禁不住先画个草图作为整个流程的第一步。对这个展览来说不行。我要所有的参展者在得出关于其形式或任何东西的图像之前，先从思考咖啡杯如何刺激和唤醒感觉这一点开始。

HAPTIC展，日本，东京，2004年4月

此展被策划为2004年Takeo纸张展的一部分，

副标题为“五感的觉醒”，该展览是一次实验：在“感觉方式”而非形式中寻找未经探索的设计领地。

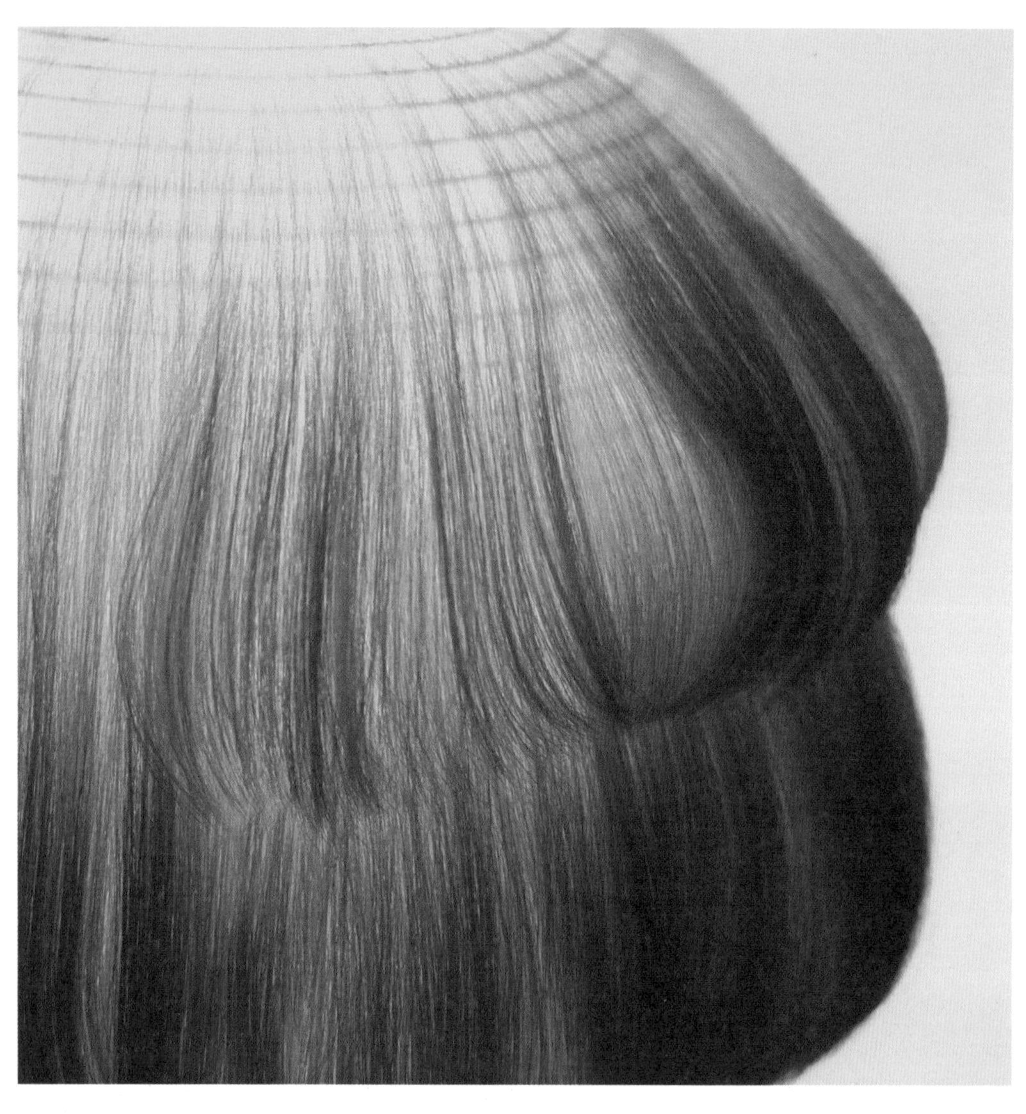

津村耕佑 | Kami Tama

Kosuke Tsumura: Kami Tama

时尚设计师津村耕佑设计了一些灯笼。我们请创作者加入后，给了他们一些能应用于设计，且我们也做了些研究的新技术的信息。津村选了植发技术，在一位假发制作师的配合下将其运用于传统日本灯笼。由于传统灯笼用的纸不够结实，无法既支撑植上去的东西又不破裂，津村耕佑便在纸上粘了一个丝绸网眼的底托儿，再以各种好玩的风格将头发固定在底托儿上，有“波波头”和一种半长发型。而植发的表面，灯光照透时表皮上的那些小孔都能看得很清楚，显得有点毛骨悚然。有人

称之为“鬼灯”。先把个人趣味放到一边，如果没有这一根本性问题的视角——我们如何激发触摸的感觉——津村的灯笼是绝对出现不了的。

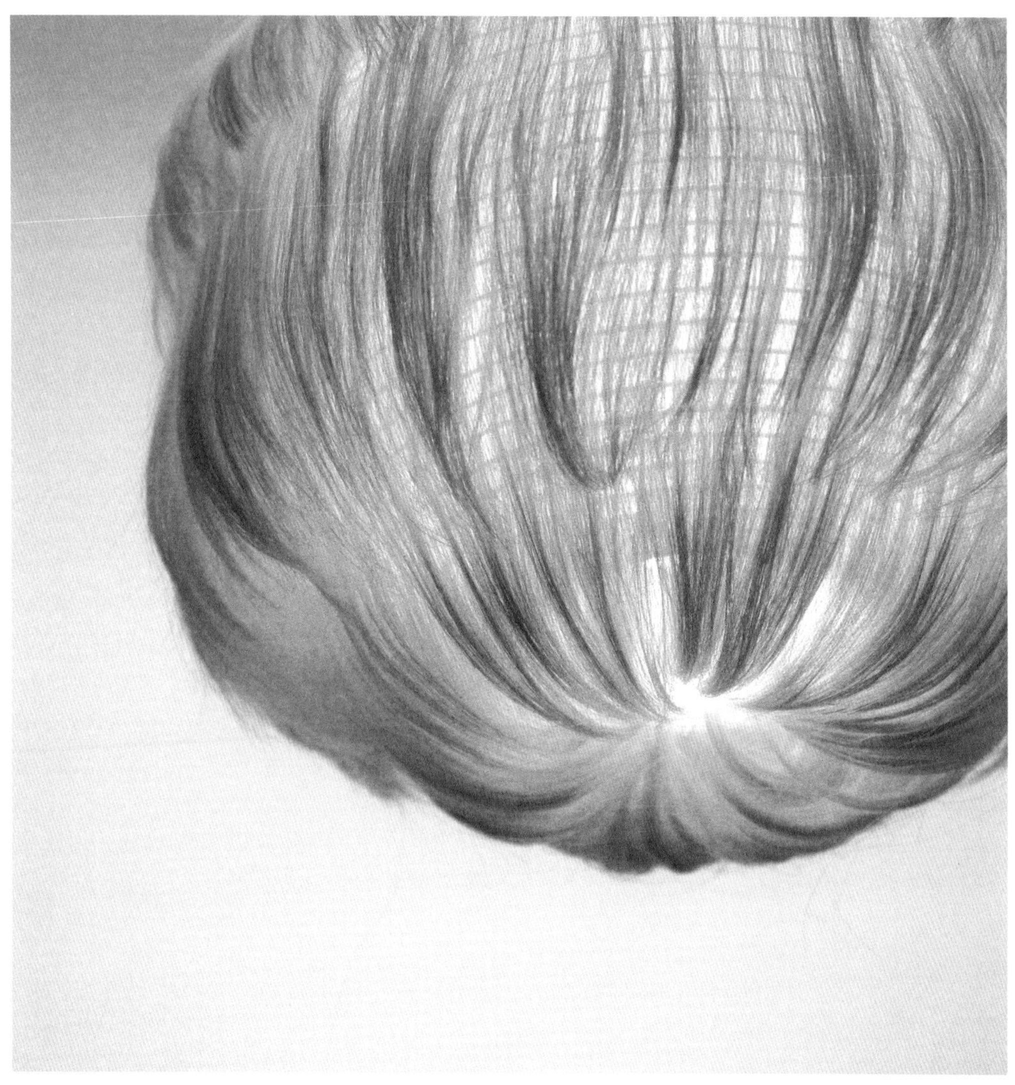

该方案基于日本传统的纸灯。

丝绸被贴到纸上加固，以职业植发师的植发技术手工将毛发一根一根粘上去。

发型可按设计师的个人能力自由创作。

这些灯笼由于看起来好像活的，所以给人一种轻微的惊悚感。

但如果人们关注的是“如何感觉”，大家就能认识到这里是一处未探索的设计领域。

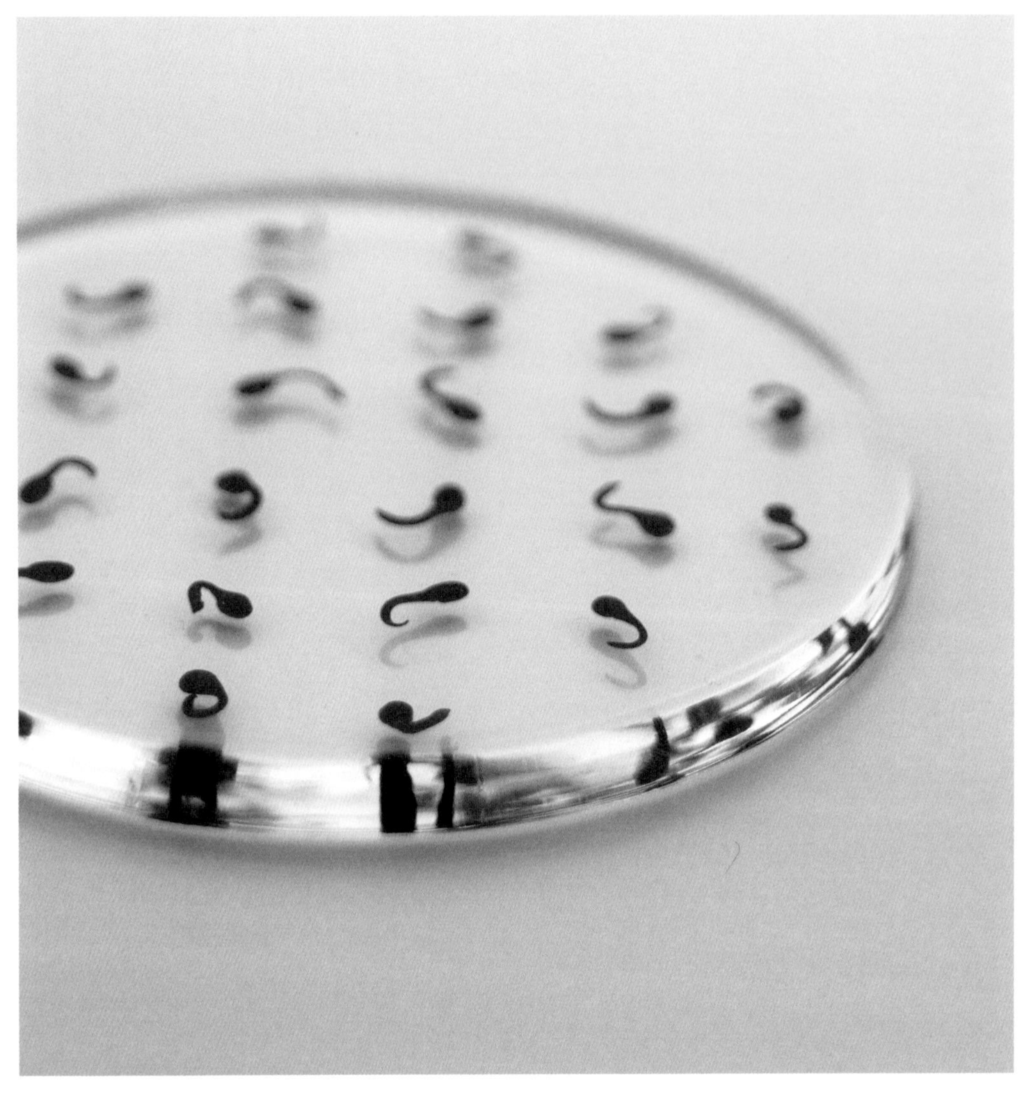

祖父江慎 | 蝌蚪杯垫

Shin Sobue: Tadpole Coasters

平面设计师祖父江慎设计的是杯垫。摆开来看，它们就像某个生物研究所的实验切片。它们令人想起因表面张力而膨胀、洒溅出来的水，还可以看到里面蝌蚪状的东西。祖父江慎曾给我讲过一个朋友的吓人经历，一个令人毛骨悚然的故事。一个夏日他正在午睡，觉得胳膊肘痒痒的就醒了。跃入眼帘的景象是一只蝴蝶正在产卵，不仅如此，产下来的卵还密密麻麻排成整齐的几何形！他完全惊呆了，忙不迭地把这些卵抖掉。我能想象得出其发抖的样子。昆虫卵这种活物，在自己手肘上对

受到分析与支配后的颤栗，
这是观察让人们感觉觉醒的力量并加以运用的设计。

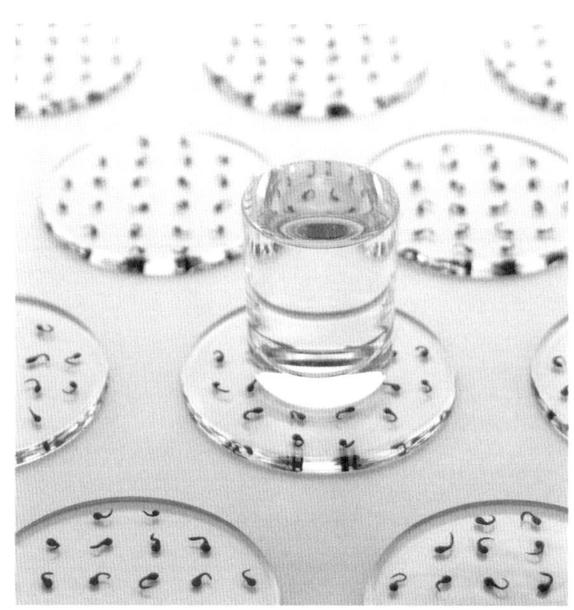

称排列的感觉……绝对令你一惊。这个故事给祖父江慎提供了这种杯垫的创意，透明的硅块里面蝌蚪形的东西。这不是脑子一下就能想到的东西。不难发现，当触觉方面成为焦点时，意念的领域是多么宽广。

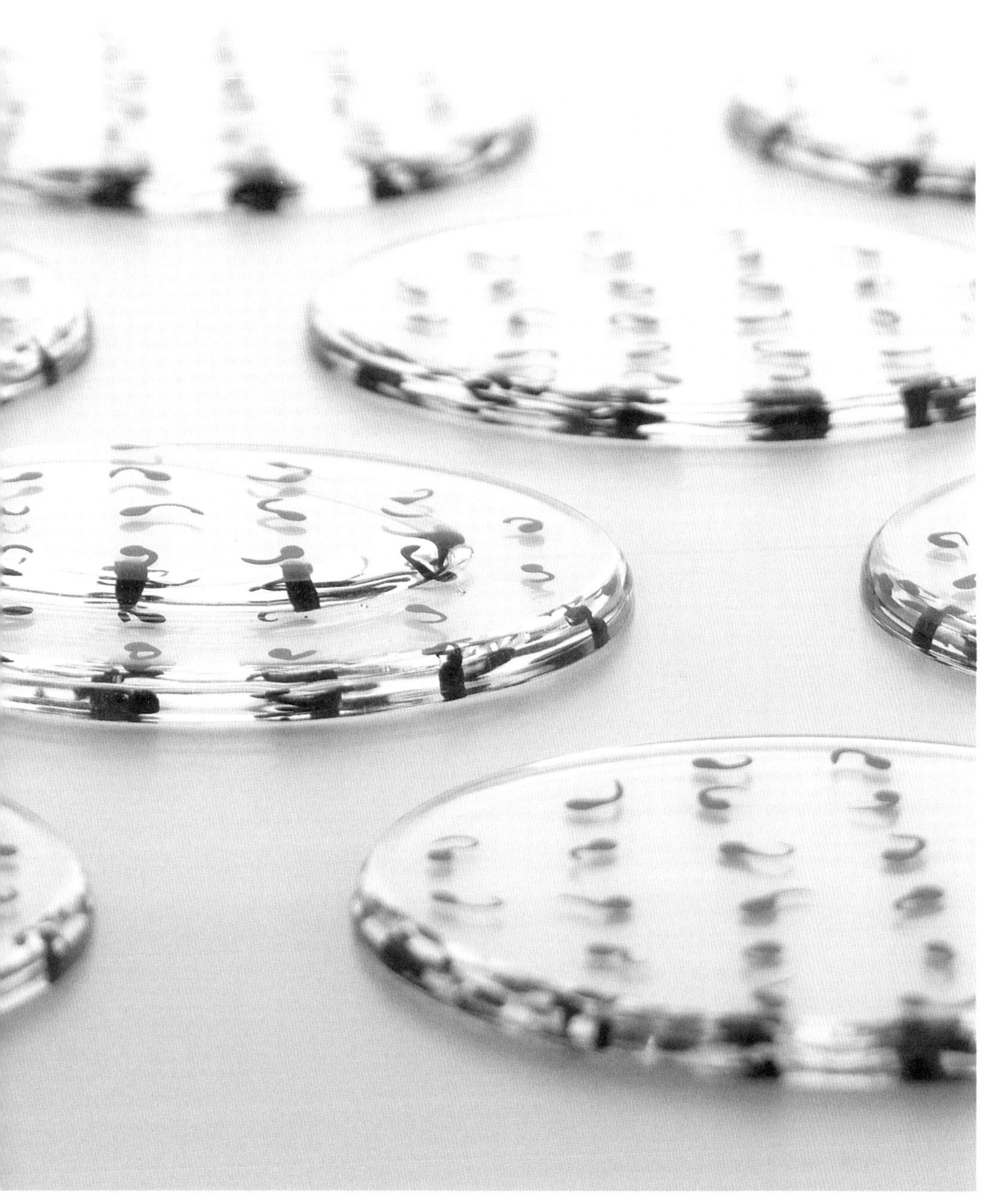

杰斯帕 · 莫里森 | 挂钟

Jasper Morrison: Wall Clock

产品设计师杰斯帕·莫里森以其对普遍形式的不懈追求，设计了这款壁挂钟。它是用一种很软的叫“WAVYWAVY”的纸成型的。这种纸极薄且脆，但一旦固定到墙上，指针也动起来时，它便获得了创造和结构的稳定性。刚成型的软纸的样子尤其有触感。

当我最初请莫里森参加“触觉展”时，他的反应很棒，“触觉就意味着让感觉流口水，是不是？”他说。当我们饿时，见到诱人的菜肴或是美味的烤肉会直咽口水。那是一种味觉反应。但莫里森所说的触觉是见到某种令全部感觉“流口水”的体验。多么精彩的比喻！

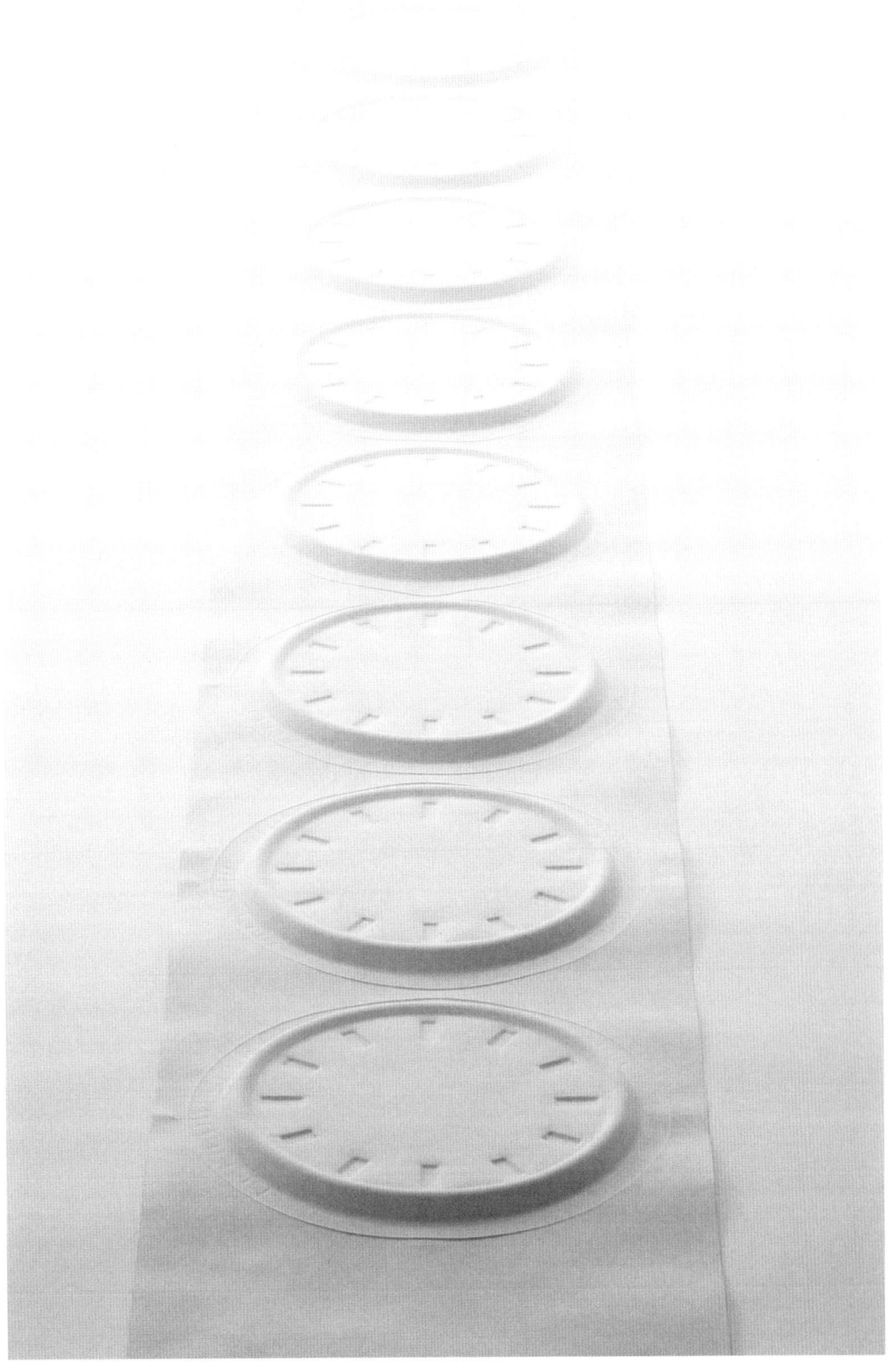

HAPTIC

一张流口水的嘴是对一块香喷喷的肉的味觉反应，

哪种设计能从所有的五种感官引发一张流口水的嘴式的反应呢?

伊东丰雄 | 来自未来的手——凝胶门把手

Toyo Ito: High Five with a Hand from the Future—Gel Doorknob

建筑师伊东丰雄设计了一个门把手，是用一种叫“凝胶”的很软的材料做的。传统的门把手是硬的，而伊东的门把手握起来则是“咯吱咯吱”的。伊东的建筑作品一直努力以一种抽象风格表现建筑，在实用的前提下尽量去除确定性。

例如，伊东认为墙壁不需要非用厚实的材料。一面墙可以很薄，就如分隔空间的一层膜。只要其强度足以支撑房顶，即使是塑料薄膜这样的东西也能成为一面好墙。这就是伊东对建筑空间的一种抽象处理的观念。当我邀请他参与这个“触觉”

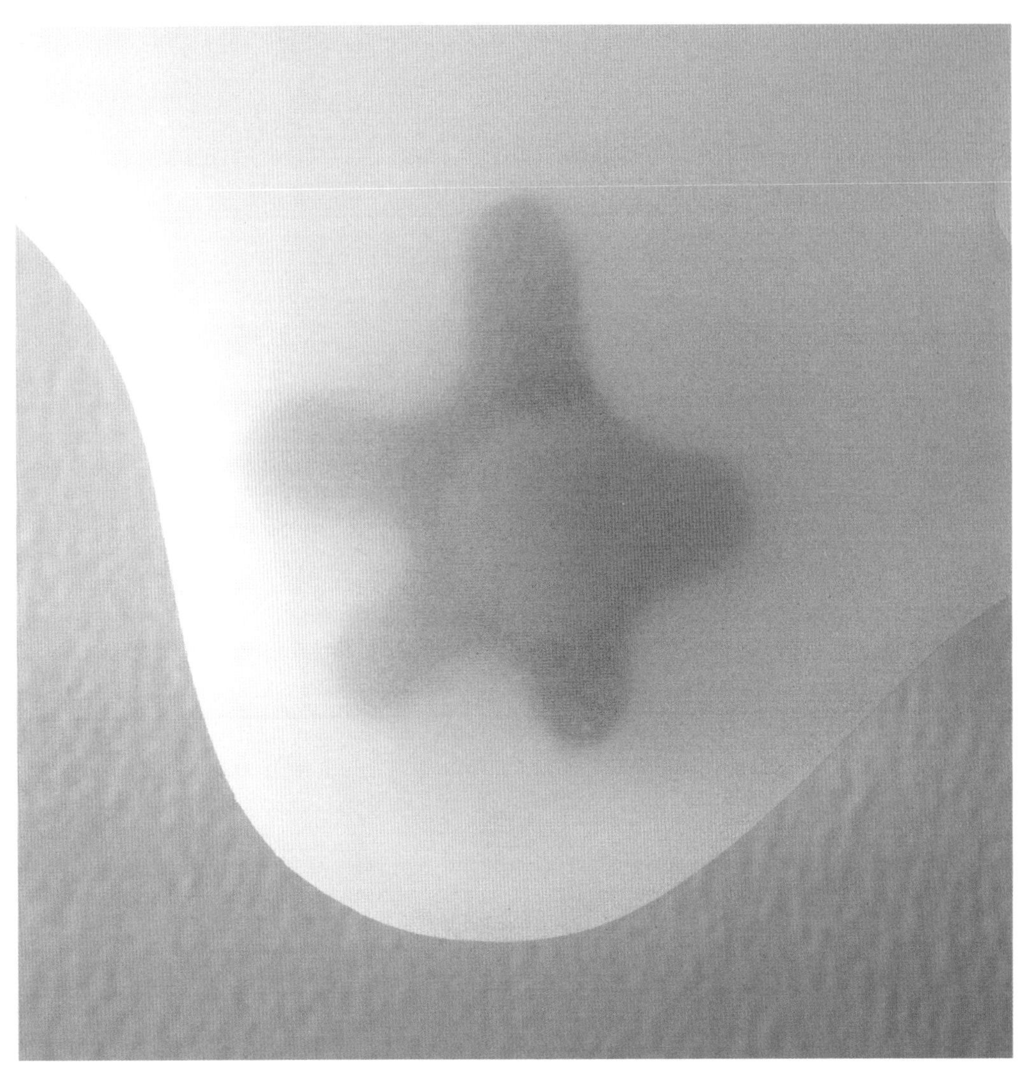

项目时，我提出了个问题："你的建筑很抽象。但住在那里的人却有着很物质、很鲜活的存在。可能他们的胡子每天长一点点，或者他们会出很多汗。你怎么考虑人类的物质层面呢？"他回答说："我们无法从鲜活的肉体中提取抽象。" 伊东的抽象表现历史悠久，但就在最近他开始关注物质性。因此，他又继续说："虽然我对物质的客体感兴趣，我却不会返回去说喜欢木头的感觉。"这就是伊东丰雄对物质材料的态度。如果我们进入一种怀旧的思维定式，我们会乐于拥抱对熟悉材料的那份满足感。但要是我们把怀旧抛到一边呢？如果我们向物质性客体开放我们的感官，那会不会让我们感觉到另一种真实呢？那会不会是一种既不受怀旧心理，也不受抽象思维指挥的处理物质性材料的方式呢？伊东沉吟着："我们是否该称之为'HAPTIC式抽象'？"

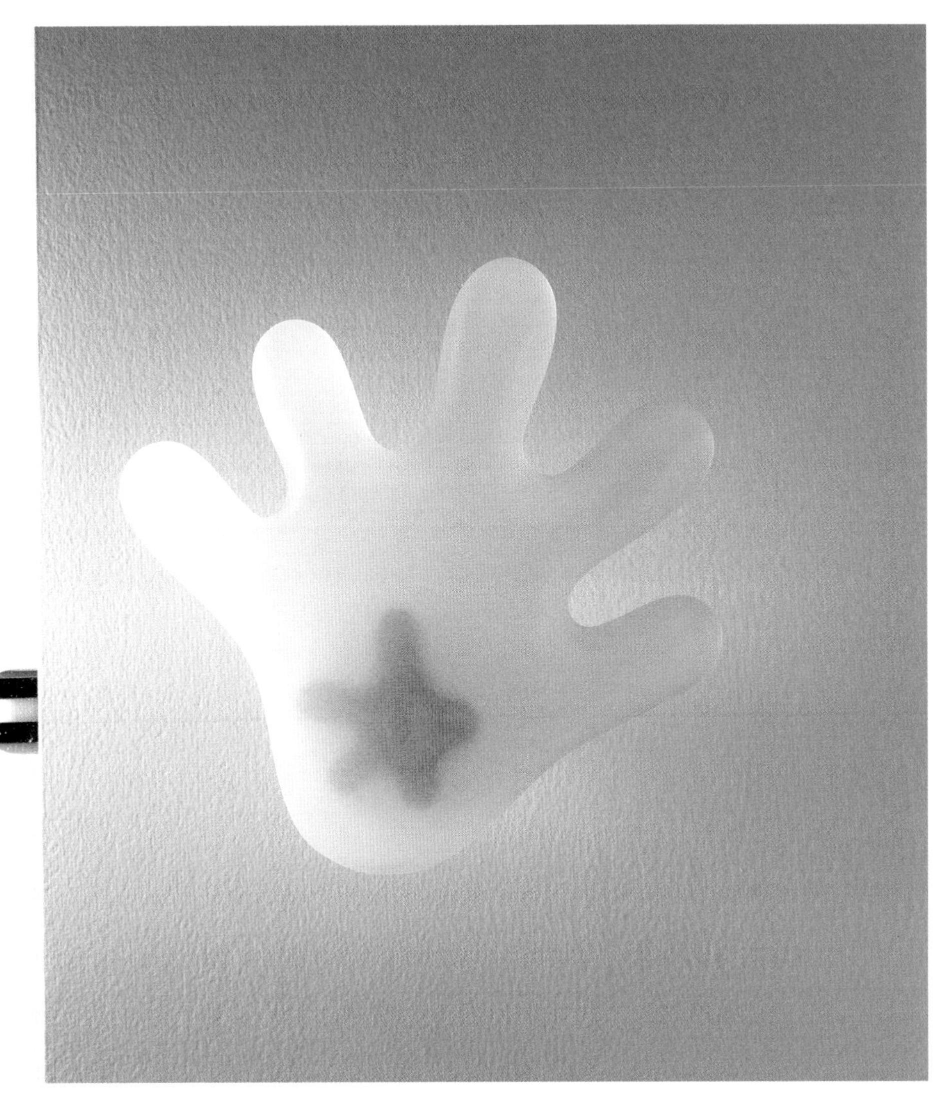

创作者使用了硅凝胶，呈现出一种不断变化的形式和回到其原始形状的无限能力，这个把手用一种深层的温柔五感欢迎你回家。

Panasonic设计公司 | 凝胶遥控器

Panasonic Design Company: Gel Remote Control

为了这个“触觉展”，电器制造商松下设计公司提供了一个遥控器，一关上它便会瘫软下来，好像死了一样。见过西班牙超现实主义大师萨尔瓦多·达利的作品《永恒的记忆》么？其中有一只软塌塌地挂在树枝上的钟。松下遥控器关上时就像那个样子。

而当开关一开，它便活了起来。首先，它开始呼吸，好像睡着了，肚子还一起一伏的，从死亡中复活，成为会呼吸的生命。当有人要取用它，传感器即刻感到手的接近，整体便开始发亮，继而变硬，为便于使用而准确地调节到完美的硬度。此遥控器现在还只是一个概念模型，还没准备投入商业生产，但的确是个独到的想法。

该设计的焦点不在其吸引人的外观、按钮的分布或标志的位置，而是它触摸起来的方式。这个例子极好地展示了随着触觉焦点的诞生，设计可能性的广度扩展到了人们意想不到的领域。

关上后看上去好像彻底死了，而一旦打开，它的肚子一起一伏的，看上去就像是在打盹。如果一只手接近的话，它马上便会醒来并变硬。

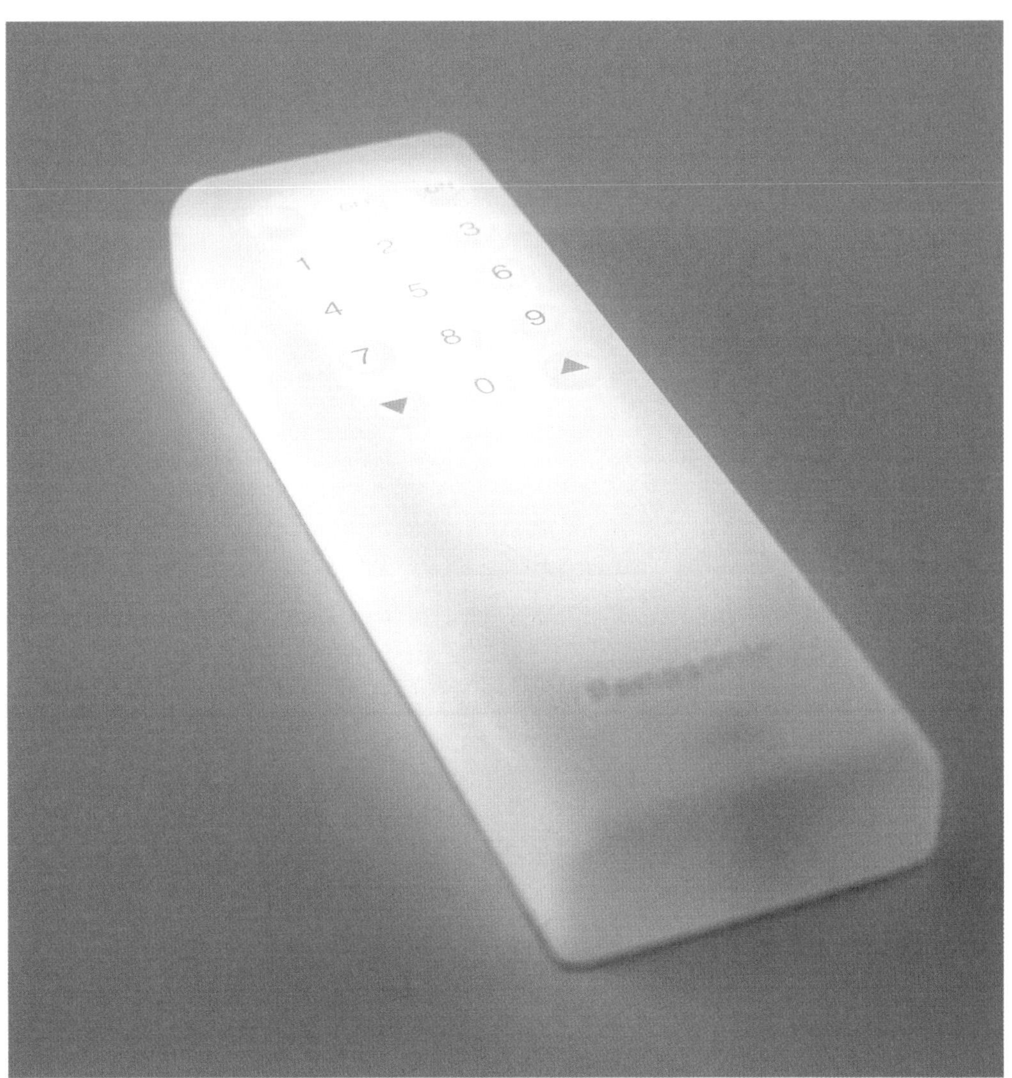
1 2 3
4 5 6
7 8 9
0

深泽直人 | 果汁的肌肤

Naoto Fukasawa: Juice Skin

这些果汁盒是产品设计师深泽直人的作品。鉴于其设计很容易理解，大概不需要我再阐释一番了。香蕉汁盒尤其棒。这回深泽用的是人们熟悉的利乐包。包装的软角显露出与握着一根香蕉相同的感觉。要是在开口上再加个梗的话，那就与香蕉一模一样了。深泽机灵地只对其主题的独特特征进行创造发挥。

此系列还包括猕猴桃汁。把一只猕猴桃的皮毛刮去，剩下的是一只深绿色光溜溜的果子。用植绒技术将纤维固定到纸上，就能制成极像猕猴桃表皮的质地。所附的吸管更清楚地表明，这是一包果汁。还有豆浆。其包装有着豆腐那种奶酪衣般的纹理。无疑，从这种包装里喝东西感觉怪怪的，好像直接从一块豆腐里喝豆浆似的。

设计就是在接受者头脑中用一种形象“建立”一个结构。

在此，材料不只是外在的模仿，还有模仿所唤醒的大量记忆。

设计强调了记忆与现实之间微妙的差异。

挟土秀平 | 木屐

Shuhei Hasado: Geta

这一项是木屐，光脚穿的日本传统木拖鞋。泥瓦匠Shuhei Hasado的工作室在日本中部山区的飞弹高山。他是一位很棒的泥瓦匠，曾获“世界技巧大赛”冠军。展望着将传统技艺与创意前沿结合起来的可能性，他也接受了种种新挑战。所以当我去他工作室拜访他时，他还给我看了几个实验性抹墙方法的样品。他在“触觉展”上的参展作品是覆盖了独特表面的几双木屐，这些木屐做了青苔处理，由于木屐是光脚穿的，想象一下脚踩到这青苔上的感觉，那潮湿的青苔凉凉的感觉……

这里还有一双木屐，看起来就像松树林的地面被直接挪到脚掌下了。人类开始穿鞋前是光脚走路的，脚掌就是身体与地面间的一个界面。那时，通过我们敏感的脚，我们从地面拾取了大量信息。我们可能还感觉到某些昆虫就在脚下，或者如果我们在某个地点挖下去的话，就能找到泉水。因此，我们的脚掌中沉睡着神奇的感受力。看着这些木屐，我感到了这种感受力的复苏。你呢？

人类脚底的敏感是有道理的。

脚底是身体唯一总与地面接触的部分。

它们在所有的时间里都被用来侦察细微的、详细的信息。

今天，脚底被袜子和鞋子保护了，因此这些感觉细胞就被包裹了起来。

发生在皮膜上的事

让我们来想想人的感觉。它们经常是以术语被提到，如“五感”或“五种感觉器官”。我给“触觉展”起了个副标题：“五感的觉醒”。但这数字“五”到底是谁提出来的？指的是眼睛、耳朵、鼻子、嘴和手这五样简单的器官？但就手而言，触摸这种感觉，即用手指轻柔地扫过某样东西和用整只手紧握门把手是不一样的。“压感”对后者来说可能更贴切一些。而对于味道的感觉来说，用舌尖舔冰激凌的感觉和把整片面包一口吞下也是完全不同。因而详细考量之后，感觉至少有上百种，绝不止五种。

另一方面，我们可能会通过把感觉变窄，对它们进行更多的限制。如果我们认为味道的感觉就是气味与口腔触感的组合，那么味道的感觉就成了每种气味和接触的一部分。如果我们设置语言的藩篱以区分单独的细微刺激，那么视觉、听觉和触觉还行，但气味和味道则有点不可靠。

物理学家赫尔曼·路德维希·赫尔姆霍茨［1821—1894］说：“一切都是皮肤上的事件。”我们来想一下，视觉的感觉是光在视网膜——一片直径微小的圆形薄膜——上刺激的反应。与此类似，听觉的感觉是耳鼓，一片位于耳朵深处、直径仅八毫米的薄膜觉察到的空气震动的反应。气味与味道的感觉则是鼻腔和舌表粘膜接触物质形成的反应。所以膜的认知并不限于皮肤上的那些。所有的人类认知都源于膜对物质的反应，即通过神经系统传到大脑的刺激。人就像包在一层极其精细的膜里的橡皮球，球面上的不同区域得出不同的感觉。我们关于世界的图景都是基于通过膜觉察到并传到球的核心——大脑的那些刺激。设计则是对这些感知膜的一种作用。

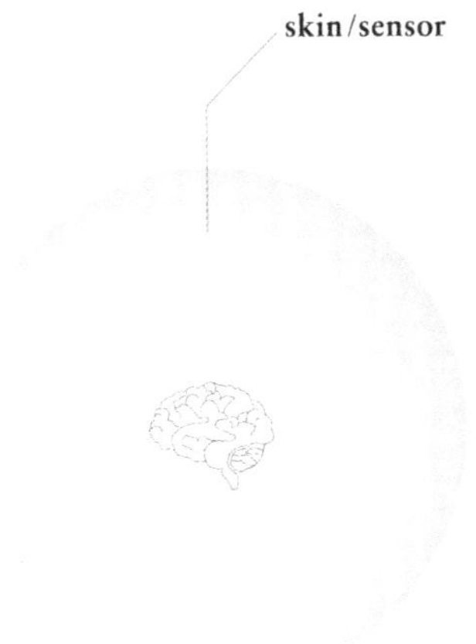

这五种感觉以某种方式互相联系着。视觉并非是自足的，而是与听觉和味觉联手工作的。现在我想到，我们的各种感觉是一起发展的。如果我们想想新生儿的感觉逐渐开始起作用的过程，我们可能就会理解其相互关联。

我们常说婴儿看不见，但那可不意味着他们的眼睑是闭着的。当然光是从他们眼睛的晶体透过来的，视网膜受光，然后通过视神经将通讯信号传到大脑。因此，说婴儿看不见实际上不是说他们的眼睛不能正常工作，而是他们的大脑不能理解传过来的信号是什么意思。同样，不能看的婴儿也不能听或者辨别味道。刚来到世上的人，其感官的确是工作的，但他们的大脑无法分辨刺激的意义。“意义”在这里是指对他或她本人的价值，这是一种不断加深理解的东西。婴儿本能地吸吮母亲的乳头，喝她的乳汁，听她的声音，感觉她的皮肤，获得体验，直到母亲的视觉刺激、母乳的味道、乳房的手感等等汇集到一起，获得价值，发展成为意识。这就是我所认为的意义。并且，听、摸、看、尝和嗅的体验是一起获得意义的。在我看来，听、摸和看是相互关联的，是同时得到结果的。

这有点像用“望远镜视像”把一个三维物体看清楚的道理。一起工作的两只眼睛捕捉到的复合视觉印象被大脑解读的一刹那，图像便立刻成为一个生动的实体形象。同样，当被不止一种感官组合起来的感觉刺激汇聚到一起，在大脑中紧密结合时，一个图像便诞生了。神经科学家将这些感觉体验的质量称为“感质”。

饱含水分的青苔木屐在前面出现过。穿上它们会是什么感觉我们会有一个总的印象，而无需实际体验。如果你去舔你正在用的桌子，它尝起来会是什么味道呢？你完全可以想象其味道，而不必真去做。即便你真的舔了它，实际结果与你的推测也不会有太大差别。或者把你正讲话用的话筒塞进嘴里会是什么感觉？这也会和我们预想的差不多。为什么无需真去做我们也能知道呢？因为从儿时起，我们就积累了大量的感觉体验，由此它们建立起相互关联。我们对这个世界舔、摸、嗅的体验与记忆，让我们对其赋予了意义，给了我们感觉的背景基础。

感觉研究领域有个著名的问题。如果一个人生下来就是盲的，然后有一天他忽然能看见了，你拿一个立方体和一个圆球给他，他能仅凭看就知道二者的差别，而不用摸吗？研究者们说，不能！如果是一种主体通过触摸了解到的形状，该形状可通过某种“联觉”［一般当一种感觉受到刺激时才以另一种感觉模式出现的感觉］的出现而与视觉建立起关联。但第一次体验到的视觉刺激的意义与任何其他感觉认知均无纽带。这一被眼睛接收到的光刺激的意义尚未得到与其他感觉认知相联系的评估。直到此人摸到其形状，或嗅到其味道，与其他感觉刺激的联系才建立起来，此人才开始理解那光刺激的意义，看的能力才算建立起来了。

我曾认为设计是信息的建筑，且此建筑建立于信息接收者的大脑中。最近我又想到，虽然此建筑构造的材料确实是感官从外界带回来的信息，同时，某些非常重要的大厦单元却是被外界刺激唤醒的体验和记忆。当外界刺激唤醒了内部存储的记忆之山，人们才能想象世界并阐释之。

行走的动作是身体的向前移动，是肢体的钟摆式摆动以及身体与重力的平衡造成的，但我们却不是按照任何计划好的方式去完成这一行为的每个瞬间。除非每步都要踏在人行道的缝隙上，或是小心避免踩到任何蚂蚁，我们一般不会先审视走路时的外界刺激再迈下一步。更像是在回忆存在于我们记忆中的行走，而对实际在做的动作却没怎么注意。看和听基本上也是一样的。当你见到某个生人，你不是对其面容、声音和特点进行全新观察，而是将注意力集中在与你回忆中大量关于人的记忆核对后所分辨出的差异上。最终你会把他看成除了那些差异外的一个人。你打包到关于人的概念中去的部分是由你已经存起来的记忆代表的。海量的信息通过感官传到大脑，而我们对世界的解释却非仅基于新信息，而是新信息与丰富记忆的比对。我们的感觉认知持续不断地汇入大脑，混合，互联。

设计不仅跟颜色和形式有关。研究我们如何感受颜色和形式，或是研究感觉，是设计的一项关键课题。而观察人如何感觉物体将给予设计新的方向。

铃木康广 | 圆白菜碗

Yasuhiro Suzuki: Cabbage Bowls

让我们再回到触觉展。艺术家铃木康广用纸做了圆白菜。他先用聚酮精确地塑造了真实的圆白菜叶子的造型，然后复制成纸的。最后，菜叶又被设计成碗。而且，一个圆白菜的所有叶子都被复制出来，所以铃木再造的圆白菜重量和一个真圆白菜几乎一样。想象一下端着一个纸圆白菜碗的感觉，摸上去怪怪的。在餐会上用这种碗一定很好玩。人类的头脑在这种携带着过剩信息的复杂玩意上获得快乐。

说到复杂信息的快乐感觉，我想起曾和室内设计师杉本贵志去巴厘岛出差。那里有好多很炫的度假酒店，所以我很自然地觉得我们会住其中的一家。而我失望地听杉本说他订的是一家老式居所。“那些新度假屋没什么意思。”他解释道。居所占了很大一片地，上面散布着小屋，每个方向都铺着旧石头。客人光着脚在旧石头上走，而我惊讶地发现自己很喜欢这种感觉。当我去想为什么会这样时，我明白了，石头路是赤脚旅行者们几十年磨出来的，他们把石头踩得光光的。而我的脚享

圆白菜的每片叶子都被当成一件容器使用，

组装起来，这些叶子就成了一整颗圆白菜；拆开，这棵圆白菜就成了一套纸盘子。

受着石头的感觉。这种熟悉的美好感觉——就像逗弄我家的老猫——通过我的脚底传递给我。当我想到这一点，我从其他人走路磨出的石头的感觉中感受到一种极度的精细。很难解释清楚。大约是一种从一块石头到另一块石头的微弱差异的混合。我直觉地感到这些石头携带着大量信息。如果我能将来自这些石头的所有信息输入我的电脑，那肯定棒极了！

然后我明白了一些东西。虽然今天的世界据说处在一种信息过剩状态，实际上可能并不富裕。泛滥的只是媒介中零零碎碎的信息，每个碎片中的信息量实际上很小。在这种半生不熟的信息中，大脑怎么会不感到压抑呢？大脑的压力不是因为数量，而是因为有限的质量。

在媒介的进化及其对新闻材料和数据拼命收集的背景下，世界上发生的所有事都像草坪被割草机修剪一样，信息碎片如空中乱飞的草屑，在不同地方之间飞来飞去。这些破碎的信息附着在我们豆腐般的大脑上，像撒得太多的调料，把整个表面都搞得含糊不清了。一时间，我们觉得自己知道得很多，但大脑表面的那些信息当被你加到一起时却并没有多少。相反，我们通过脚底感性、快乐的体验得到的信息量却是巨大的。人类的大脑喜欢任何需要大量信息的东西，其扩展能力焦急地等待着感知世界，以充分消耗它巨大的接受力。而此潜在力量在今天处于一种被极度压制的状态，这是我们都遭遇到的信息压力的一个来源。

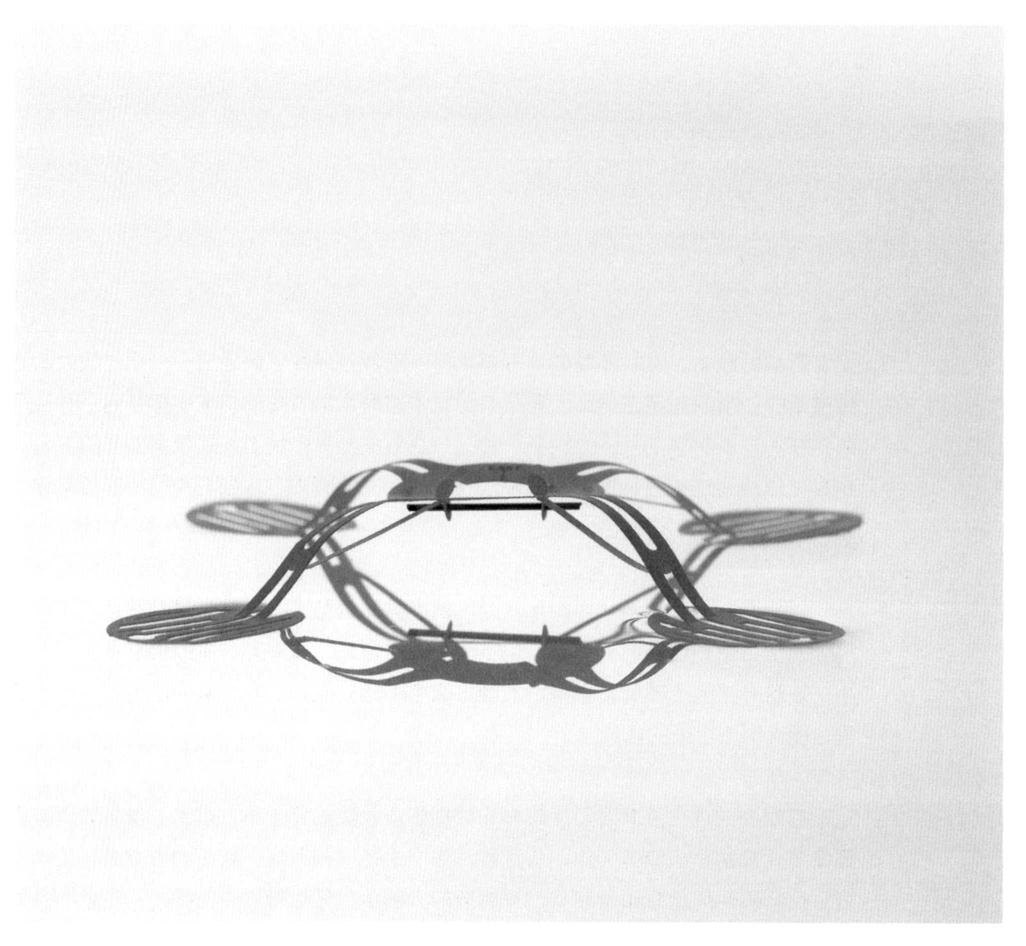

山中俊治 | 漂浮的指南针

Shunji Yamanaka: Floating Compass

产品设计师山中俊治是个机械装置专家，他长期以来一直致力于技术与人的整合。他的设计范围从机器人到自动洗牌机，他给本项目做的设计方案是一个状如划水器的小指南针。

超级防水涂层技术使得正常吸水的纸张表面高度防水。将用这种技术处理的纸张做成的指南针放到水上，它便像个划水器一样漂起来。在这个裁切得精致小巧的纸玩意中心，是一枚小磁铁。在展览上，这个指南针漂浮在一盆大约两毫米深的水上，而盆底下由一块磁铁控制，因此指南针和谐、流畅而平滑地旋转着。这种卓越的动感是真正的触觉，唤醒感觉的是那特别平滑的感知，而非那些毛茸茸、毛扎扎的东西。

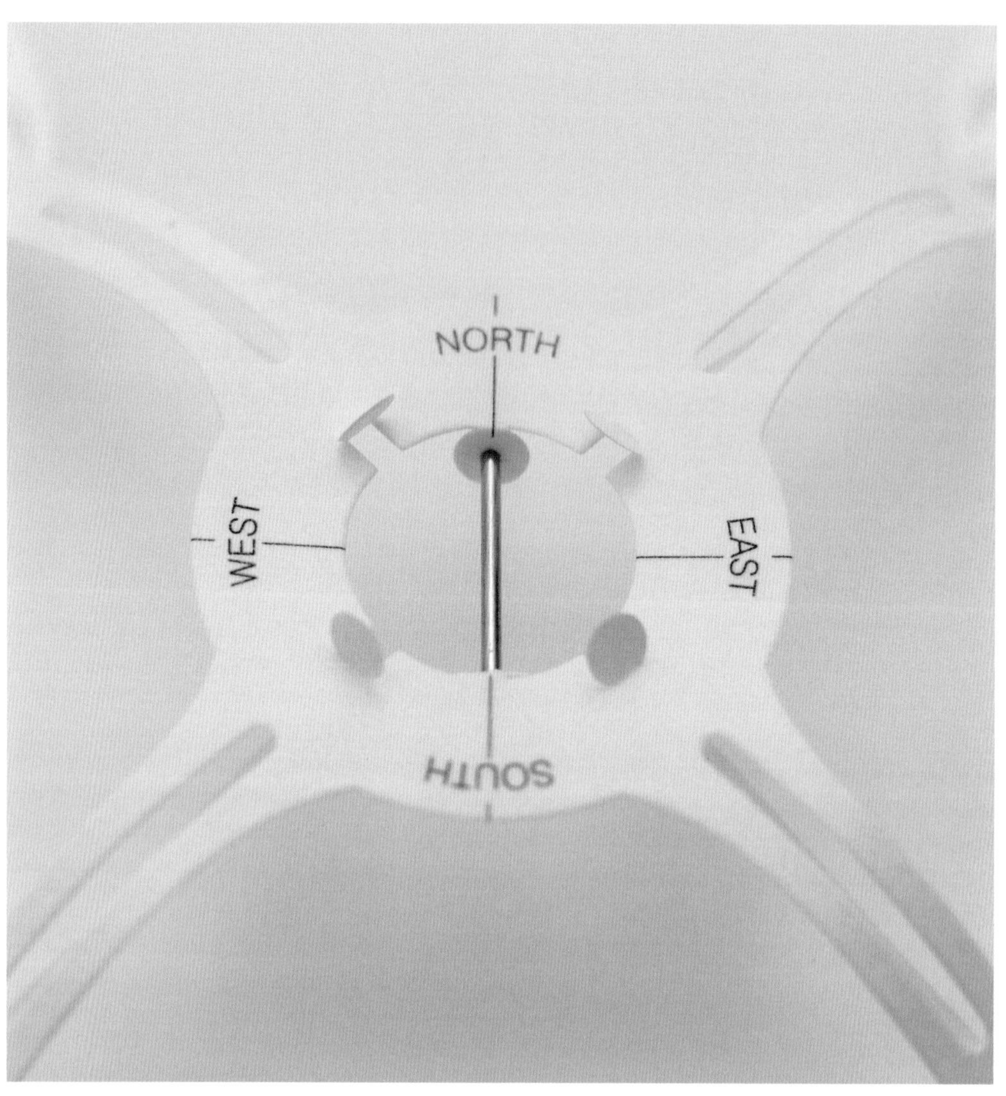
NORTH
WEST
EAST
SOUTH

玛迪厄 · 曼区 | 妈妈的宝贝

Matthieu Manche: Mom'n Baby

生活在东京的法国艺术家玛迪厄·曼区设计了一个插座。此插座有好几个插口，由于不是呈几何状分布的，它们唤醒了一种关于细胞分裂生殖的有机图景。曼区使用了一种用于替代肉体，而不仅是骨骼和肌肉的假肢材料。该材料被用于弥补损坏或失去的人体部件，如乳房、耳朵等。一位材料工艺专家帮忙将插座处理得具有惊人的肉体肌理，从而使它具有难以想象的可爱外观。实际上最早的样品看起来太真实了，没敢用于展览。因而最终的产品涂了种抽象的颜色，像个可爱的丘比特娃娃。

这种电源插座给人的印象是它可以通过细胞分裂繁殖，

并且看起来好像一个刚从妈妈肚子里出来的婴儿。

平野敬子 | 废纸篓

Keiko Hirano: Paper Wastebasket

图片展示的是设计师平野敬子做的纸废品筐。它用硬化纸板做成，平视如同纸质的咖啡过滤器，当两端缝在一起时尺寸很大。每个废品筐都是手揉出来的。纸板在水里会变软，手工成型后，干了就会变硬。变干后的废品筐硬得好像掉在地上会碎似的。这种废品筐从外观上来说是真正触觉的。想象一下把一个纸团扔进去的感觉。它是一种触觉启发。

将两侧缝在一起就像个咖啡过滤装置，可将其放在水中泡软再手工成型，干了以后，它会像石头一样硬，这样得到的就是个废纸篮。

原研哉 | 水弹珠

Kenya Hara: Water Pachinko

这个产品是我的。做展览时，我一般不为其设计展品，但这回我破了例，做了这个“水弹珠”游戏。［这里的弹珠是指一种日本式的弹子球游戏。］

为了这个展，我们对各种可能会对参展者设计有用的技术做了一些初级研究。当时，我对超级防水表面技术和现象很感兴趣，抑制不住自己的创作欲。图片上那些阿司匹林药片状的小点是从五毫米厚的纸板上裁切出来的。我把这些纸点固定于装在铝板上的底纸上，让表面保持完全平整，然后喷上超级防水涂料。

超级防水技术的开发是为了让雪不积在卫星电视接收器上，因为如果雪积多了，天线就不好使了，从而就发明了一种既不积雪也不积雨的表面。其防水现象称

HAPTIC

为“荷叶效应”，顾名思义，这与水珠从荷叶上滚落的道理一样。同样的技术也可应用在纸上。如果将同样的防水材料喷在名片上，水珠根本呆不住，其抗水性能强到这种程度。

像所有的弹珠游戏一样，这一款也有个斜坡。玩家将一根滴管灌上水，然后把水滴到板上。水珠便会往下滚落，在纸上的障碍间蜿蜒而行，各取其道，有时则会

掉到洞里。看着它们曲折运动很有意思。最终剩下的水会流过一个狭长的槽，落入地上的一个瓶子里。纸和水，本该相互吸引，在这里却相互对抗。水珠就像弹珠一样在复杂的纸结构上滚动，不过很安静。这是一个充满触感的景象。只要水珠的直径不超过五毫米，就会相当顽固地保持其球形的形状。而一旦超过了七毫米，它就开始像变形虫一样，与其说是滚动不如说是蠕动。在某个点上水滴可能会被分开，在另一个路口又会汇合。多么美妙的景象啊！

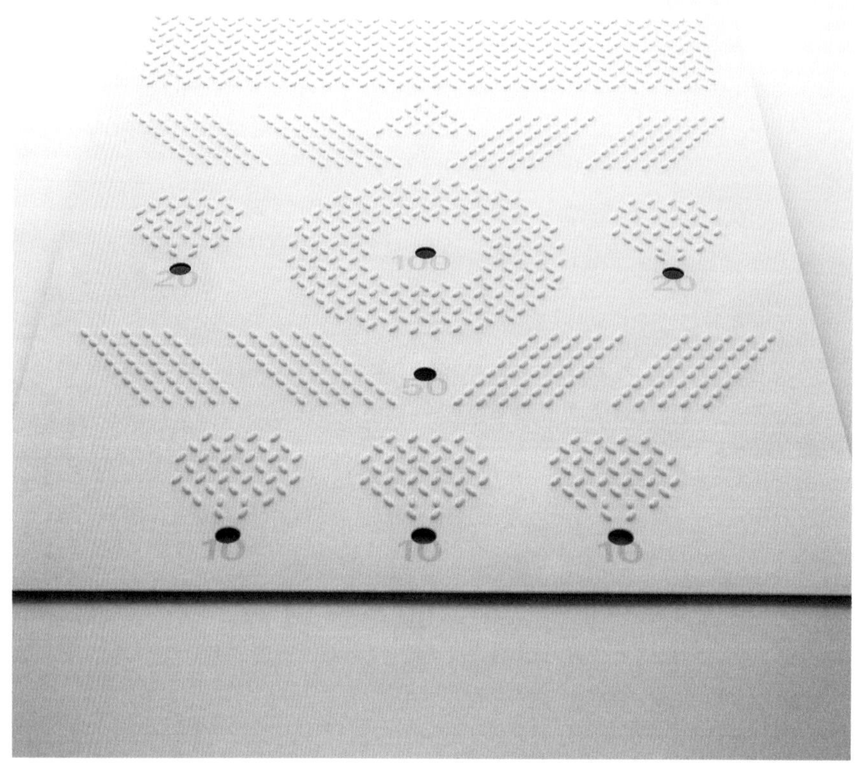
20
100
20
50
10
10
10

从架子上的盆里取一些水挤到板的上面，

无数水珠无声地落到此经过防水处理、带有阿司匹林状障碍的复杂纸结构上。

阿部雅世 | 文库本书封——八百个凸点

Masayo Ave: 800 dots—Paperback Cover

在米兰工作长达十六年的产品设计师阿部雅世二〇〇六年迁到柏林，在那里把很多精力用于教育。她设计了一个精装封面。将用于盲人点字法的泡沫油墨印刷到纸上，其样式是传统日本式的，叫做“鲛小纹”［鲨鱼皮点］。书籍封面设计经常采用图案和标志等平面设计的传统思路，而阿部的设计则仅建立在简单的触觉上。而且在实际使用中，我发现那平滑而不均匀的肌理摸起来很舒服。只运用触摸的感觉去影响设计，使一本书的封面成了一件极其舒服的东西。

对“触觉展”的参与，令阿部对于触觉理念的广泛发展变得很热衷，这种兴趣直到此展览项目前都还只存在于她的潜意识中。现在她在柏林艺术大学负责一个叫做“触觉互动设计”的课程。看来柏林的活动没准还能搞出一个我们展览的续篇呢。

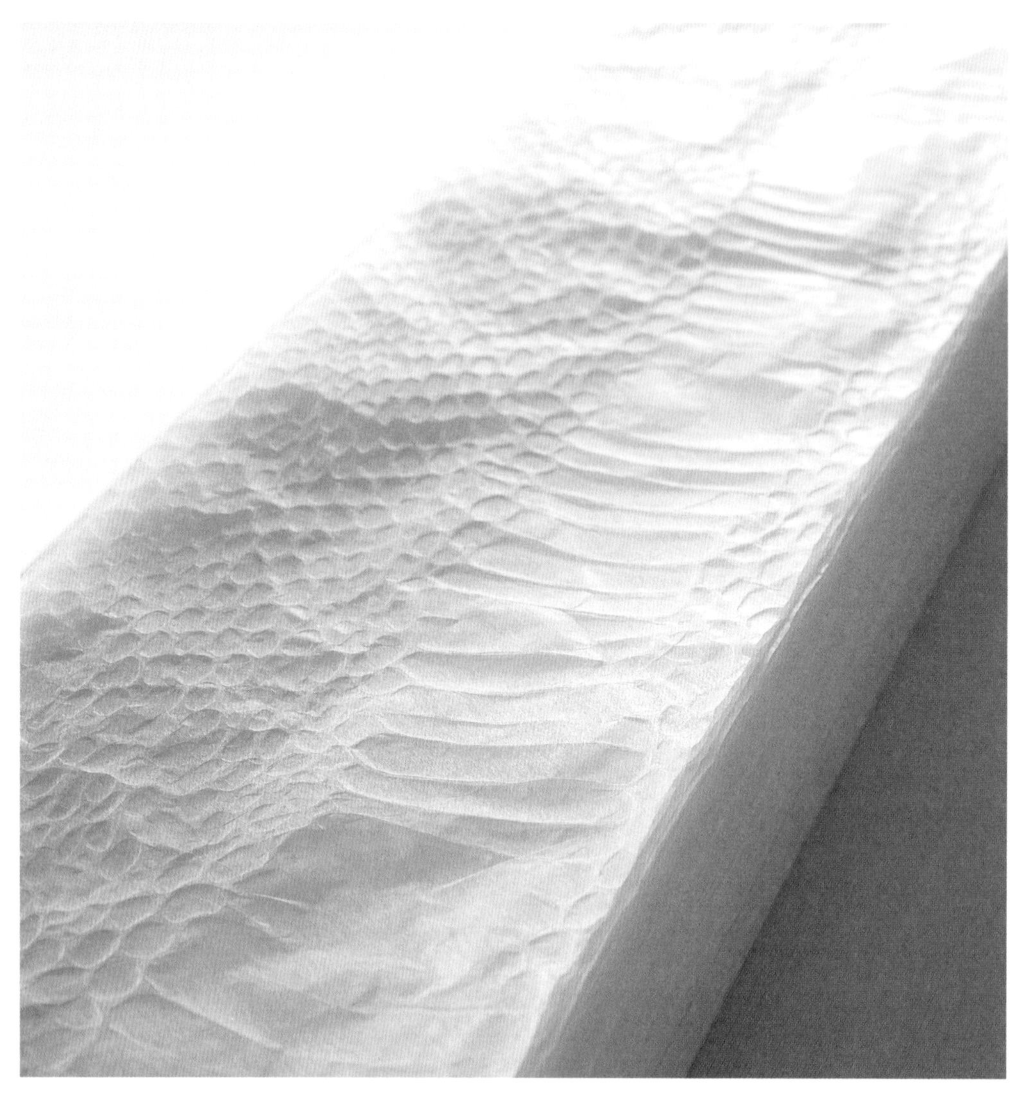

隈研吾 ｜ 蛇皮纹样擦手纸巾

Kengo Kuma: Cast-off Snakeskin Paper Towel

这是建筑师隈研吾设计的纸巾。和纸［传统日本纸］做的，很薄很轻，如果扔出去的话能在空中飘半天。此纸横向压印的纹理，从整体上看是一条两米长的蛇。每次压印一张这样软的纸是颇为困难的工作，而这些纸巾最后却要在我们的手中终结。它们被整齐地摆放在一块日本柏木厚板上，洗完手，取一张把手擦干。它们就是干这个用的。

而当我说起它们时，人们时常说它们太好了，用起来实在浪费。但若是它们没有压上蛇皮花纹或其他什么图案的话，我们一般不会在意把它们丢进废纸篓。如果有人认为使用一张有触觉的纸巾是一种浪费的话，那是不是意味着这东西获得了某种记忆价值呢？我估计用这样的纸巾擦手一定让你感觉很高级。

蛇皮花纹被复制下来，再用激光切割制版，
然后将版压印到日式和纸上制出每一单张。

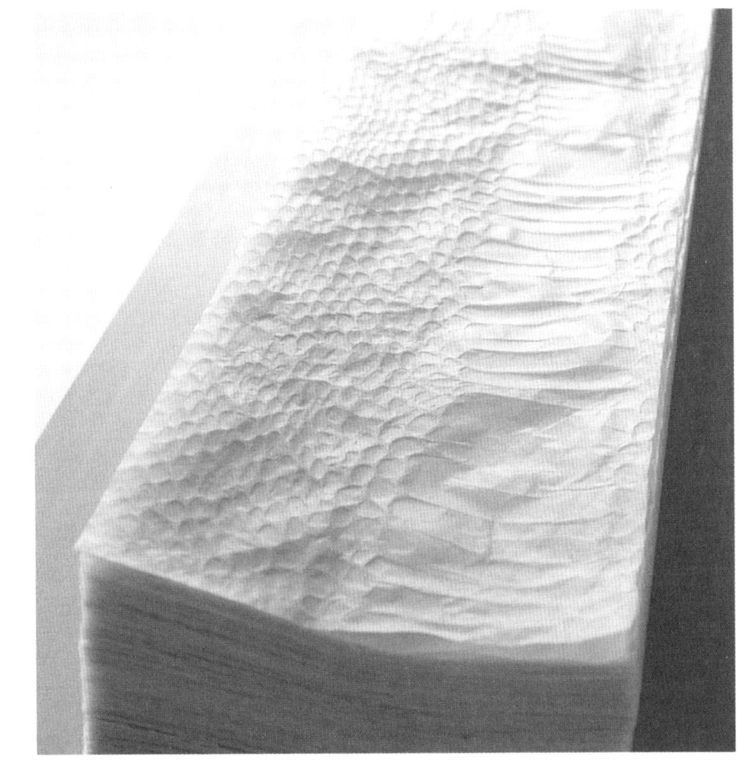

须藤玲子 | 瞪羚

Reiko Sudo: Gazelles

纺织品设计师须藤玲子设计了一张桌子。实际上它更像一张桌子薄膜，是用来包裹桌子［一张极薄的铁皮］的，可用拉锁拉紧。平放着看像是某种四条腿动物的皮。

须藤干的是纯粹的纺织品设计。“我设计纺织品，而等它到了顾客那儿，就成了衣服或提包。”须藤带着某种不满说。一开始我以为在她设计的时候，她总是能意识到最终用途，但我猜错了。当她告诉我她不是在为衣服或提包设计纺织品，而只是为了设计纺织品而设计时，我终于明白了她的意思。于是我建议我们搞一个单薄

得像骨架子一样的桌子，来保持她所设计的纺织品的纯粹性。我们请一位产品设计师帮助设计了这张桌子。它薄到好像桌面是飘浮在空中似的。“瞪羚”这个名字指的大概就是这种单薄、脆弱的样子。

此页照片上是须藤的三维纺织品设计，是用OJO纸纤维纺的线织出来的，须藤用这种纸做过好几张桌子。我会讨厌把酒溅到任何一张这样的桌子上。而其设计则是对一张桌子成功的触觉阐释。

后来，我听说建筑师青木淳在一个建筑空间中将一种有一百米长的须藤的纺织品展开。仅仅想象在一个建筑空间内一面柔软的纺织品以如此规模存在就让我感到，某种崭新的空间诞生了。

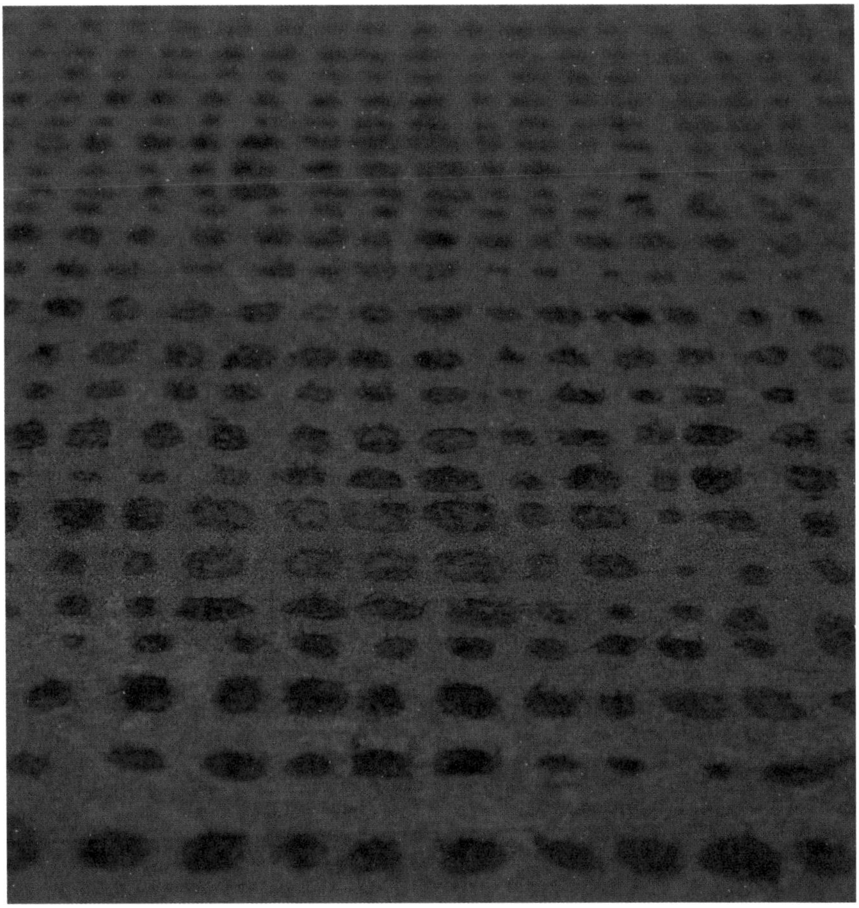

左页的桌子上覆盖着一种有深浅、像建筑一样的用OJO纸纤维织成的织物。
右页的桌子上覆盖着一种宣纸和人造丝、天鹅绒的混合物，
毛茸茸的天鹅绒上的斑点构成了一种若隐若现的图案。

服部一成 | 带尾巴的礼品卡

Kazunari Hattori: Tailed Gift Cards

艺术指导服部一成设计了这些带尾巴的礼品卡。其同样结合了纸张和假发制作师的植发技术。

丝带是包扎礼物用的。它们给了包装一种亮丽的外观，给礼物的赠送增添了光彩。尾巴常给人一种神秘的印象。那要是礼物上有条尾巴会怎样呢？人造毛皮有各种颜色和式样，所以可以用猫或黄鼠狼那种条纹式的尾巴来表达你的心意。每条尾巴在背面都有可以留言的地方。照片上的那条写的是“对不起”。

一旦有了尾巴，一种包装便立刻带上了寓言里的某种动物的形象，让人感到该动物代表着赠送者本人。
拟人的形象为礼品增加了神秘的感觉。

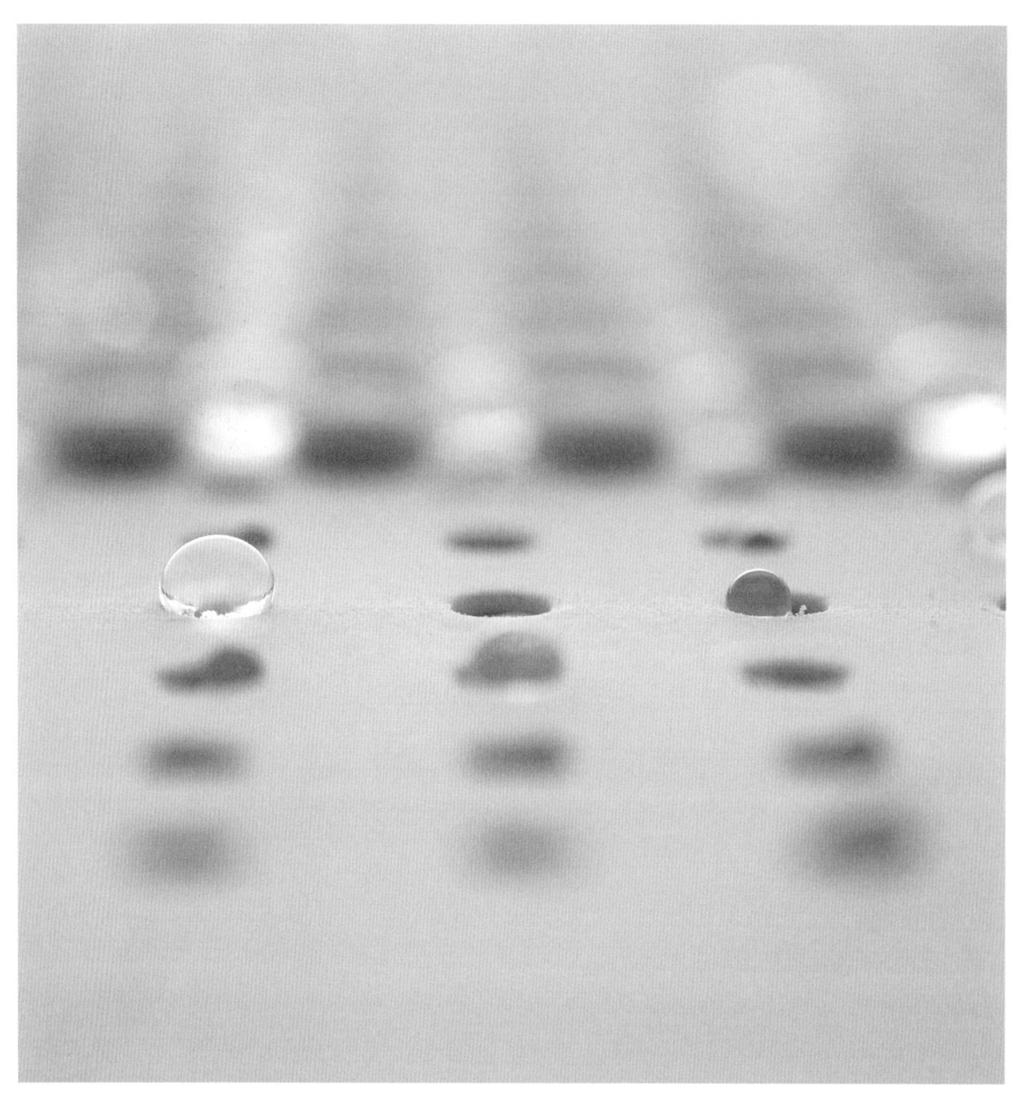

原研哉 | 加湿器

Kenya Hara: Humidifier

最后，让我说一下加湿器，也是一个我自己的展品。像之前提到的那个水弹珠游戏一样，这个加湿器也是用超级防水纸做的。把水倒在纸上，大部分水都成型为水珠，再抖一抖，水珠们便各奔东西了。我搞出来的加湿器，里面所有的水都成了球形，因而形成了更大的表面积。一杯水所暴露的表面蒸发起来很慢，而小球形水珠的积聚大大增加了表面积，使得蒸发加快。在干燥环境中水两三个小时便蒸发完了。此加湿器具有重大意义，不仅是因其有趣的展示，还因为它完全不消耗任何能源。

起先，我觉得如果水珠紧密排列在一起会很美丽，在一个用大约间隔五毫米的小板隔开的盒子中，每个都在其自己的区间里。但我不得不放弃此想法，因为很难让水珠保持在其自己的空间内。但想象一下那触觉的景象吧：成千上万珍珠般的水珠挤在一个小格子盒里。轻轻敲一下盒子，水珠们便来回摇摆。

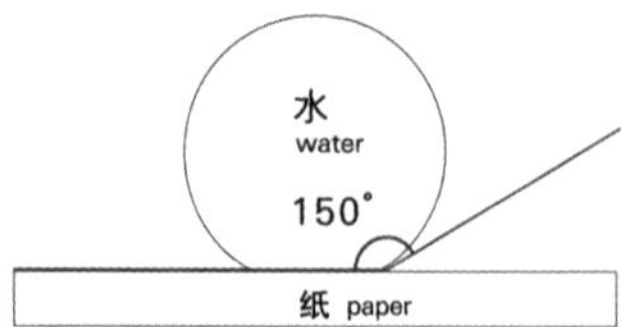

当某个物体与水滴之间的接触角超过了150°，它就被称为“超抗水的”。

超抗水的物体与防水的东西性质不一样。当水落到表面上，水滴立刻散开并成了几乎滚圆的。

这意味着表面积的急剧增大。

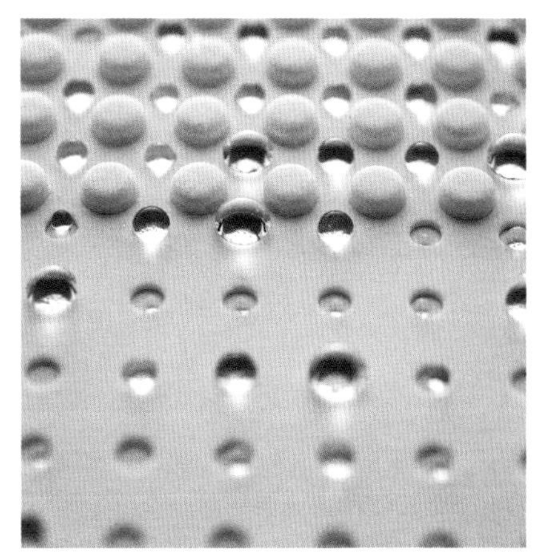

感觉驱动

长期以来技术引领着社会和经济。我们将这种技术推动各种各样事物的情形描述为“技术驱动”。在如何利用科技进步产生的媒介和材料的问题上，设计与技术迎面相遇：互联网网页设计、建筑上使用新材料的竞赛、采用新材料、新技术的产品设计的新形式，以及数字生成的电脑绘图等等。

对于一个技术已成为发展驱动力的时代来说，可能这就是设计的恰当形式。受益于我们的技术驱动型社会，我们已享用了大量很棒的设计。而如若我们要从感觉这一侧去重设物品制造的驱动力的话，我们的设计过程就不是始于技术，而是始于感觉认知，它是与各种科学法则平行进步的。从这里我们可以想象一个可称为“感觉驱动”的世界。我们无法把我们的身体变得抽象，我们也不该忘记，大部分科学都是关于人类生存的这一事实。我们曾满脑子梦想着将一个虚拟的自己送到虚拟空间去生活来获得幸福，但我们已经明白，虚拟幸福是不能成为真正的幸福的。到时候，尘土终将覆盖那些被设计得最具轻盈之美的现代结构，而新材料做成的产品亦将渐成古董。我们不知拿自己的肉身怎么办，它需要的按摩和它需要的信息一样多。

技术的进步与感觉的退化

除非能够微妙地唤醒和启动接受者的感觉，否则技术没有任何意义。环顾四周，我注意到的正相反，人们今天由于技术进步而逐渐发展出厚厚的皮肤。他们穿着松紧的或是绒面的衣服，坐在松软的沙发里，边吃着土豆条，边看着大屏幕电视。他们不去上烹饪课或是学茶道。他们甚至连往花瓶里插花都嫌麻烦。由于有了计算器，他们不再心算或笔算，也失去了快速思考的能力。在日本，文字处理软件已取代了我们书面语言中使用的汉字的存储。因为有电子邮件，他们也不再手写书信了。手写信函中的正常问候已从他们头脑中消失。失去这些词语意味着他们也失去了对他人的关心。甚至长途旅行中削苹果皮这种在日本曾是很普通的技巧都退化了，因为嫌水果刀用起来讨厌。

达·芬奇创作了伟大的画作。今天绝对没人能这么画了。我们相信这是因为在其工作中如此明显的敏感性和智慧都丧失了。削苹果皮或是手写书信也一样。必要的感官认知与接受力开始消失。

市场营销是对人们欲望的各方面进行扫描与分析的工作。这些不只是积极的欲望，也有潜意识中倾向于懒惰的欲望：偷懒。在便利店和超市，产品在不断竞争。只有能卖的产品才能生存下来。POS技术的发展加速了这种趋势。不久前，人们还从一家商店买烘焙好的咖啡豆，在家用磨豆机磨成粉，用法兰绒布袋渗滤。现在很难见得到了，都是电咖啡机闹的。甚至人们都懒得用这种东西做咖啡，直接喝速溶咖啡产品的人越来越多。基本上，消费者不自觉地朝任何能让他们偷懒的方向走。我们不能笼统地说任何方便的东西都不好，但的确人类偷懒的趋势显然越来越强，这都是因为技术支持下的市场营销的结果。

有些意见认为这利大于弊。的确新发明的技术和媒介对于培养智慧和我们的感觉具有宽广的可能性。任何成熟的东西都会改变形状。人类与文化都在成熟与变形。但我们的欲望应该变形成更好的东西吧。

“感觉驱动”描述了一种随我们的感觉认知进步不断转移的情形。就让这种理念与那种技术驱动的世界一争高下吧。以我们的感觉为基础重新审视世界，这对技术也是合理而有意义的。

过去，平面设计师必须具备在两条相距一毫米的线间画十条线的技巧，作为书写汉字的训练。不久前，我们用绘图笔应用了一下这个技巧。我属于比那些接受了最严格训练的那代人晚一点的一代，但我仍记得我们这一代的平面设计课程包括了类似的训练。今天，由于有了电脑，理论上我们可以在两条线间画成百条，甚至上千条线。因此我们可以嘲笑老一代设计师的这种训练。但这不是单纯技巧的问题，这是一种感觉的圆熟，或增强。在一毫米的宽度内画十条线的能力证明一个人的眼力已增强到可以把一毫米等分成十份的程度。有些感觉不经过必要的训练是绝对达不到的。如此高度发达的感觉认知与电脑结合起来将产生无与伦比的力量。而事实是，如果一个眼睛完全无能的人即便拥有能在一毫米间画一百条线的工具，也是没有意义的。

当然，电脑可以带给我们过去设计师的能力远远达不到的效果。它所激起的动能和促进的动力迫使我们放弃那些老掉牙的感觉手段。电脑在一个区别于传统方法培养的阶段发展着我们的感觉灵巧性。另一方面，除非我们有意让自己对感觉保持活跃，否则软件只会令其迟钝。把感觉禁锢在一具忽视身体行为的超重身体上不仅意味着放弃长期积累下来的极其精微的敏感性，它还可能毁掉鼓励精微的感觉与技术相互联系的一种新设计领域的可能性。某天我们一觉醒来发现活跃的不是我们的感觉，而是软件，这样的情景不是某种科幻小说，现在已经是这样了，而且成了一种流行。

在高科技开始驱动社会之前，在技术与感觉认知之间曾有一场势均力敌的拔河。我们曾以我们的感觉认知为基础判断事物与现象。如果驱动世界的动机变成某种目标在于更高技术的东西，人类的感觉就可能像不活跃的肌肉失去力量一样退化。如果我们不放弃这个正在发生的进程，我们至少应该更努力地唤醒我们的感觉认知。如果高科技能以一种更精妙的方式进步，微妙地与感觉认知的范围相互联系就更好了。我用“触觉”这个词描述这种思维方式。

扩展感觉世界的版图

在设计的世界，颜色和形状位于顶点。每当有形状惊人或材料绝佳的产品登场，我们都会为之陶醉。我们对奇异的形状能当一种普通器物使用的变形感到惊艳。这种凭设计师的设计方案让消费者第一眼就被吸引的能力是设计的魅力之一。而那还不是全部。设计的领域即人类的认知，如我在本章开篇时所言，除了关注颜色、形状和材质外，还有另一种设计的可能性，这就在于静静观察如何感觉以及如何令受众感觉。

因此我怀疑，在这种情况下，我们的感觉认知中可能还潜伏着某种东西——感觉里尚未发现的“美洲新大陆”。还没人开始探索这一感觉世界版图上的新大陆吗？我可等不及要扬帆向这感觉的隐秘王国进发了！“触觉展”上的每个设计方案都暗示着发现的可能性。凝胶遥控器显示着柔软的程度；果汁肌肤操纵着我们记忆中的肌理；而精装封面的设计只用几个凸出的小点就达到了沟通。所有这些设计都像岛屿一般预示着一块未知大陆的存在。让我们通过这些预言性的岛屿去想象一块更加辉煌灿烂的设计大陆吧。我相信，植根于这种感觉认知上的技术必将更加繁荣。“触觉展”就发出了这一信号。

今天，甚至还没等我们注意到，信息便扩散到整个世界了。如果我只是在东亚的尖儿上嘀咕“触觉”，身在伦敦的人可能都会明白其意义，巴塞罗那的人可能都能听到我的声音，从而“触觉”便得到了传播。我虽呢喃细语，但我们的意图却清晰明了。因此，只要信息是纯粹的，越是轻声地说，它就会越强烈地回荡在世界上那些接纳性强的地方。这是一种有穿透力的嘀咕。

3 SENSEWARE

Medium That Intrigues Man

SENSEWARE——引人兴趣的媒介

SENSEWARE

Medium That Intrigues Man

SENSEWARE——引人兴趣的媒介

是什么唤醒了感觉

我发明了一个新词——“感件”，它指的是任何能激发我们感觉认知的熟悉的东西。我像“硬件”和“软件”那样使用“件”这个字。

比如石器时代对石头的使用就是感件的例子。如果我手握一柄四十万年前的石斧，为何人类要使用石头这东西就很明确。重量、硬度以及石头的质地全都吸引着我们人类。石器时代跨越的是一个惊人的漫长时期，在大约一百万年中，人类世世代代传递着这一柄石斧的形式。今天，我们很难体会这一跨越了成千上万代的工具形式被不断传承的时间和热情。

而当我们实际触摸这类工具，我们凭自身最简单的直觉便知道，为何石器的重量、硬度和清晰的质地激发并驱动了石器时代的人类感觉。即便是今天，我自己握着这类工具都觉得兴奋。这种感性的情感就像激发我们去创造的冲动。在今天纸张就属于“感件”，犹如石头是石器时代的感件一样。

一种白且具张力的物质

纸是白色的，这一事实显得很自然。而白色的纸其实一点都不平常，只是因为纸在我们的日常生活中太普通，以致于我们对它的卓越性已习以为常了。要知道，在纸刚出现时，它可是特殊的东西。白色只在很少的一些自然物上出现：骨头、一小部分矿物质、寒冷气候下的雪和冰……而世界上的大多数地方是土地的颜色。纸的原料树皮也一样是棕色的。将土地颜色的树皮捣碎、拆散、浸湿，从水中舀出来，在太阳底下晒干，晾干的树皮变成一张白页。并且，纸有种特殊的弹性。当我们用手指捏着它时，感觉很特殊，它是紧的。纸的肌理让指尖接触时很舒服。如果

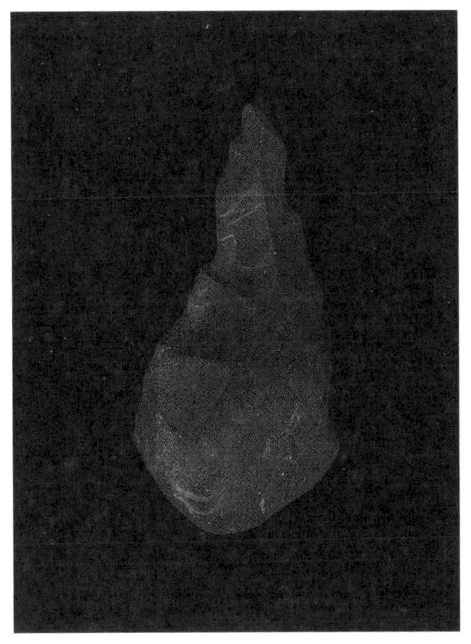

左：阿舍利文化中期石器，70－80万年前
右：阿舍利文化晚期石器，40万年前
[西亚出土，东京大学博物馆收藏]

纸的颜色是嫩叶的浅绿，或是熟透柿子的橙黄，或像橡胶一样感觉绵软，则受益于纸张应用的人类文明可能就不会发展得像我们所经历的那么快了。纸偶然地进入了人类历史，没带任何颜色属性，却带着一种耀眼的白和一种活跃的紧密状态。我相信人类在得到纸之后，在其胚胎般的可能性的激发下，实在是忍不住要在上面表现点什么。

白，饱含着纯洁无瑕、圣洁的宁静，以及一种似能带来某种巨大成就的胚胎般的魔力。另一方面，这种薄薄的、均匀的材料又是脆弱的，好像注定生命短暂，一旦遭污，便再无法回复纯洁状态。在这样的白纸上，我们的祖先用中国水墨画出了东西。我相信，人类历史上最重要的感觉唤醒即始于此。

今天，纸所扮演的角色已被电子媒介的进步改变了。这种时候甚至还有人说什么“古登堡星系[1]完了”这样的话。纸与印刷术联手形成的传播世界，简直是一个

[1] 译者注：由于德国人古登堡发明了印刷术，书籍被大批量印刷出来流通于世，从而终结了欧洲中世纪教会对文化的垄断。用麦克卢汉的话说，整个现代文化都可算是“古登堡的遗产”。而其中起到思想启蒙及传播作用的一颗颗文化大师巨星—— 一千年多年前，基督教尚未统治世界时，古希腊，古罗马的那些文学家、思想家则因此被称为“古登堡星系”［The Gutenberg Galaxy］，是他们照亮了专制、愚昧的欧洲中世纪——历史学家所谓的“黑暗时代”［The Dark Ages］。

刚从模具上取下的整张传统日本和纸，现代

宇宙的喷发诞生，而此星系的生存时间真的就这么有限？比喻听起来有意思，但我觉得这种对于作为一种媒介的纸上星系完结的思索只抓住了问题较次要的方面。纸是感件。它不只是充当一种书写和印刷材料，更是激发人类感觉智力的永久媒介。即便是纸后于电子技术被发明出来，我们的想象力还是最有可能因与那撩拨感觉、滋养创造力的白纸相遇而大受启发。

对话物质性

的确，媒介即信息。在我们的历史和文化中，媒介承担了由媒介自身实现的传播真实。然而，在此之上，媒介同时又是感件，它直接作用于感觉，是我们的创造行为永远的促进者。电子也想与人类感觉建立类似的联系。电子属于不带任何有形媒介的感件，令我们看到的是可能性的过剩。

和电子不同，纸张具有一种潜藏在媒介本身之中的特质。通过不断与其白色及材料性沟通，我们便能耕耘并获得一块表现的恒久领地。书籍是一种在我们的文化中作为与纸的沟通者的工具范例。今天，在我们探究各种媒介的意义时，看来也需要通过感觉重新评价一下媒介的意义。它们像空气一样亲近，不断给予我们力量。我作为设计师的工作就是在这种想法的遥远边界处进行的。

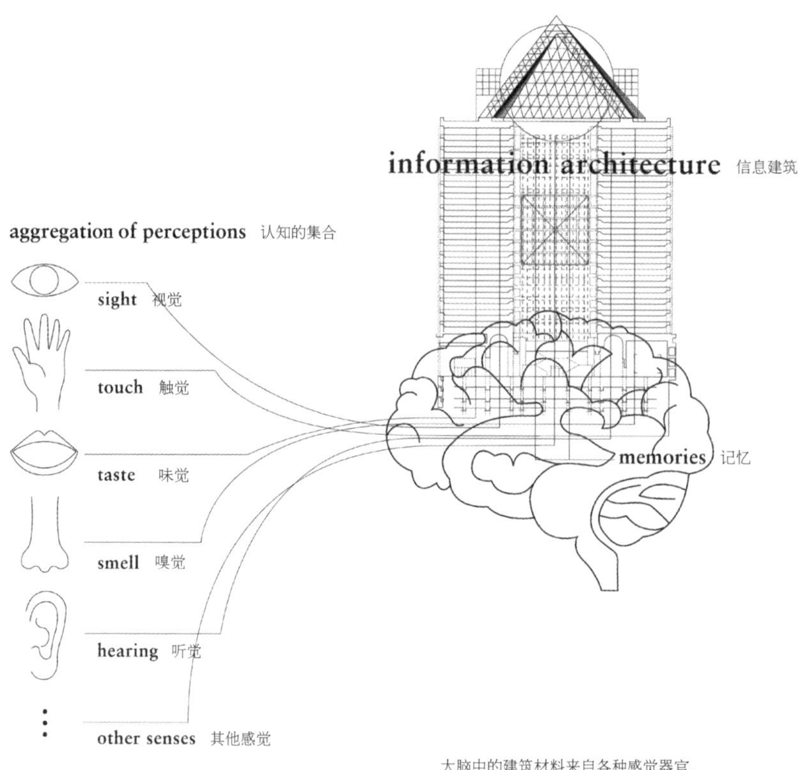

大脑中的建筑材料来自各种感觉器官。
大脑中积累的记忆同样是非常重要的建造材料。

信息的建筑思考方式

Architecture of Information

感觉认知的领域

人是一套极精密的接收器官，同时又是一个图像生成器官，它配备了活跃的记忆重播系统。人大脑中生成的图像是通过多个感觉刺激和重生的记忆复合的景象。这就是设计师需要致力的领域。鉴于我已拓宽了自己作为设计师的经验，我越来越清楚，我就是在这种感觉认知领域工作的。本章我将描述一些我参与的项目，每个均来自通过感觉认知积累形成图像的观点。

大脑存在于身体各处

我们设想一下存在于身体各处的大脑。
这是一个图示，不是一种理论。

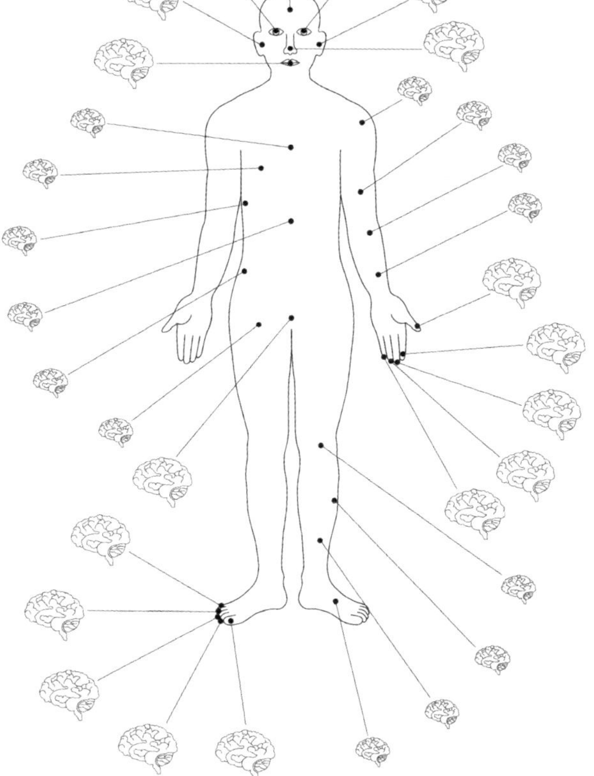

大脑中的建筑

设计师在其作品的受众的头脑中创造出一种信息建筑。其结构通过分类感觉认知渠道构成刺激。由视觉、触觉、听觉、嗅觉和味觉以及这些感觉的各种集合带来的刺激，在受众头脑中组装起来，在那里浮现出我们所谓的“图像”。

更重要的是，被这一在头脑中创造的结构当作建筑材料使用的，不仅有感官提供的外界输入，还有被外界输入所重新唤醒的记忆。实际上，后者可能是图像的主要材料。记忆不仅带领受众主动反思过去，并在大脑接受外界刺激时陆续想起，还给图像添枝加叶，让图像有血有肉，以理解新的信息。就是说，图像这种东西不仅结合、联系着感官传送的外界刺激，以及这些刺激所唤醒的记忆，从而生成假定为一种聚合的图像，而设计行为则意味着对此过程的积极参与。而之所以称之为信息建筑是因为此聚合图像的生成是有意为之的、经过计算的。

相比于第一张图，第二张图以一种完全不同的概念表达方式显示了同样的东西。它看起来很像是针灸或是东方医学中使用的示意图。思维不是只位于头部，而是存在于全身各处，好像一个经络或穴位系统。我们就是以这种大脑的多重性为目标开展工作的。如果说信息建筑是一种西方的分析概念，那么这张图就是一种东方的解析。我不知道哪一个是真实的，但无论哪一个，这种图示都呈现了我们的工作领域：作为信息受众的人类个体性概念示意图。

长野冬季奥林匹克运动会开闭幕式节目表册

The Programs for the Opening and Closing Ceremonies of the Nagano Winter Olympic Games

设计纸

我想引用一些实例来继续信息建筑的话题，就从我为一九九八年举办的长野冬奥会开闭幕式项目做的设计方案开始吧。我的任务是用立足于日本传统的现代平面设计向全世界的客人表现好客。该节目册的基本功能是讲解仪式的内容及程序。我从平面上表现了开幕式的步骤，从长野县的标志，善光寺的锣声开始；随后是“立柱”仪式，四根柱子立起来形成并庆祝一处神圣的空间；相扑最高段位横纲上场；运动员和奥运旗帜队列；开幕宣布，最后是奥林匹克火炬点燃。除此以外我想再说说设计，因为这个册子的版式，日文采用竖排，英文和法文采用横排，这在重大国际场合尚属首次，但这里我们关心的还不是视觉内容，而是材质。

在我想象中这个项目的册子应该含有令人难忘的元素：长野奥运会的记忆媒

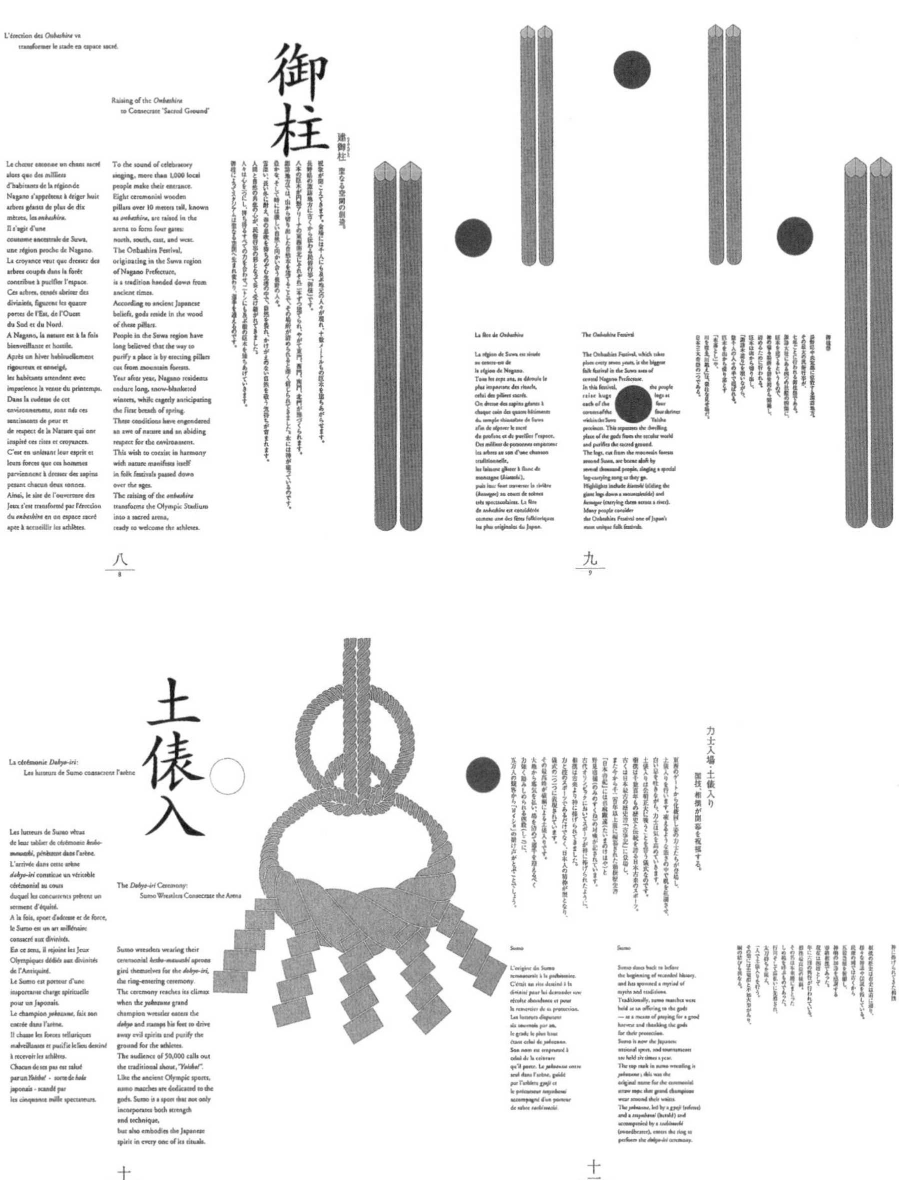

1998年长野冬奥会开闭幕式手册。

手册的版式上，法文和英文横排，日文竖排，

其方向上的对比创造出一种独特的空间动感。

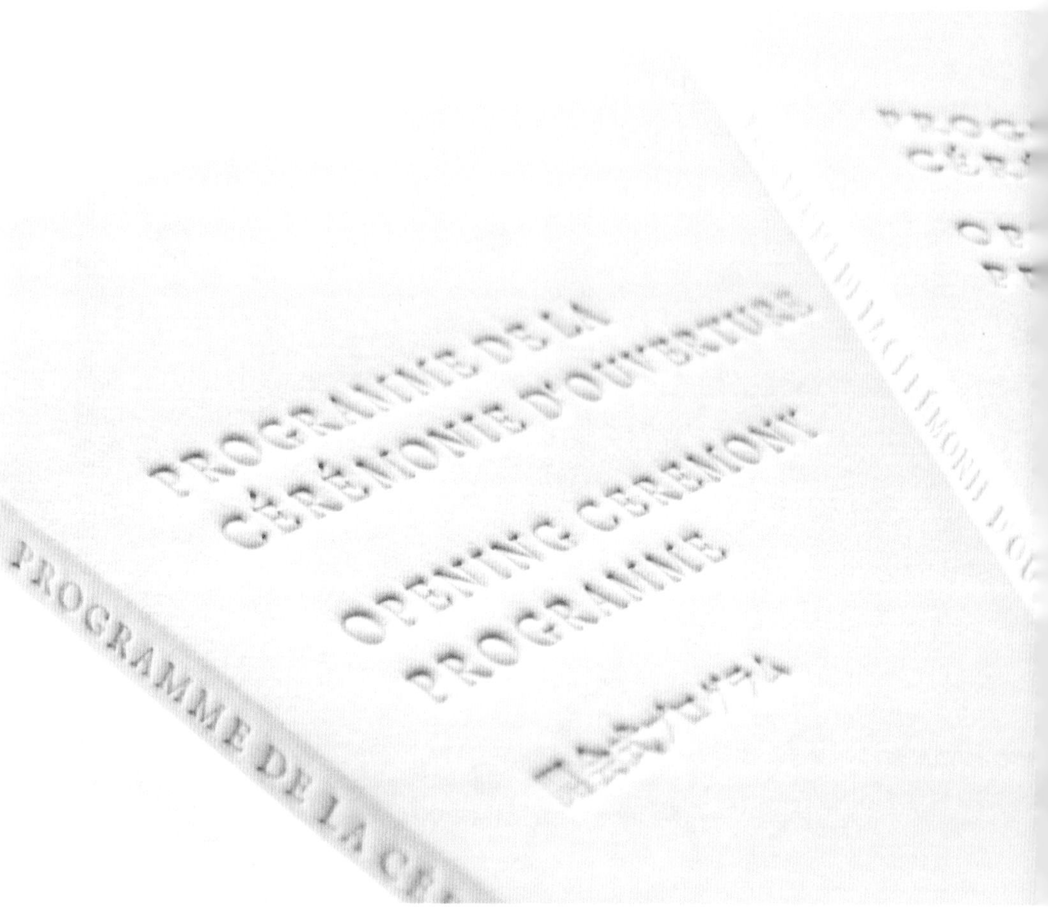

介。参加开幕式对每个人来说应该是一次感觉强烈的体验，无论是运动员、观众，还是官员、工作人员都一样。所以我所设计的册子应该像一个容器一样，能把他们兴奋的记忆储存起来。于是这个想法落实在了封面材质上，就是说，我设计的纸张要适合冬季的节庆，要唤醒雪和冰的形象。我请一家造纸厂研发一种白色、松软的纸张，使封面上的字能陷下去，这种工艺用加热的模具压在纸上，纤维凹陷下去的地方部分融化，像冰一样呈透明状。正是由于造纸厂高度配合此设计项目，我才得以实现我“冰雪之纸”的初衷。在这里我只能给大家看照片，但拜托大家看的时候务必要把自己的触觉认知开关打开！松软的白纸上印着凹陷的英、法、日文，全都清澈如冰。

上：软纸上压印的文字和图

左：凹陷的半透明字母

右：雪地上的点点足迹

唤醒踏雪的记忆

我肯定在我们记忆的某个角落都有这样一幅场景：可能是在学校操场上，或是我们所在城市的主干道上，一夜大雪次日的清晨，你面前是一片白茫茫、软蓬蓬的平面，覆盖着尚无人碰过的新雪。你在这棉花般的雪上一步一步往前走。你的脚印留在黑土上仿佛半透明的冰上。就这样，在你身后，留下了串串足迹。对于任何触摸此纸的人，这就是从他脑海里的形象中唤出的埋藏着的记忆。“冰雪之纸”就是一个扳机。这整个系统就是设计。

在松软的白雪中央是一簇艳红的火焰，用过油工艺印上去。封面就以这种触感对比完成，以一个综合形象开篇，然后进入前面讲过的平面设计。当然，册子本身还不是信息建筑。所谓信息建筑只存在于那些对这个册子的信息流进行过处理的人的头脑中。

1998年长野冬奥会开闭幕式手册封面，

在给出冰雪形象的纸上，红色的火焰用过油法印出来。

医院视觉指示系统

Signage System for a Clinic

梅田医院的视觉指示系统

日本西部山口县的梅田医院是一所产科和小儿科专科医院。作为该医院建筑的建筑师隈研吾将我介绍给院长。院长请我为该院设计标识系统。从此次设计项目中我获得了关于信息建筑的某些认识。

在这次设计中，作为该医院标识最突出的一点，是所有的标识都是布的。这一做法的首要原因是我想创造一种宜人的空间。在该院度过较长时间的大多数人并不是“病人”，她们是产前的孕妇和产后哺乳的母亲。如果是用于伤病人员的地方可能就需要某种紧张气氛，这既能反映医生和护士高水平的可靠医术，又能带给病人信任感，使他们可以放心地将其伤病的身体托付给医院。当然也有人喜欢能将病人视朋友式对待的医疗风格，但我可是不愿意在乡间小旅店似的医院做手术。因此，很多时候有一位认真负责的护士长紧张地忙于工作对医院来说是很关键的。但这所医院的“病人”不同，对那些在产前产后都需要放松的人，我觉得可能需要从另外一个角度看待环境。

同时，当今的低出生率所带来的社会变化甚至对医院的经营管理都有影响。因为日益缩减的孕妇数量成了一个极具挑战性的市场。各类提供宾馆式服务，从床单到洁具什么都用豪华品牌的医院刺激了顾客的挑剔心理。我甚至还听说有孕妇大老远飞到某南方美丽岛屿去做水下分娩。生孩子似乎在今天已经成了某种了不得的大事了。

但梅田医院并没请我做任何非同寻常之事。由于该院大力鼓励母乳喂养，并强调在自然喂奶方式无法施行时，对奶瓶喂奶亦提倡母婴间的频繁身体接触，鉴于此，“联合国儿童基金会”和“世界卫生组织”均授予其 “婴儿之友医院”称号。于此同时，该医院使用先进技术对母亲的保健提供渐进式思维。因此，院方对我的要求是设计一种能向成人及孩子自然地传达该院理念的标识系统。

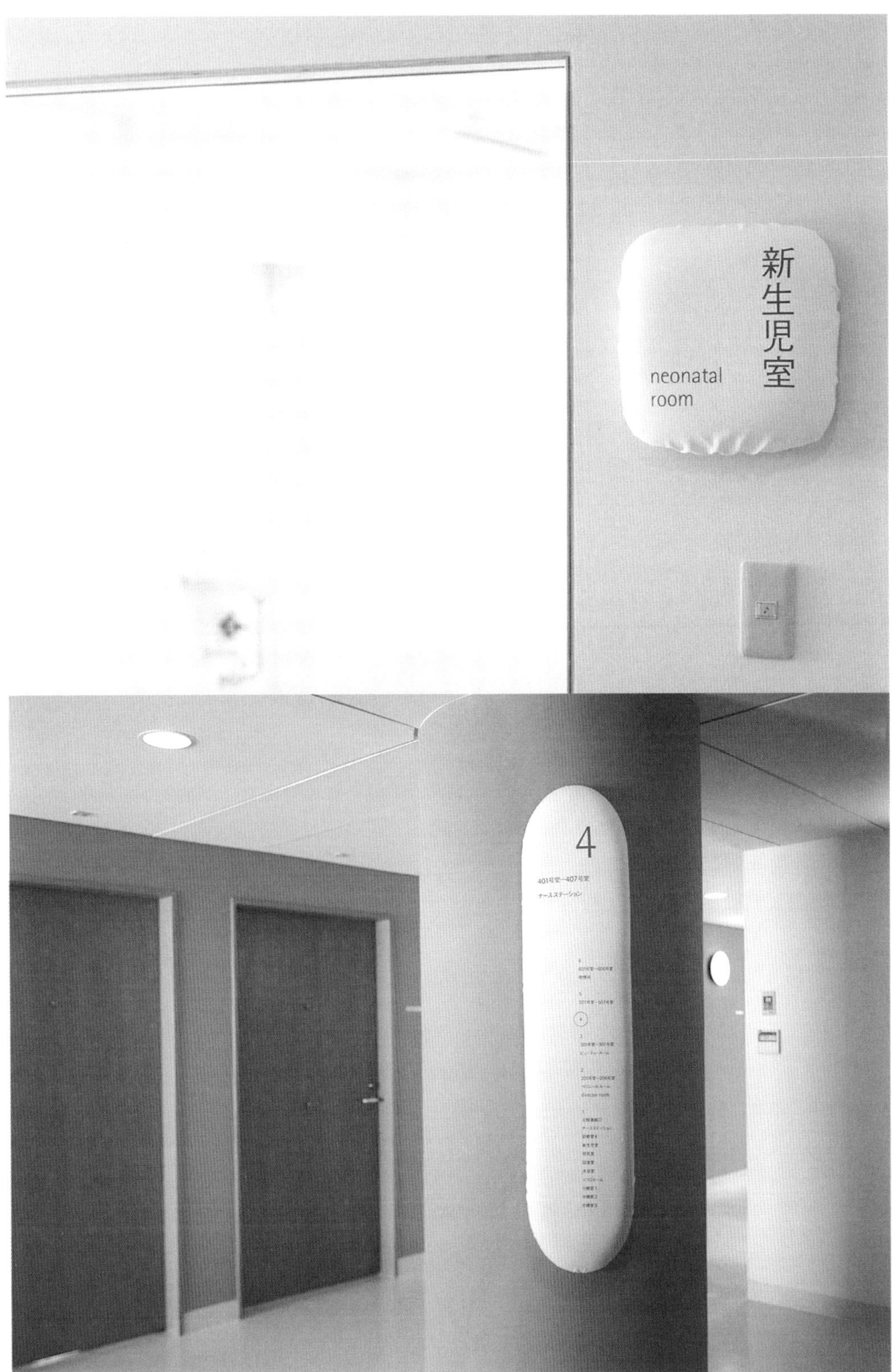
新生児室
neonatal
room
4
401号室—407号室
ナースステーション

让白布保持洁净传达的信息

所以我为梅田医院选用了白色棉布。用支架固定在墙上或房顶，带有房间、设施等必要信息的标识本身都是白布做的。而且有的标识拆装简易，像袜子，有的像床单。

布基本上都是软的，所以每一处使用布标识的空间就有一种柔和的表情。而此方案还有更重要的一点：白布做的标识很容易脏。如果有的布标垂下来，好奇的孩子很可能用刚吃过巧克力的手指去抓。我完全清楚白布的易脏特点，所以所有标识均被设计成易拆装的，松紧带让事情变得简单，就像浴帽一样方便，所以一旦脏了，马上可以送去洗并替换成干净的。

但我为何要采用一个这样麻烦的方案呢？如果变脏是个问题的话，一般常识应该就是先想到塑料这类很难弄脏的材料，或是一种不显脏的颜色。这是解决此问题的常规思路，但我让思维逆向。我想，一间产科医院有友好的气氛很重要，但还有什么能比超级洁净更重要呢？我敢选白色，一种易脏的颜色，是因为我想展现让易脏的东西都能保持洁净的真抓实干。医院坚持保持标识洁净的事实表明，其为病人与访客着想达到了最严格的卫生标准。这就为那些产前产后来这里的人带来了很强的心理安慰。

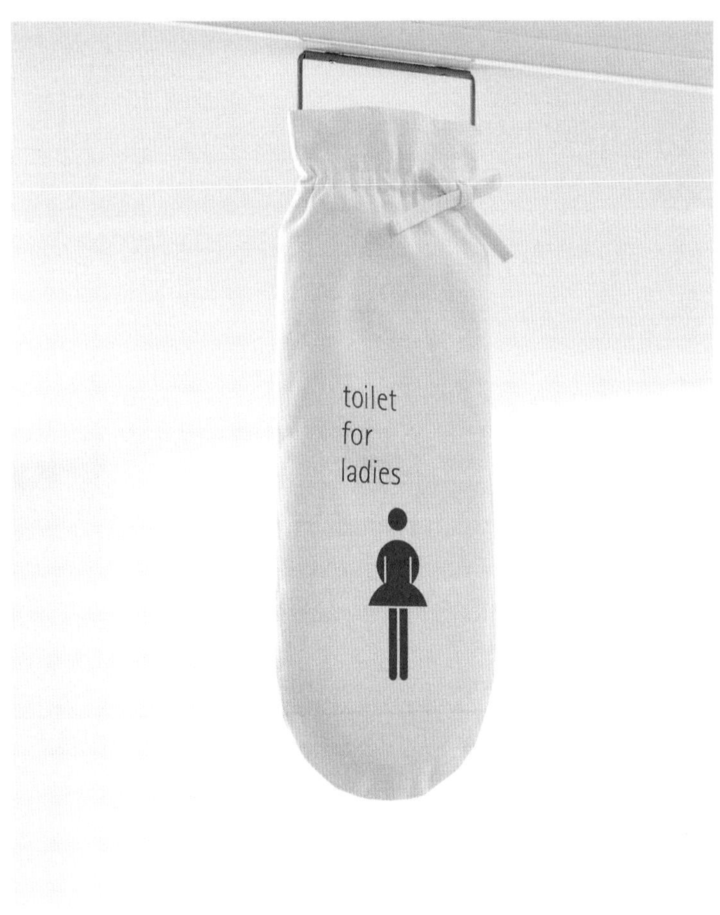

梅田医院指示系统，1998年
用易脏的棉布做的标识促进了传播。

让白棉布这样易脏的材料一直保持洁净，等于向来访者和病人展示最高等级的卫生。

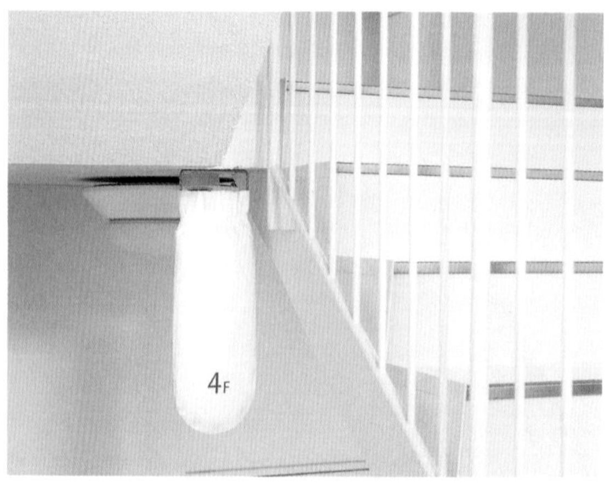

此设计方案的依据与一流餐馆使用白桌布是一样的道理。如果这些地方企图掩盖一间餐厅桌布上难以避免的污迹，他们会使用深色或是塑料桌布。而高档餐馆敢于使用纯白布，就是为了向顾客表明，其服务中包含了一流的洁净。

标识实质上只是一种“指示”，其功能是一种引导工具。但字、词、符号都不是悬浮在空气中的，所以只要是存在于空间之中，它就无法脱离某种物质载体。因此标识一般都会显示在树脂、金属、木头或是玻璃物质上。这是标识设计的命运。在这个项目上，通过将这一作为标识命运的物质性用于另一用途，我试图制造与简单的引导性标识有所区别的传播效果。正是通过使用白布标识，我试图将“洁净”这一信息刻入那些正在体验梅田医院的人们心中。

公立刈田医院视觉指示系统

我想再介绍一个医院视觉指示系统。公立刈田医院是一家横向跨度很大、三层楼的建筑，有着一百平方米的宽敞大堂。与东京那些地处拥挤都市的医院不同，该院位于一座繁茂葱郁的日本东北部城镇，矗立于高原之上，视野开阔，空间使用上相当奢侈。医院的一楼是门诊部，包括总服务台、咨询室、化验室和药房；二楼为手术室、医生办公室等；三楼阳光充足，为住院病房。该建筑在三位建筑师的联手合作下，设计十分合理。即便在最拥挤的地方，咨询区的人流线规划得如同机场一般。所以标识系统的设计便相对顺利很多。

这个项目中，视觉指示系统的突出特点在于大号字体，以便老人都能清楚地认出各种标识。在可能的范围内，我尽量避免使用伸出墙壁和房顶的复杂支撑结构，而让字直接铺在地上或墙上。地面标识必须很大，以保证在有人走过时亦无视线遮挡。考虑到踩踏可能造成的磨损，要是直接印在地上或是在地上铺装某种黏性材料，这个问题肯定会出现。我的解决方案是在地上的白色油毡里嵌入红色油毡的字和符号。由于有激光切割技术的帮助，这种做法是可以实现的。因此在这家医院，人们是走在标识上面的。

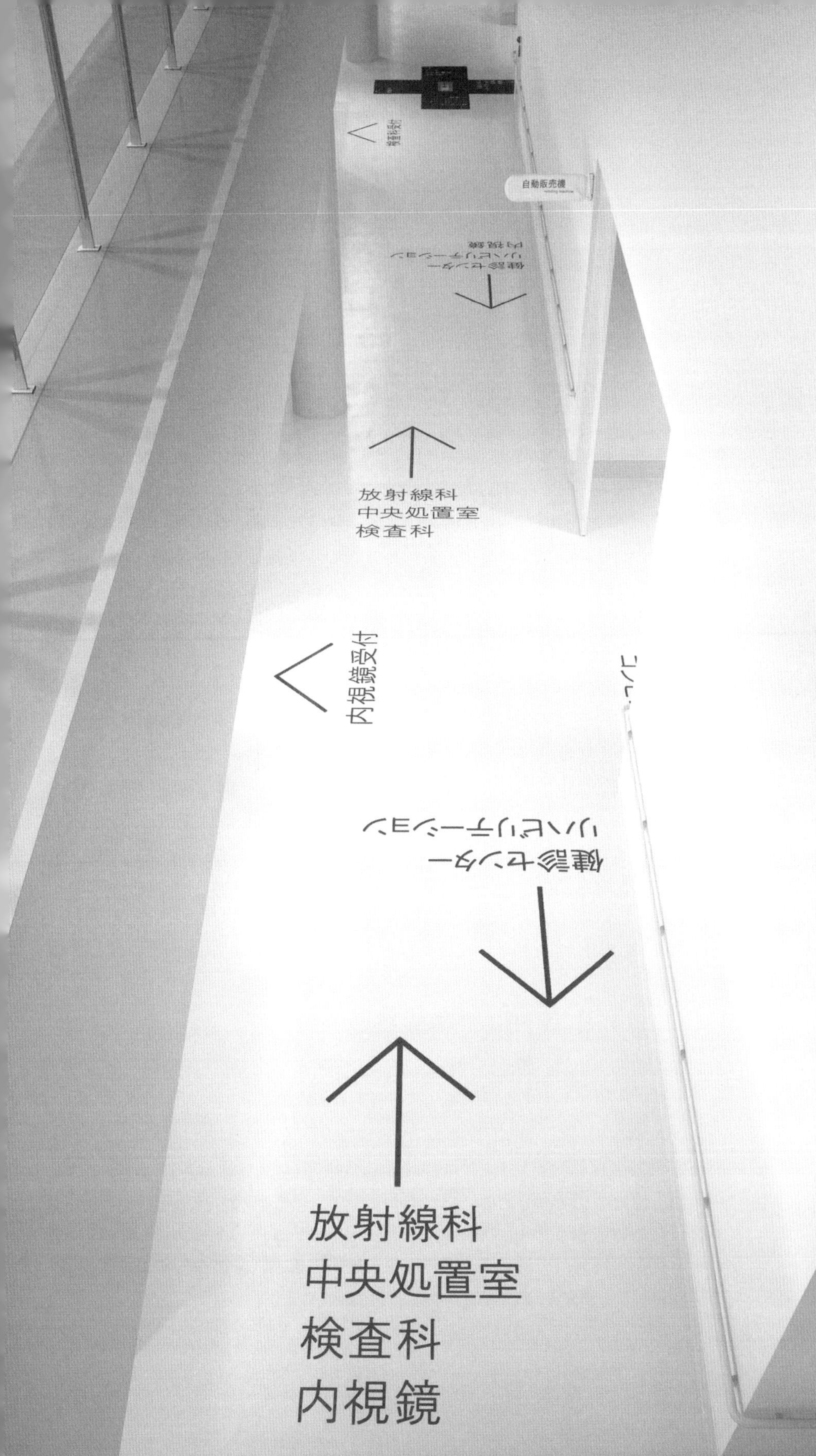
自動販売機
放射線科
中央処置室
検査科
内視鏡受付
健診センター
リハビリテーション
放射線科
中央処置室
検査科
内視鏡

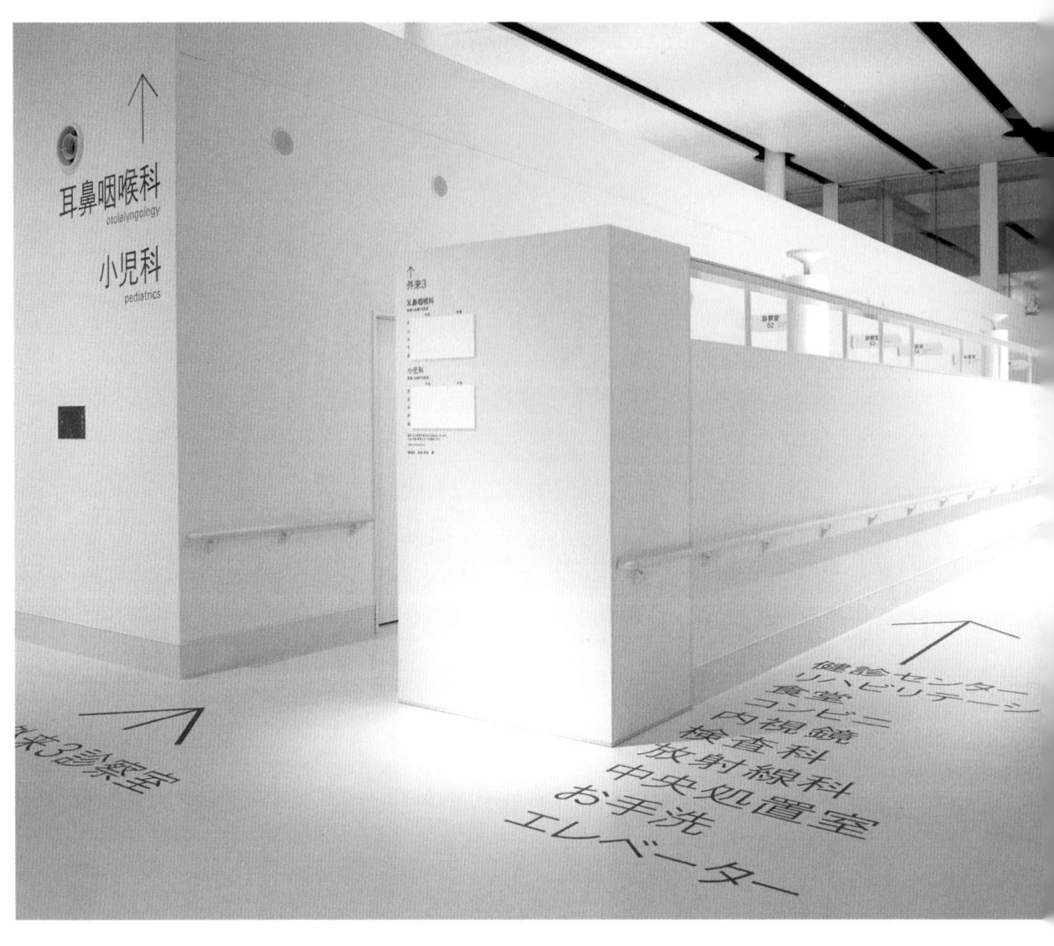

公立刈田医院视觉指示系统，2002年

嵌在地板中的大号标识帮助常来的访客记住医院的布局。

一方面，从总服务台到候诊室，再到咨询室做检查，然后到药房，最后到交款台的线路是很清楚的，因此标识在此能帮助访客和患者清楚流程的指示方式。而主要交叉路口处的红十字也有路标和交通控制工具的作用。

红色箭头标识的箭杆长度与到达目的地的距离有着直接关系。走完整个箭杆后，病人便会站在路程尽头的门前，踩在箭头上。这个视觉指示系统的作用是作为指导、帮助访客和患者〔很多可能会在院内反复行走〕记住医院的空间安排，帮他们在头脑中形成流程线路。于是有了一些经验后，他们应该就能懂得如何使用各项设施，而无需再去认地上的标识。这就是我们的目的。

与梅田医院不同，这里有比友好气氛更明显的完美的紧张气氛，与该院高品质、专业化的医护水平相符。但在此空间中使用的白色棉布标识同样也起到宣示洁净的作用。

松屋银座再造项目

Matsuya Ginza Renewal Project

摸得着的媒介

二〇〇一年到二〇〇六年之间，在东京银座区占据了整整一个街角的松屋百货商店，实施了一个多阶段的翻新项目。银座大街是东京市中心一条主要大道，历史悠久，但继之而来的国际品牌如香奈尔、卡地亚、普拉达、苹果等门店又为之开创了一个新阶段。

在这五年中，通过对其内部和外部的逐步翻新［且其间还正常营业］，德高望重的松屋百货逐渐变形为一个崭新的、白色的松屋。这是一个综合设计项目，包含着一系列领域［商业空间、包装、广告等］，而且要令其每个方面都充满质感，或者叫“个性”。

对于这样一家著名百货商店商业环境新信息的公共传播，传统方式不会有多大作用。我想与其动用一些廉价手段比如传统媒介宣传或是橱窗里的录像播放，还不如将该百货商店本身作为存在着的一样物质实体，一种“摸得着的媒介”进行重构来得更有效。百货商店不是虚拟店，而是人们亲身前往、真实体验购物的地方。这就是为什么我觉得可以为其空间设计一种触觉质感，以造成似乎是出现了一家全新的、前所未有的商店的印象。

因此，翻新项目集中在改变该百货商店形象上。当时松屋的形象更多的是体现于一种货真价实的高品质生活，或是日常生活设计，而非时尚。于是，给人的印象去松屋是去找一种高档生活方式，而不是去体验时尚前沿。我觉得这也是一个挺好的定位，但管理团队决定推出成批的时尚品牌。更有甚者，翻新还没动工，路易·威登就跑到松屋边上又开了一家店。基本上，松屋不得不从内到外都被拉到时尚里来了。

项目开始时要我规划即将发布翻新的广告。然而，如我前面说的，光凭广告可能无法完全替换掉一家带有新信息的百货商店的传统形象。在我看来，关键是要强化所有东西的设计，包括翻新项目中的空间与用料。

照片上所显示的是概念模型［见第176页］。如果要延续本章主题的话，我们可以称其为一个信息建筑模型。它结构简单，我将印有松屋标志的高品质白纸堆得如沙发靠垫厚度一样高，将这白色的东西与建筑建立起联系。我在上面打了九个方孔，每个里面塞了一个亚克力透明块，每个代表想引进的九个时尚品牌之一。亚克力的折射性使得照片看起来有些神秘的实在感。

用白纸做基础有种符号意义。它暗示松屋的形象色从亮蓝变成白。要把时尚放到一个深深烙印着百货商店从前的生活设计形象的地方是绝无可能的。把时尚与之前那个形象结合起来能形成的最差结果就是诞生出一家类似免税店的东西。而如果让此基础臣服于时尚品牌，则又会抹煞把这一商业区域称为“松屋”的任何理由。因此，挑战就在于找到一种方式，创造出大一级的形象设定，大到能包容所有品牌。至于“白”，它具有一种特质，我将在下章讲解。在这个项目中，选择白是因为其作为背景的功能，其包容力，其现代性与尊严感，以及融合所有这些东西的综合平衡力。

纸张的印刻质感又显示所使用的白既有物质的质感又有触感的深度。换言之，它所基于的理念是，新松屋形象的根与干是由“可触知的白”所维系的。

我用这个模型提交的方案最终被接受了。方案进入实施阶段。从这里演变出许多实际问题，诸如商店视觉识别系统的改变，包括主色、标识、购物袋与礼品包装的更新、内部色调的安排、广告规划、商店临时围栏的设计，还有外墙图案的设计等等。

松屋银座翻新项目，2001—2007年

翻新项目展示的信息建筑模型，2001年

与触觉性设计的联系

该项目要转化为现实的第一部分是一道施工期用的临时性围栏［见第179页］。在日本的市区，施工建筑周围会竖起脚手架，再覆盖上材料，既遮挡脏乱，又保护过往行人。这一暂时性围栏所覆盖的巨大范围有一百米宽，五米高，面朝银座大街。我为此表面设计的形象是一道巨大的拉锁，横向布满整个建筑的长度。随着施工的进展，临时围栏板会一步步向右打开。打头的闭合拉锁的图像会被替换为一块表示拉锁开始拉开的图板，一个V形开口处显示着开幕日期。当此拉锁逐渐往右行进，更多开幕日期的图形顺序露出，直到一天所有的图板全部拿掉，新形象完全展露给街道与公众。这一“拉锁秀”意在提高行人和热心顾客对竣工的期待。

我没有涉足大楼本身的设计改建，但完工建筑的前面是玻璃板。玻璃背后是喷成白色的铝板，表面规则而紧密地排列着凸起的点。我唯一提出的方案是凸起的点的设计，以帮助调动触觉的感知。玻璃外墙顶、底均设有灯光，夜晚开启。为有效反射光线，白色外墙要求安装某种反光板，但这些半球形的点已扮演了同样的角色。包含在这些点中的，是建筑与整体设计间的关系。反射到这些半球形点上之后，光线变身为优雅的光粒，洒落在银座大街上，在外墙上形成优美的质感。

September 30, 2000

October 16, 2000

January 10, 2001

March 8, 2001

翻新后的松屋银座，2007年

翻新施工现场的临时围栏。

一百多米宽的巨幅画作出现在面朝银座大街的施工现场。

按照竖立在公共空间、面朝大街的临时围栏的严格规定，

我们不得表达任何传播［广告］意图。

因此，我们设计了一个巨大拉锁的形象，每个阶段完工时，拉锁向右移动，

就好像拉锁正在一点一点拉开。

此拉锁是一个时尚的比喻。

最初导入的圆形凸点，2000年

NZA
+F
+F
+F
+F
+F
+F

上：松屋银座带凸点的卡片，用的是和外墙相同的圆点图案，2003年
右：购物纸袋的材质传达了该店的理念，2001年

照片上是松屋的卡片。据我所知，这是唯一的名片和外墙采用同样设计的项目。同样的点状图案使得这卡片好像建筑外墙的一部分。顾客触到卡片的瞬间，外墙的形象便被召唤到其指尖。

购物袋和礼品包装是另两个将商店理念传达给顾客的重要媒介。每个在一家慎重对待品牌的零售店购过物的人都会有这样的体验，对那些能接触到身体的东西在细节品质上苛求，对一个品牌的形象能起到关键作用。因此我们研发了一种能向指尖传递丰富触感的纸。完美的“MWRAP”纸摸起来非常愉快。

我还设计了购物袋。白色的松屋标志被白纸上的浅灰色小点图案衬托出来。礼品包装上用的是同样的图案。材料是不贵的包装纸，而由于有小点，其质感极好。细心的读者可能已注意到此图案与外墙点图案的关联。

白色统一了新装修的内部。墙壁与地板接近于白。所有标识都是新的。标识系统强调象形。其白色、平实的材料降低了标识的物质性。

MATSUYA GINZA

右：同样的圆点图案被用于礼品包装袋和包装纸，2001年

下页：有手感的刺绣图案海报，2001年

作为事件的信息

后页照片显示的两张海报，除了上面的字以外，其所有图案都是在一种有手感的纸上用刺绣法做的。鉴于计算机技术的进步，工业缝纫机和大型刺绣机已可以像打印机一样使用了。只要数量足够，刺绣海报可以比印刷海报价格还低。所以我们带着质感的信息就以刺绣海报的形式来传播了。

由于百货商店均位于特定位置，很多时候有意使用当地媒介比覆盖面巨大的大众媒介效率更高。对位于银座的百货商店来说，将其强有力的信息对准那些真正走在银座的人会更好。此信息被当作“一种银座现象”，一个别处见不到，只在此地才有的事件被传播。这些海报两端都有拉锁，宣告商店开幕日期的信息被连成一系列，布满各区，地下商场的墙上、柱上都有。用于临时围栏的拉锁设计再次扮演了积极的角色，这次是在海报上。该系列对于银座的流动人群颇具娱乐性，因为它们超越了简单的视觉信息，成为了“事件”。

新的松屋银座就是这样在那些出没此地的顾客头脑中上演其翻新的。

MATSUYA GINZA

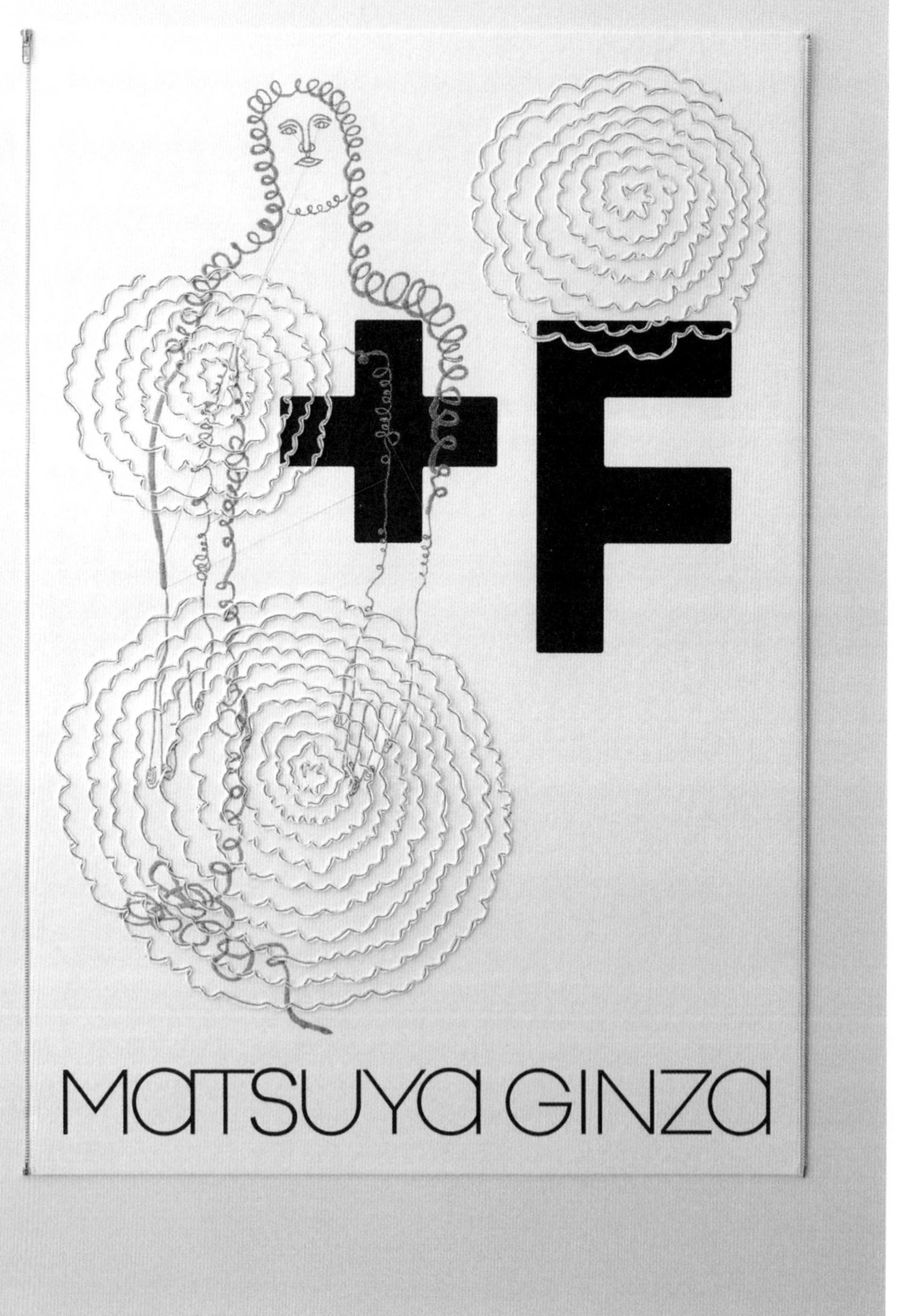
+F
MATSUYA GINZA

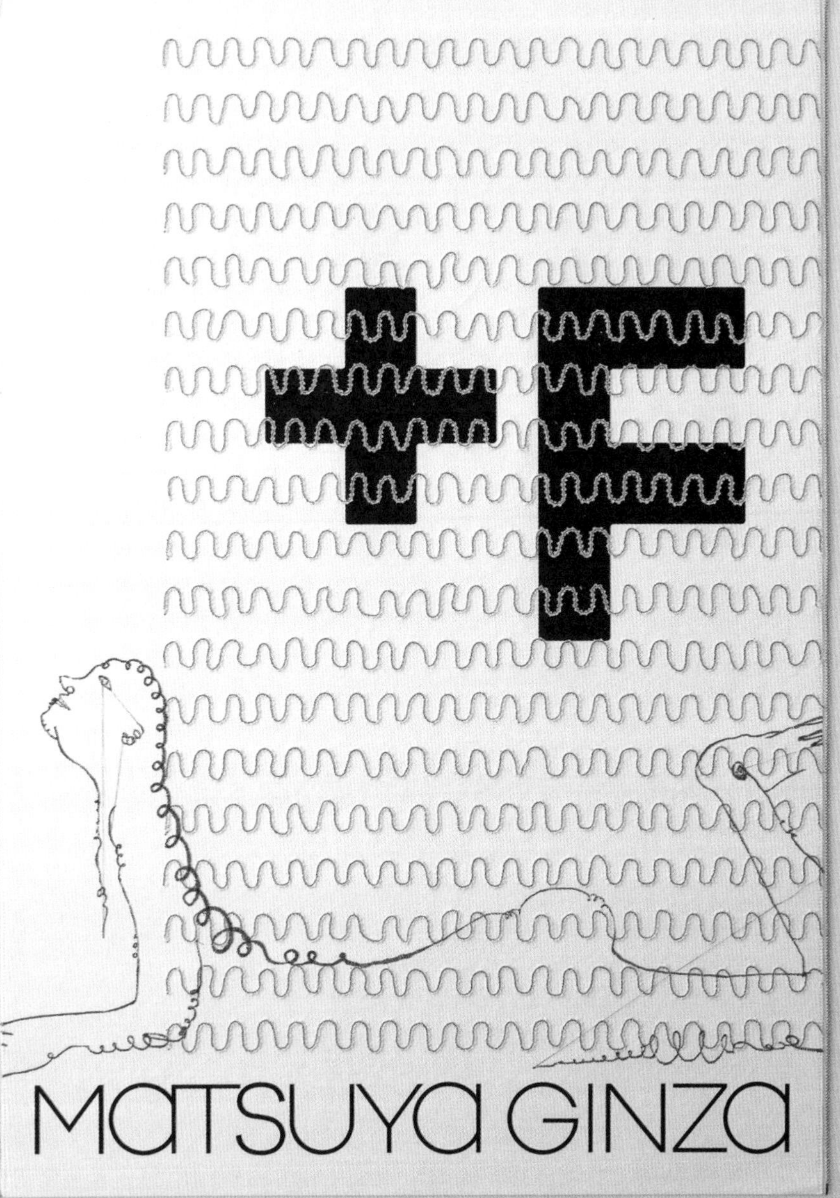
+F
MATSUYA GINZA

长崎县美术馆视觉识别系统

Nagasaki Prefectural Art Museum:
Visual Identification

波动般的信息

二〇〇五年竣工的长崎县美术馆，重心落在垂直石材隔栅上。又长又窄的石板条依次垂下，遮蔽着所有外墙。美术馆的设计者是建筑师隈研吾，近年来其设计倾向于使用非封闭式灵活墙壁，其建筑展示着某种透明性，以多层面创造出深刻的进深。虽然根据不同项目的不同情况，他几乎使用从竹子到木头，从玻璃到石头的任何材料，但他所有的作品均呈现出一种神秘而通透的半透明空间。

在选择该美术馆的视觉识别基础时，我仔细考虑了将其符号、标志和指示系统统一到一个单一的、记得住的形象上，最后决定以建筑师的隔栅作为基础。

过路人看标识和名称时出现的神秘视觉效果，以两把梳子似的层面平行排列展现。

该美术馆的标识［见第190页］是按其建筑蓝图上隔栅的样子画的一个图形排列，是一个长度线的累加。在书上你只能看到静态形象，但该作品的显著特点在于它一个动态图形，它不停在动，如水中波纹。在网页上可以看到，该形象一直在动，偶尔改变一下运动模式。由于该美术馆的现场好像一个海滨公园，我便聚焦于可能与此环境相关的形象：波纹荡漾，留下风中的颤抖。

入口标识很显眼，排得好像被开放空间隔开的两把铁梳子，其两个层面平行排列造成的通透显出一种神秘的透明感。如果走过去看，其标识和名称，每个均位于一把梳子表面，在互相干扰中若隐若现，造成一种光学幻觉。这不是虚拟的视觉现象，而是一种出现在真实的可感知空间中的波纹状视觉效果。

長崎県美術館
Nagasaki Prefectural Art Museum

長崎県美術館
Nagasaki Prefectural Art Museum

長崎県美術館
Nagasaki Prefectural Art Museum

長崎県美術館
Nagasaki Prefectural Art Museum

長崎県美術館
Nagasaki Prefectural Art Museum

左：长崎县美术馆标识，为一波纹状动态图形，2005年

上：指示系统，三维箭头清晰地指示方向，2005年

指示系统是三维的，设于隔栅墙背景之上。漂浮在空间中的三维箭头在指给我们空间的方向时，起到了实际的指示功能。请注意那些转过墙角，或那些好像直接刺向盥洗室门上方墙壁的箭头的真实性。该美术馆的识别性来自于与建筑节奏相同的波纹状运动的视觉效果，与分层空间中漂浮箭头的组合。

斯沃琪集团
尼古拉斯·G.哈耶克中心的标识系统

Swatch Group: Signage System for
Nicolas G.Hayek Center

漂浮在空中的表

尼古拉斯·G.哈耶克中心大厦是斯沃琪集团日本分公司，由坂茂设计，二〇〇七年在东京银座大街建成。作为斯沃琪集团的品牌展示中心，大厦的规划极具分量。

就像该大街的一个延续，地面层没有墙，是一个开放空间。每间展示室均位于不同楼层，访客可通过专用电梯直达各处。透明观光电梯的数量与子品牌数量一样多。这就意味着访客不是踏入电梯后选择想去的楼层按钮，而是选择正确的电梯，然后访客会被直接送至其选定的目的地。

“斯沃琪集团”这个名字让人想起的是休闲腕表，而实际上它是世界上最大的制表联合体，是高档瑞士表厂如宝玑、宝柏、欧米茄等品牌的母公司。休闲的斯沃琪品牌似乎是作为保护那些机械表的一种商业架构创立的。瑞士表在精确性上一度不得不让位于日本石英表，而斯沃琪则通过为世界重新定义机械表的魅力以及佩戴腕表的意义获得了新的位置。当然，比起戴着一块走得极准而老土的表来，去搞一块能让人产生感情的表令生活更有乐趣，或是在起到反映身份的作用同时，如果还能让自己感觉新潮的话就更爽了。

如果说该项目的标识系统需准确阐释精致的展示机构与品牌的魅力，那么，我的方案比起仅仅完成这些基本任务来说又往前走了一步。它在吸收了这些之后所创造出来的东西让大厦的形象积极地印入访客们的脑海。

手中的表

把这些称作“漂浮的表”比所谓的标识好像更贴切。嵌入房顶的投影机投射一块手表大小的影像。投射出来的影像是这样的，一旦它到达某个距地面足够远且能让它聚上焦的东西，它便会成为一块显示时间的模拟表。在地面粗糙的石头质地上，它只保持微弱的红光，而当有人走过来，其身体截住投射的光，他就会看到某种表的影像。路过的人把手伸出来，一块明亮清晰的表便会显现在他掌中，这是一种用身体抓住时间的体验。在此瞬间，传播完成了。作为银座大街上一个著名地点的新身份从此方案轻松诞生，它很可能会被人们当成一个新的会面地点。

有人可能质疑标识系统中数字技术的使用，因为斯沃琪事实上做的是机械表。但从表现时间的诗意性出发，我希望这些怀疑者考虑一项事实，就是机械表之所以能在市场上幸存是因为它们从“连起时间”的抒情性中获得了力量。而这一传播的核心就在于“如何最好地呈现时间”。

坂茂设计的尼古拉斯·G.艾克中心大厅直通各精品店的电梯都是各自独立的。

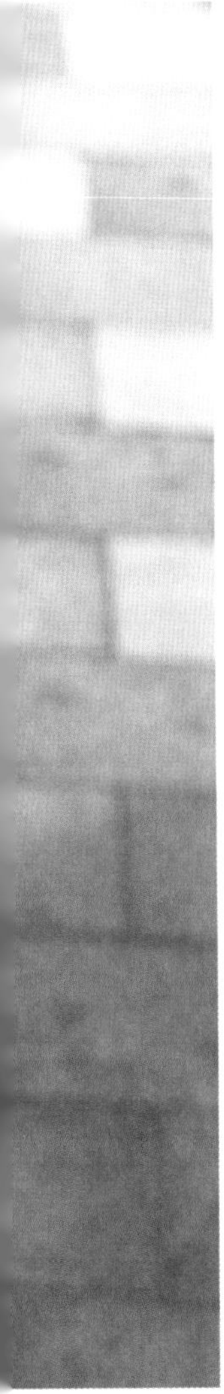

为斯沃琪集团设计的盘旋在空中的表，2007年

从顶上投射下来的表的形象准确显示出时间，聚焦在过路人的身体上。

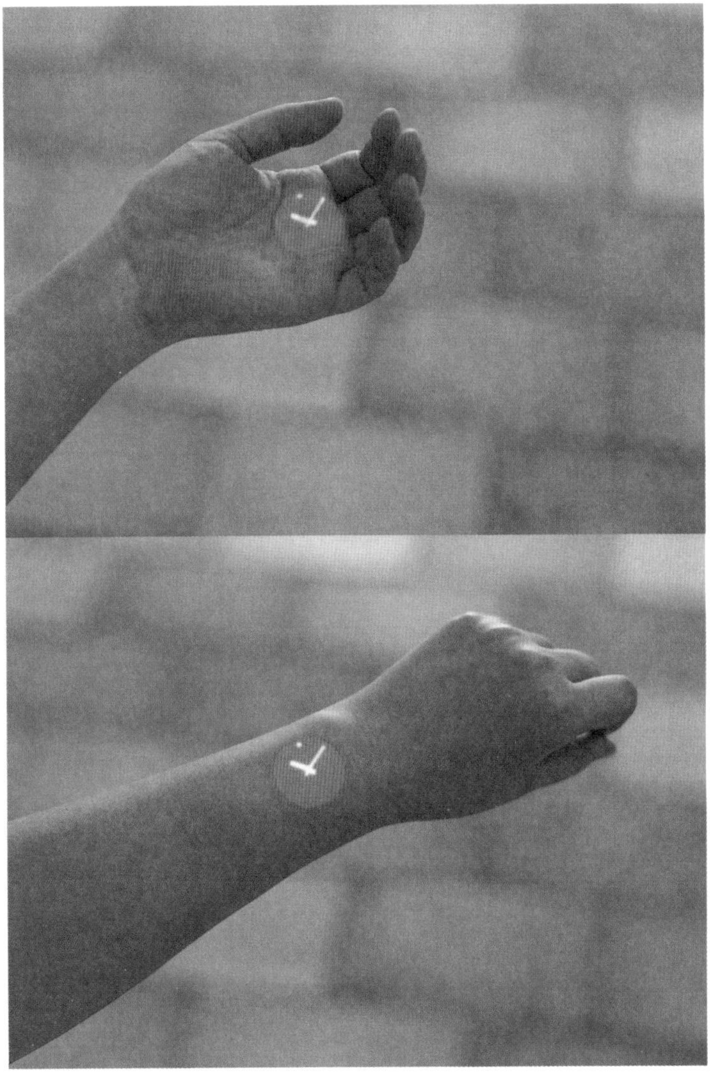

作为信息雕刻的书籍

Books as Information Sculpture

书籍的再发现

我做大量的书装设计。我喜欢以书的形式编辑东西。而信息技术演变的加速度导致了越来越多的信息形式的出现。在这些情形下，我们可能需要考虑书从信息媒介这一传统角色中走出来的可能性了。在速度、密度以及容量方面，书根本没法跟电子媒介相比，但仍然很难得出结论说书的角色已经完了。可能这正是我们重新评估书到底是什么的时候。如果我们不经此重估而仍以传统方式设计书的话，那么看起来我们就似乎要和时代脱节了。

让我们把纸当作一种材料好好研究一下。作为一种媒介，纸承载着巨大的责任。尤其是近来信息流通的加速，我们在把纸当作一种材料考虑之前，可以先视之为一种无意识的表面，总是在那里，作为一种中性、白色的表面，无论我们是用自来水笔写信，还是从电脑打印照片。作为一种比例很有效率［在日本是一比二的平方根］的白色介质，如对其材料性方面不在意，纸即可被理解为一种携带图像和文字的抽象媒

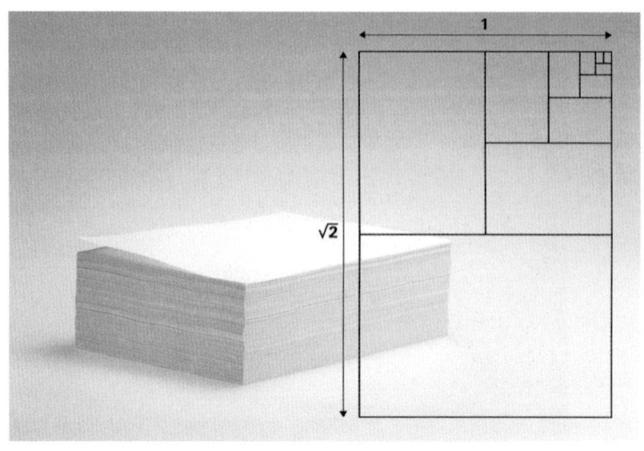

Crossing The Parallel
Le Corbusier Mori Collection

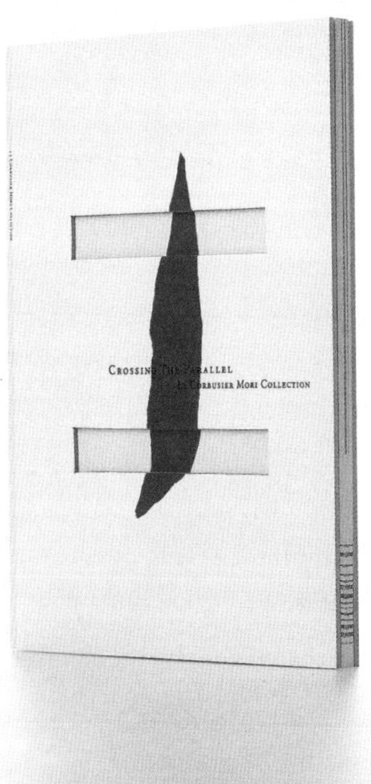
Crossing The Parallel
Le Corbusier Mori Collection

上：诗学，2003年
下：再设计——二十一世纪的日常用品，2000年

介。我们对纸给予的尊重，所谓世界三大发明之一，亦毫无疑问地是因其作为一种中性媒介的特质，而非其材料性令手指产生刮过某种自然物时的愉悦。所以当显示器成为标准，人们才完全无视纸的魅力与特质，开始使用“无纸”这个词。

如果我们从这一角度来看，可能今天，当纸从媒介这一主要角色中跨出，从其实用责任中解脱后，可以再次被允许回到其天然性质的迷人本色：当好一种材料。

信息是一只煮熟的蛋

有时候想想，书作为一种存储确定信息的媒介可能多有不便。它们又重又笨，它们会脏，会随时间消逝。它们尺寸固定，而所含信息量却可轻松存入一小片记忆卡内。而信息却不仅仅是大量存储、高速传送之物。如果我们好好观察一下信息与个人间的关系，会发现重要的其实是我们能多深入地理解信息。就书而言，我们会有更愉快的用户体验，我们会更中意于那些以适当重量和质地的材料呈现的信息，而非那些因被压缩到狭小空间而变得更纯粹的信息。

这可能会像食物与人类的关系一样。我们的祖先以丰富的经验和洞察力致力于弄清如何最好地享受一枚蛋的味道。想想做蛋要用到的为数众多的器具，烹饪菜谱的多种多样，还有那无数上菜方式以及发明出来的餐具。能同时做一千枚蛋的设备或能储藏五十万枚蛋的库房可能也是有用的，但和我们在蛋上的“个人口味”却不相干。当我们想吃一只煮熟的蛋时，我们会用一个锅把它煮到我们自己喜欢的软硬度。然后，我们把它放到一个蛋杯里，用手轻轻剥开皮，用一个雅致的盐瓶洒上盐，再用一只银勺送到嘴里。虽然看起来好麻烦，但这种吃法绝对能让我们最好地享用此蛋。人类与信息间的关系与此类似。选择纸张，对其材料的质量与特性有所了解，就是对那一点的激活、玩味与欣赏。

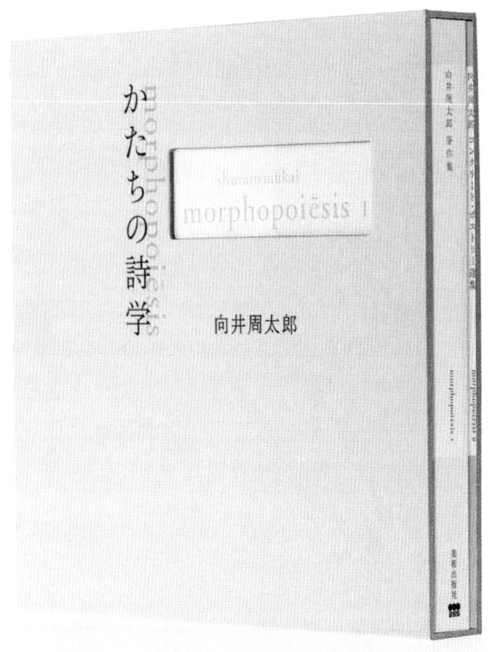
かたちの詩学
morphopoiēsis
morphopoiēsis I
向井周太郎
向井周太郎 著作集
morphopoiēsis I
美術出版社

RE DESIGN
日常の21世紀
株式会社竹尾――編
原研哉＋日本デザインセンター原デザイン研究所――企画／構成
朝日新聞社
RE DESIGN
日常の21世紀

信息雕刻

我仍相信书是一种有效媒介，我不认为其效率下降到社会所认为的程度。你现在手里拿着的这本书也是一样。如果你唯一的目的就是把进入你头脑的文字放到某个方便、易获取的地方，那你大可把它们存在网络或是光盘这种东西里。而在此我选择了叫做书的媒介，是因为我希望大家能享受印在纸上的信息；因为我希望把它作为一样有分量的东西递给别人；还因为当你在火车上把它从包里拿出来，我希望你能按自己的节奏一页页翻过；还因为我觉得若是它随时光流逝而成为古董也挺好。当然，作为设计师，我极尽创意之能事，让此书在读者手中能营造出一种愉快的气氛。我意识到书的魅力不在于从左至右地传送信息，而在于对信息的珍惜。而且，我中意纸不是因为耽于怀旧。我不是不喜欢电子媒介。我已如此深深依赖信息技术，一旦失去电子邮件服务，我会很难过。实际上，这也是为何一旦我采用纸媒介，我不认为这是出于无意识，而是意愿明确。拜电子媒介之兴起所赐，纸终于能够去做它能做也该做的事了——充当一种本性迷人的材料。

如果电子媒介被认定为一种信息传递的实用工具，则书便是信息的雕塑。从此，书将根据它们能多好地唤醒其材料性来受到评判，因为要造好一本书完全是基于对作为媒介的纸的确切选择。对于纸来说这会是多么幸运的一件事。

不是未来而是现在

我不认为把现在花在对未来的展望上有多酷。整个二十世纪充满了这类讨论和预测。翻翻那些老杂志，满眼都是关于未来的大胆预言，而今天则无一能令我等兴奋。当时，预言未来可能显得很时髦，但无论其是说准了还是偏离，即便偶然走运正好说对，费了半天劲对人的影响却很表面，既未引来惊奇，也未获得尊重。可能人们最后认识到的，只是他们所感受到的，也就是每个时代需要人们感受到的那些成就或态度的伟大价值，其所呈现的形式也只适合在当时的那些状况下那样去表达。

未来社会大概会像科幻小说中的故事那样。但我想以我自身存在的果实自豪，它们来自一个完全生活于我自己时代的生命，我已动员了我所有的感觉，无论它们会在未来的哪个阶段受到品评。就像列奥纳多·达·芬奇给后世留下了反映他的时代的画作，我决心留下只属于我的时代的信息雕塑，并对其材料性［计算机的到来使之格外显著］抱有充分认识。对于我本人这一个体来说，书是一种深受尊重的媒介。

电子媒介的演变还在上演着。当前，电子媒介和书籍将继续相互影响，其路径是平行的，并将一起变得更深。

FILING——混沌的管理 | 2004年

FILING—Managing the Chaos

这本书并不是资料集，它主要是关于该如何将物理性、物质性，
整理成档案一事，进行各种研究与考察，最后再提出具体提案的相关内容。
所提出的是并非要将资讯隐藏在看不见的地方，
而是被物体激励后，可获得崭新构想那样的整理技术。

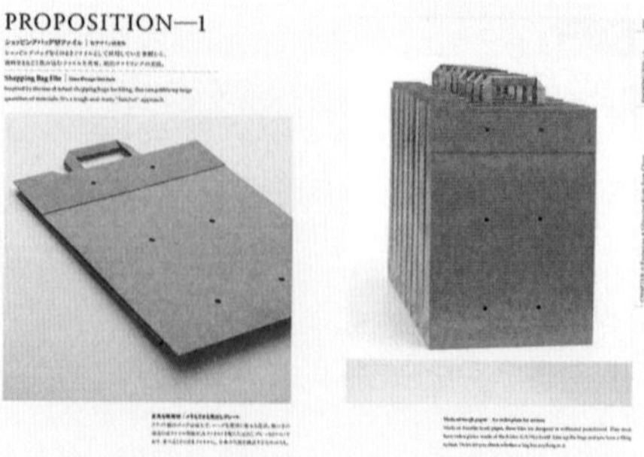

2 ほしい情報にたどり着くためのインターフェイス

An Interface that Lets You Find the Information You Need

探す行為の意識と無意識。
「必要な情報が、失われず何とか出てくれば、それでよい。
完璧で美しいシステムをつくる必要はない」——野口悠紀夫「「超」整理法」より

Consciousness and subconsciousness demand the pursuit of information.
"If the information you need can somehow be found intact, it's good enough. Don't bother creating an aesthetically perfect and flawlessly arranged system."——"Transcending Filing", by Yukio Noguchi

昆虫標本｜集積された実物の驚異
東京大学総合研究博物館の昆虫標本。精密な手作業の痕跡に圧倒される。昆虫研究の魅力の一翼は「標本」が担っているかもしれない。ラベルのフォーマット、虫の止め方、ピンの差し方に厳密なルールがあり、それが標本のインターフェイスとなっている。標本箱はベニヤ板の寸法を元にユニット化されている。

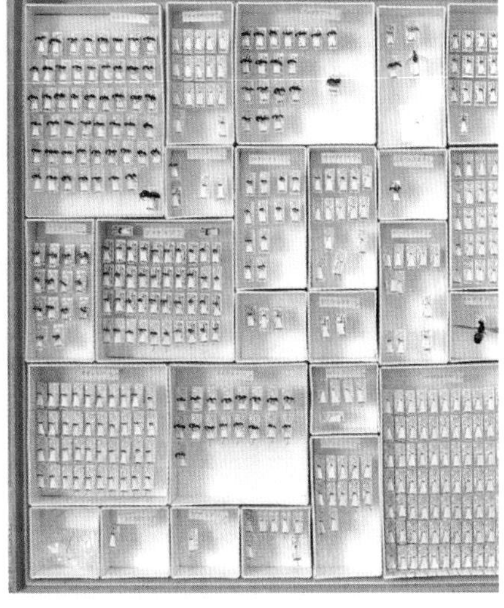

Insect specimens｜Objects en masse: the wonder of it all
Insect specimens from Tokyo University's Museum reveal overwhelming evidence of precise handiwork. A "specimen" may be the first assistant in evoking the charm of entomological research. The strict rules governing label format and pinning conventions serve as specimen interfaces. The boxes are of a uniform size, based on conventional plywood sizes.

PROPOSITION—6

Numbered Paperweights

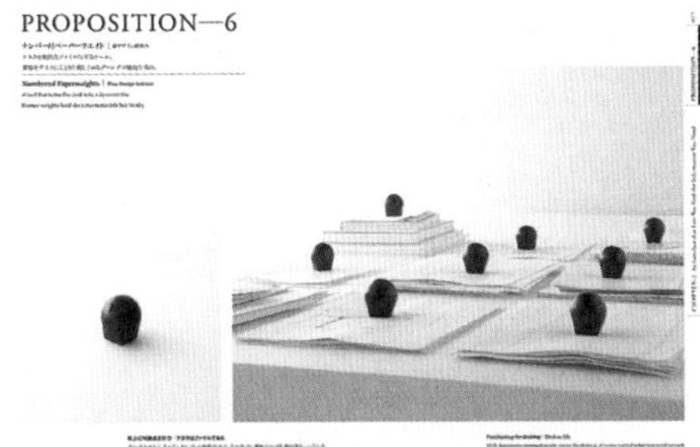

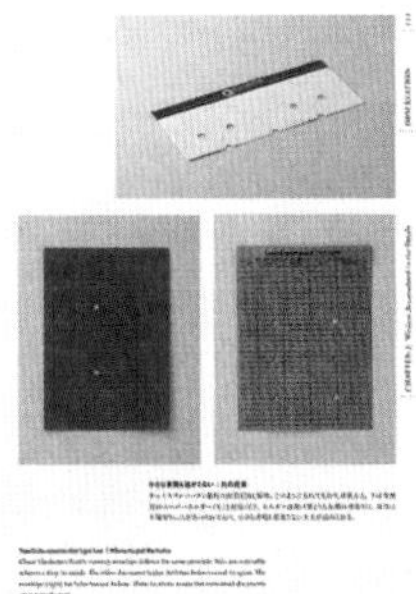

PROPOSITION—8

Index Tag Label

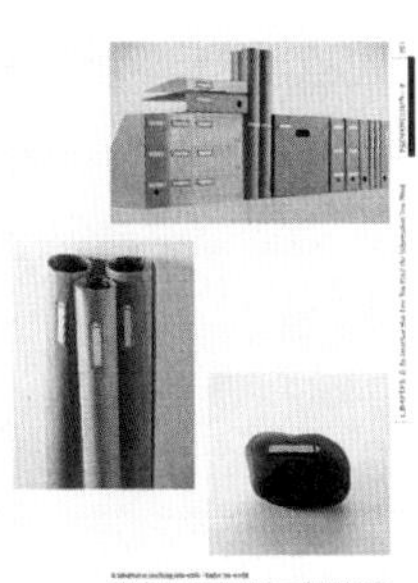

不要谈论色彩 | 2004年

Don't Talk about Colors

这是im Product的宣传资料，意象的根源是伊索寓言的乌鸦。
因为想要变得美丽而用其他鸟类的羽毛装饰在自己身上，
最后却被识破的可怜主角。
寓言的主角通常是人类自身的投影，同时也是一个无从厌恶的角色。

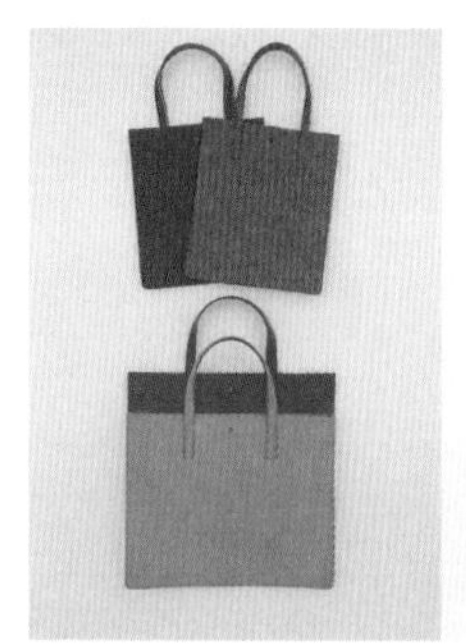
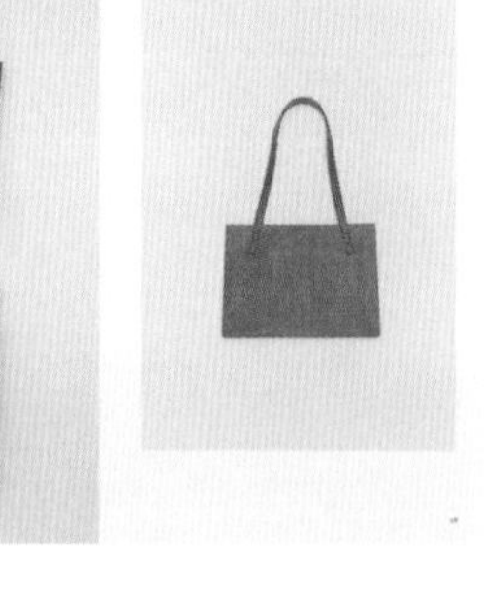

夜、寝支度を済ませると
色はその日を振り返り
頭の中で日記をつける
「今日はおおむね緑であった」とか
「今日は夕焼け雲の紅が上出来であった」とか
そういう感じの日記だ
それから色は床に就くと　目を閉じて
誰ともなく祈りを捧げる
「明日も鮮やかでありますように」と

SLEEP

115 SLEEP　　114

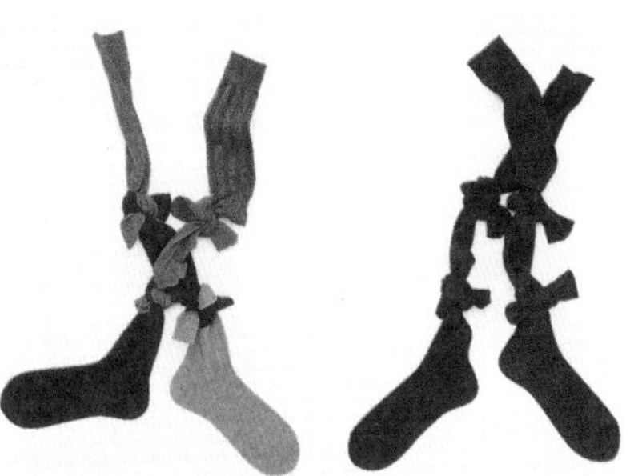

SENSEWARE

设计的原形 | 2002年

Optimum

这是日本设计委员会〔JAPAN DESIGN COMMITTEE〕于2002年举行“设计的原形”展览会的书籍版。

所谓原形是指“OPTIMUM”，亦即“最适性”的意思。

就像生物适应环境而进化一般，在紧密接近人类环境后所设计出的优秀制品，会因人而有不同的选择。

将纸的白当成地板或墙壁／基座或纵深空间而自在地加以活用。

極限までシンプルなフォルムは高度な技術に支えられている。
薄く大きな天板を支える細い四本脚は繊細で絶妙のバランスを見せるが、
強度や天板の精度などが本当にこの薄さで確保できるのかどうか不安になる。
この一見不可能とも思えるプロポーションは、天板の端面から中心部に繋がる
なだらかな裏面の傾斜によって実現している。
すなわち中心部に向かって、天板が微妙に厚さを増しているのである。
厚みを増すための傾斜は、テーブルを見る視線から逃れている。
誰もが憧れてしまう形。それは具現化された逸品、
他に替えがたい原点性を持つマジカルな魅力を放つのである。

Its simple but fine beauty is a fruit of elaborated skills. The four thin legs supporting the large thin top table create an excellent balance, but at the same time, you may doubt if they can keep the strength and the steadiness of the table board. This seemingly impossible design is made possible by changing the thickness of the bottom surface of the table board. From the edge, the closer to the center, the thicker it smoothly becomes. This part is not visible from those who look at the table. This form appeals to everyone's heart. Its magical charm is an embodied OPTIMUM QUALITY impossible to replace.

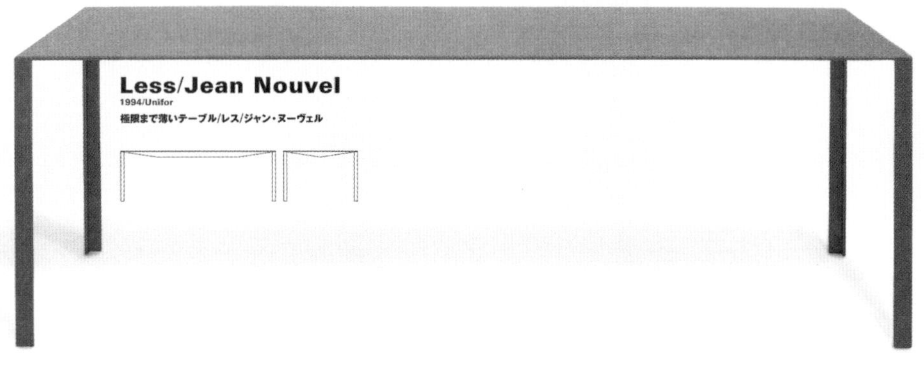

Less/Jean Nouvel

1994/Unifor

極限まで薄いテーブル/レス/ジャン・ヌーヴェル

Less | Jean Nouvel　　　12 | 13

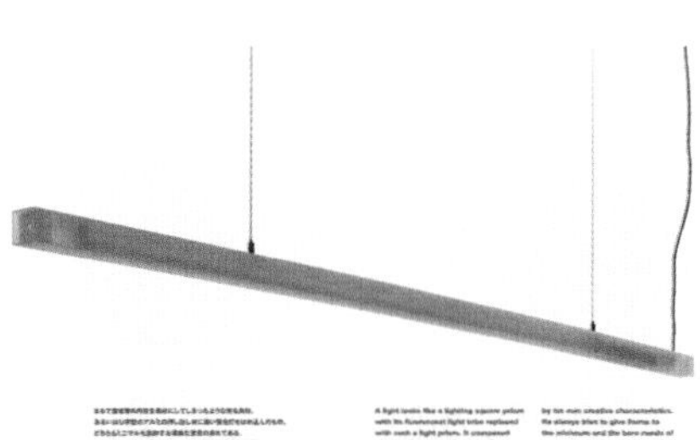

U-LINE/Maarten Van Severen

DOORHANDLE/Jasper Morrison

Shallow Rice-bowl/Masahiro Mori

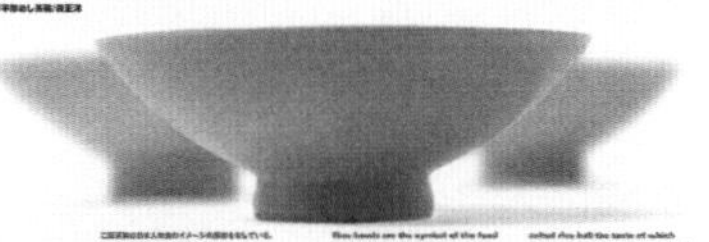

Mobil/Antonio Citterio

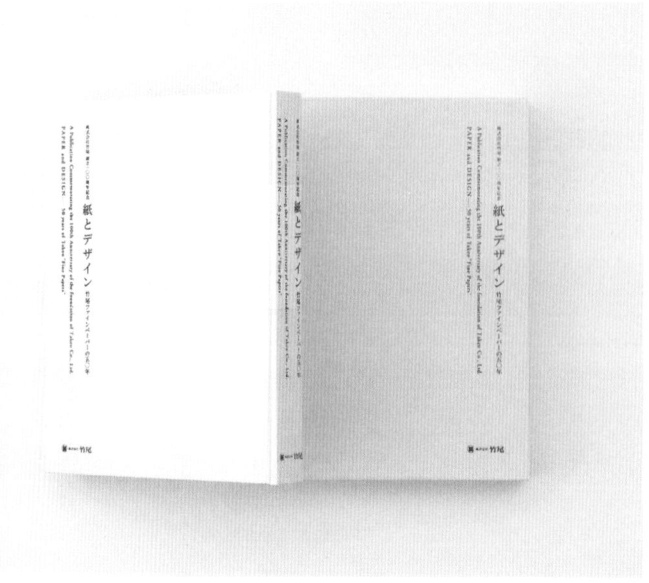

纸与设计 | 2002年

Paper and Design

这是为纪念竹尾纸业一百周年所举办的展览会“纸与设计”的书籍版。
内容是将特种纸五十年的历史和所设计的产品一同回顾，
在构成上是由产品的相片和运用该产品的纸张以对页来呈现，
是一本将焦点锁定在纸张身为物质状态的书籍。

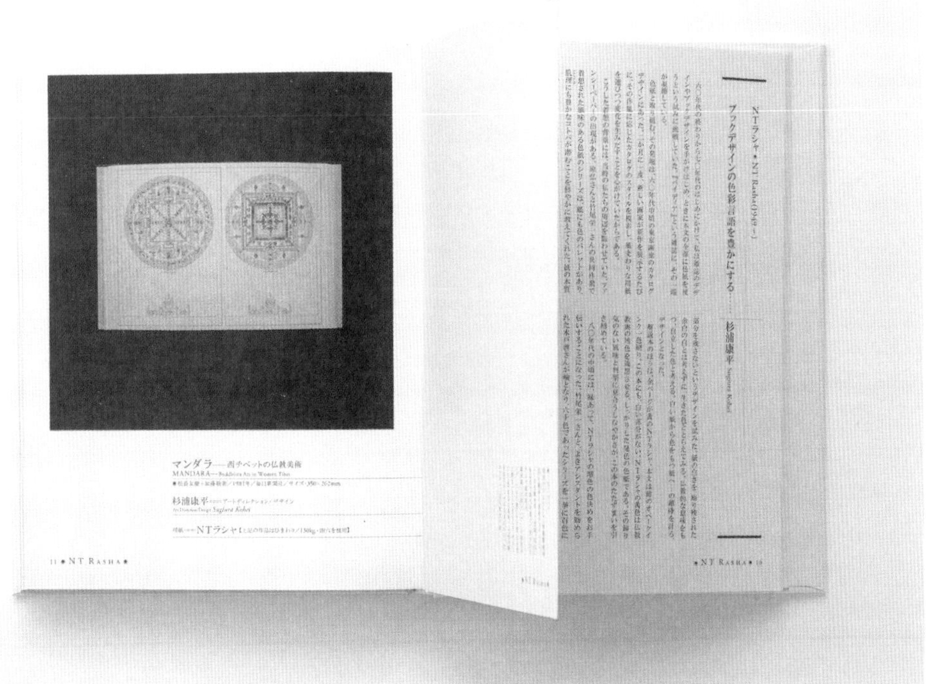

4 WHITE

白

WHITE

白

作为设计理念的“白”

设计是对差异的控制。但做过了无数项目之后我才明白，我对意义的编织并非来自大的差异，却是最初、最小的那些，由此形成了一张精致得多的挂毯。不仅如此，尤其是当街上的颜色越来越丰富，纸上或电脑上对成百上千种颜色的操纵更自由时，我反而对恣意用色的兴趣越来越淡。当我把需要用到的材料摊开，在我了然之前颜色便已就绪了。

颜色当然很棒。单色照片是美的，但要是颜色都从地球上消失了我们将会多么孤寂？我也不会把人造颜色说成丑的。实际上，我很羡慕那些有着自由运用大量原色或艳色才能的人。而且我确实在色彩计算的世界中看到了可能性，在那里人能在一种全无真实生命感觉的虚拟现实中纯粹地操纵颜色。当然，在我的正常设计工作中，我也不回避颜色。我既不是一个喜欢白色的设计师，也不是一个不用颜色的人。作为一个职业平面设计师，我自然地使用颜色。然而我这样做时，对其功能是有明确意识的，可能是因为它代表了我正在寻找的一种情绪：紧急呼叫按钮的红色、必须被记住的品牌主色、按颜色编好的索引……但若是无甚特殊原因，在我的设计台上你是找不到多余颜色的。无论是高科技还是自然材料，我总是去看材料本身的颜色。这便使得我渐渐意识到了“白”。“白”是一种令所有颜色都从其中逃走的颜色，但其所蕴含的多样性又是无限的。当我遇到一种真正好的白色，我会觉得大脑中存储的感觉得以集合并在整体上得以强化了。

“白”不仅是一种颜色。“白”必须被称为一种设计理念。

发现“白”

“白”不是白的。让“白”得以诞生的是一种感受白的容纳性。所以我们不是去寻找白，而是需要搜寻一种能感受白的感觉方式。靠着这种搜寻，有了感受“白”的容纳性，我们就能将我们的意识瞄准一种比普通的白更白的白。有了这种能力，我们才能意识到“白”，对世界诸文化难以想象的多样性中隐藏的“白”才能有所察觉，然后我们才能开始理解“静”或“空”等词语，辨识出其中所隐含的意义。当我们把注意力转到“白”上，世界聚起的光便更多，投下的影子也更深。

打出来的字黑，不是因为字母本身黑，而是字与纸的白相配显得黑。红十字标识的红是在它所处其上的白的质地映衬下发出的光。一处边缘，无论是蓝色还是米色，都内在固有着“白”。一处边缘既非单纯的缺失，亦非一处剩余。它乃是作为对一处空间的填充结果而产生的“白”。有时，出于对边缘存在的需要，其不存在反而引入了一种比实际边缘更强的存在。况且，白易脏，难保洁净。“白”因我们基于对任何短暂之物的同情感受而让我们觉得它越发的美。

当我处于一种对“白”有着微妙容纳性的意识行动中，在那种思维状态下去看建筑、空间、书或花园，我觉得我好像能让所有的东西都有意义。我深信“白”是一种只对人类感觉的根和干有意义的特殊信息。

含蓄的颜色

白是一种颜色吗？它可以说像一种颜色，但不是一种颜色。那颜色是什么？作为现代物理学的结果，今天我们有组织颜色机制的清晰系统：孟塞尔与奥斯瓦尔德颜色系统，由阿尔伯特·H.孟塞尔和弗里德里希·威廉·奥斯瓦尔德建立。他们以色值、色度、饱和度等为基础的三维表示系统，让我们能明晰地将色彩结构理解为一种物理现象。但我们并非以这些系统的方式感受颜色。一只打破的蛋壳中溅出来的深黄色的极度新鲜，或是一杯茶的褐色都不只是颜色，还有材料性的质感，味道与气味皆深隐其间。人对颜色的感受是一个综合体。所以颜色不只是视觉的，它与我们全部的感知都相关。标准的颜色系统只是从颜色这一错综复杂的东西里提取其物理和视觉特性创造出来的有序排列而已。

今天，人们用色标本为印刷、纺织及工业产品指定和规范颜色。大多数手册反映了孟塞尔与奥斯瓦尔德颜色系统，它能方便实用地确定颜色的规格。由于该系统有序、客观，故能帮助人们以绝对的确定性传播所要的颜色。

另一方面，我用得较多的一种色标本叫做“日本传统色”。这个册子是按日本传统的颜色名称编排的。由于其编排目的不是一种连贯的系统，它并不总适于严格地规定颜色，而是以其轻轻唤醒各种颜色形象的力量著称。拂过这本册子的纸页，我能轻松、自然地识别出这些以其特有术语表示的颜色的特点。同时，我受到了启发，好像我的感知系统中每一无限小的单元均被唤醒，然后获得一种安全感，就像听到自己家乡的口音。除此之外，我还感到一丝忧郁。这是为什么？这些情感的根源在哪里？

这本册子的确表达了颜色微妙的情感方面，但还不仅如此。可能我深层情感的核心，部分在于我意识到颜色是每个人所侦察到的东西，部分在于与别人分享此观点的印象。颜色不是某种独立存在于自然中的东西，而是一种特性，一种被精细地形诸于能描摹光之微妙变化层阶的词语。我极欣赏这一贴切的特征描述。传统颜色实际上是一种看待颜色的方式，一种品尝颜色滋味的方式，作为命名它们的词语保存在某一文化中。

日本的传统颜色起源于平安时代［794—1185］的宫廷文化。就是在这一时期发展出一种文化，人们仔细观察自然的过渡变化，并将其反映到服装的颜色、饮食、家具以及日常表达及问候中。今天我们讲四季，而那时候一个人要能以高度的感知力了解一年中的二十四节气或七十二候［五日为一周期］这种精细的自然现象的过渡才会被认为有教养。这种过渡的速记法是“雪月花”［白雪、月亮、花朵］这种术语。用草和树描述自然变化的色度的词语听起来是模糊、微弱的，但就是那种脆弱性才得以充分渗透到人类感觉的最幽深处。一根细针，穿着超精细的一种颜色名称的线，将我们感知微妙的一处了无痕迹地缝到另一处上。令我兴奋不已的无疑是那内心所期望的目标被直截了当地射中时，感受到的快感或移情作用。这种感受中包含了某种忧郁，因我同时亦认识到，这种精妙的感受在现代生活环境下已经退化的现实。

就像一个整体石灰岩洞的形成是基于难以察觉的水滴下落的不断重复，颜色的名称也是通过我们与自然的瞬间，与世界诸多变迁不断累积的互动而一点点生成的精神想象。它们中的一部分已不复存在，另一部分经过变形，其形象未经察觉地发展进入被称为“颜色”的意识大系统中。我估计叫“传统色”的颜色系统的数量会与世界上的语言和文化数量相当。日本的只是其中之一。我将在这里写到的白就是这些传统日本色之一，但是极其突出的一个。

在古代日本，“kizen”这个词被用于描述一种隐蔽行动的情况；某件事要发生前的时刻；以在真实世界中变明确，来回应某一冲动。白，那引入颜色的可能性本身，就是“kizen”之色。

规避色彩

如将光的所有颜色混到一起，它们就成了白的。如将油漆或墨水中的所有颜色去掉，它们也成了白的。“白”是所有颜色的合成，同时又是所有颜色的缺失——无色。作为一种脱离颜色的颜色，它很特殊。换句话说，颜色仅是“白”的一个单独方面。只要它避开颜色，并因此更强烈地唤醒物质性，它就是一种材料，它如一种空的空间或边缘，孕育着时间和空间。它甚至含有“无”和“绝对零”这样的抽象概念。

不消说我们这里所说的“白”不具有一般时尚色、消费色之属性，亦非色彩理论的一项客体。其特性亦无法按传统颜色的谱系予以阐明。“白”一直是一种概念和一种支撑美学的资源，人类意识的一项不变客体。

信息与生命的原项

世界是一团混杂颜色的混沌。树木那令人神清气爽的清新、湖面的波光粼粼、新鲜香甜的水果的色彩、哔啵作响的火焰的颜色，这其中的每一种我都喜欢。然而，所谓一切皆归于尘土，即在时间累积中混合了数量无限的行为和令人兴奋的体验，在时间的宏观视野下最终都归入棕色。以此观点，地球是身着伪装出现的。进一步搅拌之，代表生命的颜色就会变成一种混沌的灰色。但混沌并非死亡。令人眩晕的颜色能量将会加强，从混沌内部，一种全新的颜色将会诞生。

把“白”加到这幅再生与轮回的图景上。在这幅极其震撼的图景中，“白”占据了一个特殊位置，从混沌中挺身而出。与混合的消极原则对立，白通过突破那倾向于回归灰色的退化的重力而变得明晰。“白”作为特质的终极而获得存在。它既不是一种混合物，甚至也不是一种颜色。

有个概念叫做“熵”。说到混沌的程度，它是以热力学第二定律描述的。此定律宣称，所有的能量最终都是平衡的。我手中的咖啡现在正冒着热气，但随着时间过去它会冷下来，最终达到周围环境的温度。类似环境下的冷咖啡既不会沸腾，也不会冻冰。地球的行为使它就像一个活的机体，东京、西伯利亚和刚果盆地的温度不同，但从一种宏观时间角度，这些差异倾向于随着时间达到平衡。地球的温度也一样，与周围宇宙的温度相关，最终将无限接近一个平均值。

熵的增加意味着特质的降低，走向一种平均最大值。当所有颜色合为灰色，作为熵增加的结果，会生成一个有大量能量的复杂世界。所有热能，无论是东京的一杯咖啡还是地球的温度，都会作为一个巨大的平均值被保留。而此混沌既非死亡，亦非无。也许并未成为某种特定实体，但同时潜在可能本身——成为任何东西的潜在可能的能量，当其降低熵时从此巨大混沌中探出之物——既是生命，也是信息。这就是摆脱熵的引力场所得到的飞跃。

“白”起于混沌，是生命与信息的原始形式。“白”是负熵的极端，被驱赶着干净地脱离每一种混沌。生命作为颜色闪耀，而白是那达到与混沌相反一极的倾向，在纯粹中甚至脱离颜色本身。生命包裹在“白”中降生到这个世界，但从那一刻起，真实的、外化的生命便踏上大地，取得颜色，就如一只小黄鸡雏从蛋中孵出的生命形式。“白”是某种无法在一个真实世界实现的东西。我们可能觉得见过或是摸到过“白”，但这只是一种幻觉。“白”在真实世界中被绝对地污染，而仅存对“白”的渴望的痕迹。“白”是精致、易损的。即使是在其诞生那一刻，它也不是完美的“白”。它已被污染到一种令我们浑然不觉的程度。而这在我们的意识中给了“白”所有的优点。

按古代书写符号领域的学术先驱白川静博士的说法，“白”的中文字在古代是骷髅的符号。在书写的早期，抓住人们想象力的“白”的形象是一具被遗弃在旷野中、遭受风吹日晒的骷髅。走过沙漠时人们会发现动物的尸骨，沿着海岸，海洋动

CHAMBER of CURIOSITIES

from the Collection of The University of Tokyo

图为某大型哺乳动物的腿骨和一只小猴子的头骨。
“白”的中文据说是从“头骨”的象形发展来的。
在古代，最自然地作为“白”印人我们祖先意识中的东西就是人类及其他动物的骨头。

物的尸骨或贝壳散落于沙滩上，因而这些骷髅、尸骨和贝壳给人留下了作为生命痕迹的白的印象。

“白”存在于生命的周围。首先，乳汁是白的。吸吮对于动物来说是一种生命行为，将生命从父母传递给后嗣。母乳之白是人类与其他哺乳动物共享的待遇。乳汁携带着生命自身丰富的营养。所以我们叫做“乳白”的白是一种在我们头脑中与有机物扯不清的东西。母乳的味道也就是“乳白”和有机物的味道。从乳头里流出来的生命的食物是白的，真是有意思极了。

白色表面的痕迹，好像用勺子或者什么东西刮过。

带有材料性、厚度和深度的白给我们一种可触知的印象。

很多蛋都是白的。不只是白鸟下白蛋，蓝鸟、黑鸟，甚至鳄鱼和蛇下的蛋都是灰白的。在这白中住着一个真正的生命，当它来到世上，挤破蛋壳，那个世界和这个世界之间的那层膜，它便不再是白的，而是一个活物的颜色。这是不是意味着，所有的动物，作为活体诞生到这个世上的那一刻，便已开始了其走向混沌的旅程?

“白”位于从大混沌中脱颖而出的生命，也即信息形象的边缘。混沌就像这世界，“白”就像一张地图，或是一种形象体现。为世界绘制地图，或生成形象体现，就是平面设计。“白”是生命的原始形式。我将我自己工作的原始形式视为想象白从混沌的灰中跳脱，并升至崇高的高度。

一冊の本
一九九六年七月十日第三種郵便物認可 二〇〇三年五月一日発行（毎月一日発行）第八巻第五号（通巻第八十六号）
2003
5
朝日新聞社

杂志“一本书”的封面设计。

一九九六年七月十日第三種郵便物認可 二〇〇六年六月一日発行（毎月一日発行） 第十一巻第六号（通巻第一二三号）

一冊の本

2006

6

朝日新聞社

WHITE

一冊の本
2003
1

一冊の本
2003
2

一冊の本
2003
3

一冊の本
2003
4

一冊の本
2006
5

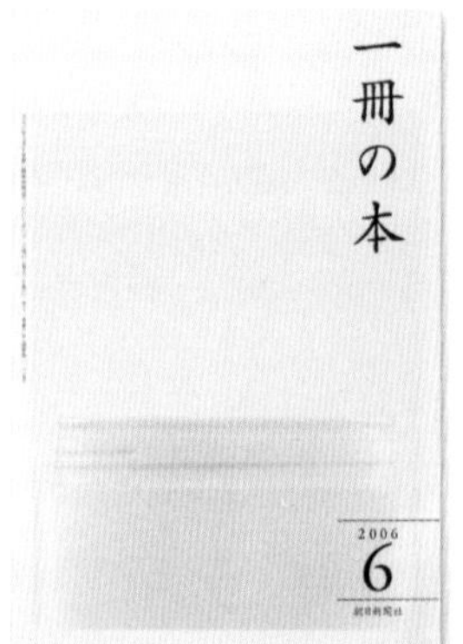
一冊の本
2006
6

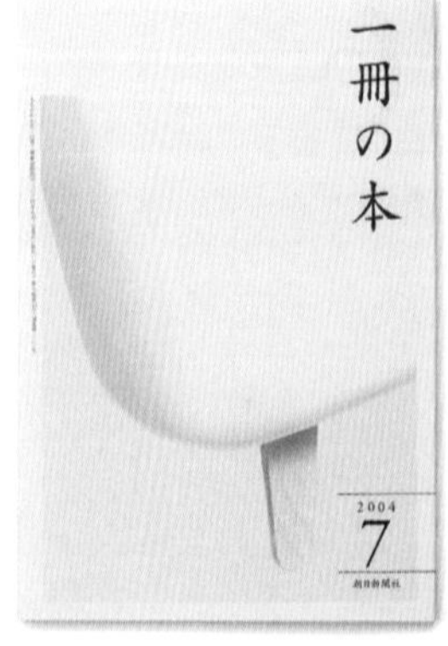
一冊の本
2004
7

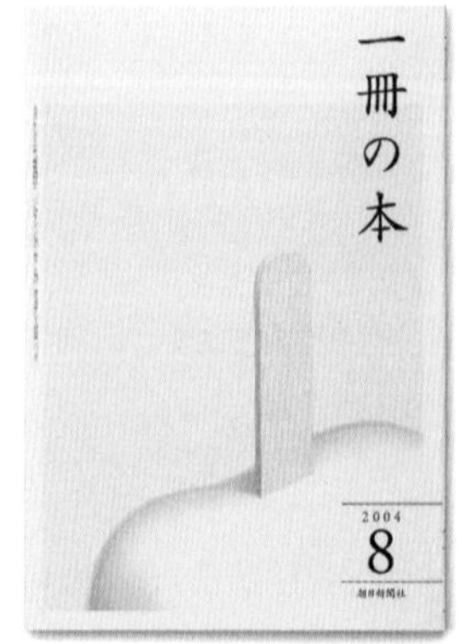
一冊の本
2004
8

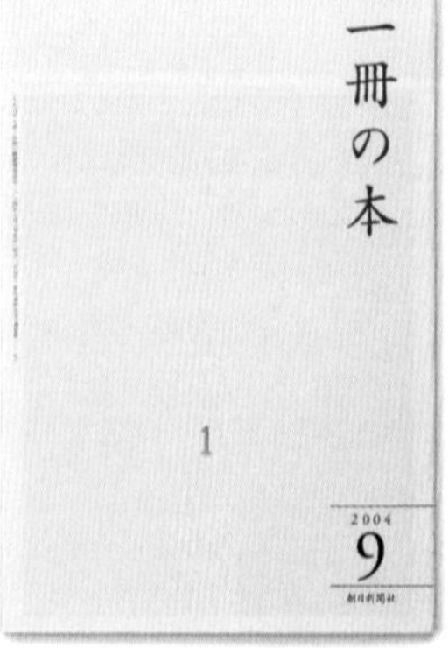
一冊の本
1
2004
9

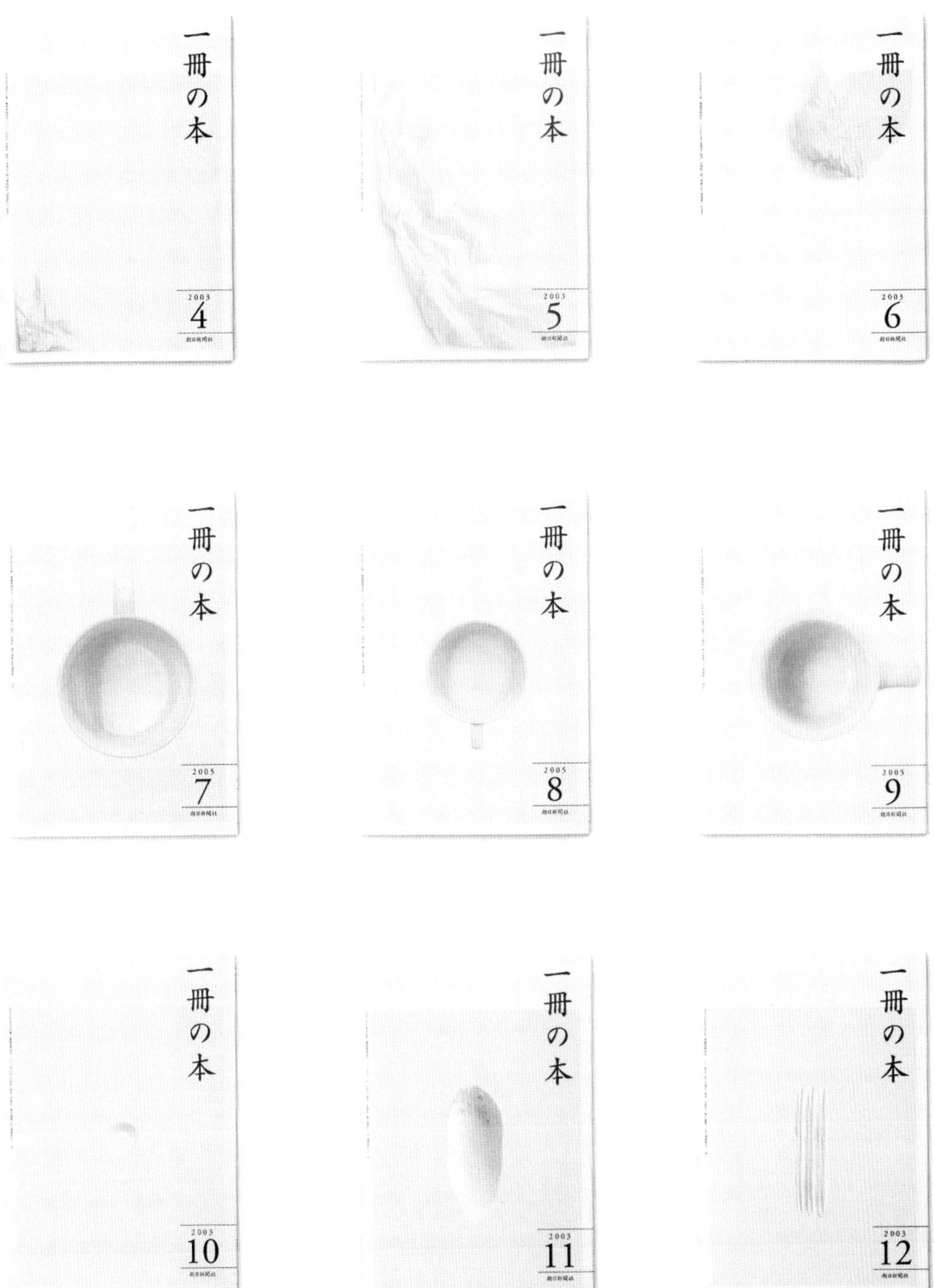
一冊の本
2003
4
朝日新聞社
一冊の本
2003
5
朝日新聞社
一冊の本
2003
6
朝日新聞社
一冊の本
2005
7
朝日新聞社
一冊の本
2005
8
朝日新聞社
一冊の本
2005
9
朝日新聞社
一冊の本
2003
10
朝日新聞社
一冊の本
2003
11
朝日新聞社
一冊の本
2003
12
朝日新聞社

WHITE

5 MUJI

Nothing, Yet Everything

無印良品——无，亦所有

MUJI

Nothing, Yet Everything

無印良品——无，亦所有

無印良品理念的视觉化

从二〇〇二年的广告系列起，我既是無印良品的艺术指导，又是其顾问委员会成员之一，帮助创作其视觉形象。两个职务的工作内容稍有不同，但在無印良品的视觉化理念上是统一的。無印良品上世纪八十年代诞生于日本市场，其初始的产品理念是相当幼稚的。我觉得我的角色是以这样一种方式去传播，并赋予该理念力量，以符合今天的全球环境。这几年间，一种更智慧地对待制造、资源及环境的方式已开始兴起了。现在，無印良品已不再是一场本土实验，而是一个运作于全球消费文化中的实践项目。無印良品的视角是独特的，在無印良品的理念中，设计介入到做东西之中。

無印广告，2003年
“地平线”海报，乌尤尼盐湖。

这可是和整个世界对着干，别人都是以资本和胃口为燃料运行的。处在亚洲东端的附属位置瞭望世界的日本，建立了一套对人类理性具有无限吸引力的美学，其不在豪华和奢侈之内，而在简单之中。丰富难道不是蕴含在低调当中吗？这就是無印良品向世界的发问。

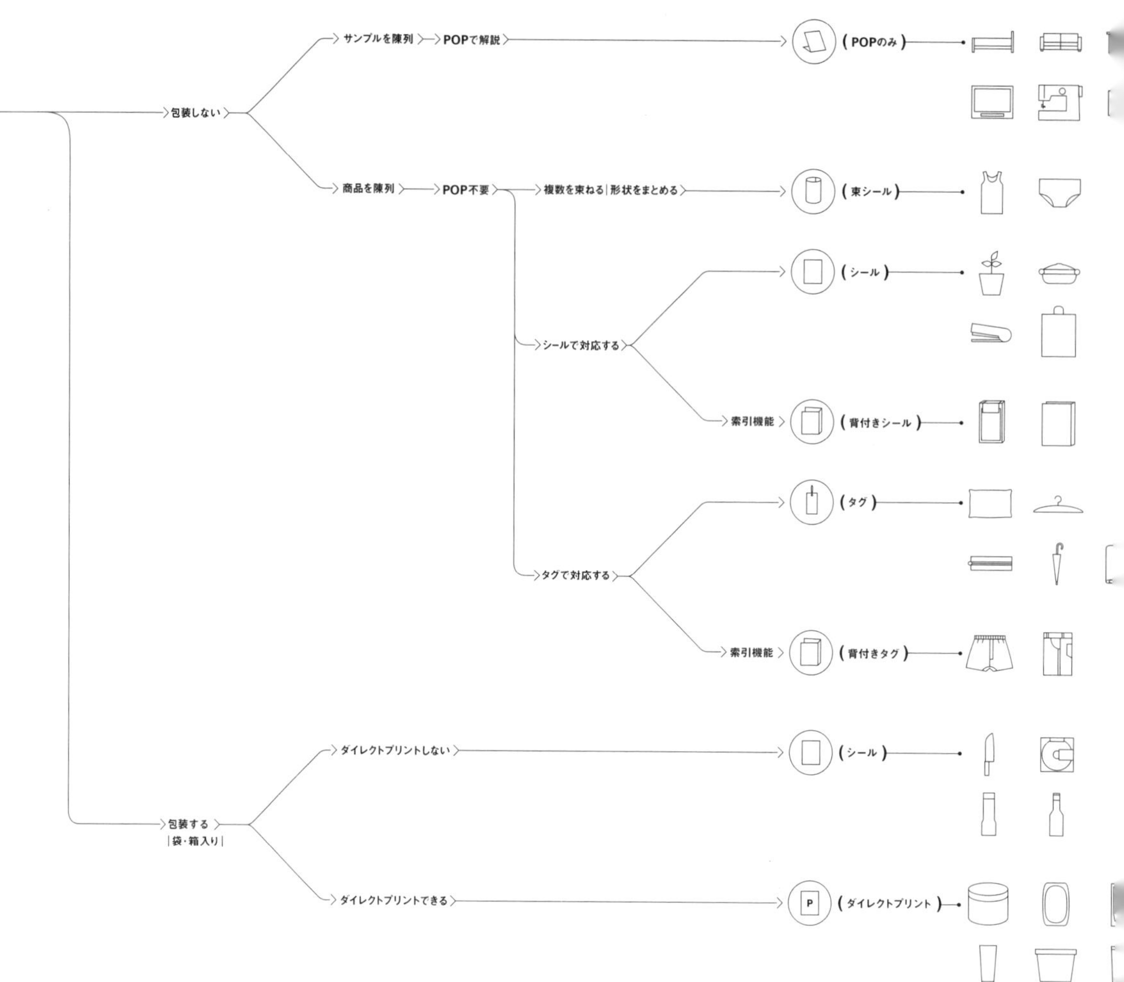

田中一光传给我的事物

二〇〇一年八月，無印良品的品牌缔造者及第一代艺术总监田中一光要我把该公司的艺术指导工作接过去并加入其委员会。随着时间的推移，创始成员的角色也有所改变。虽田中一光先生仍支配着审议与决策，却希望将他的角色传给新的一代，并将它当成一个惊喜。

那天剩下的时间我都在咀嚼我将面对的景象会是怎样的。当我从一种广阔的全球视角去考虑该品牌的未来时，我感到了一种奇特的欢欣鼓舞。不是要扩展其海外店面的数量。跃入我脑海的是将無印良品的理念抛给全世界的有识之士。

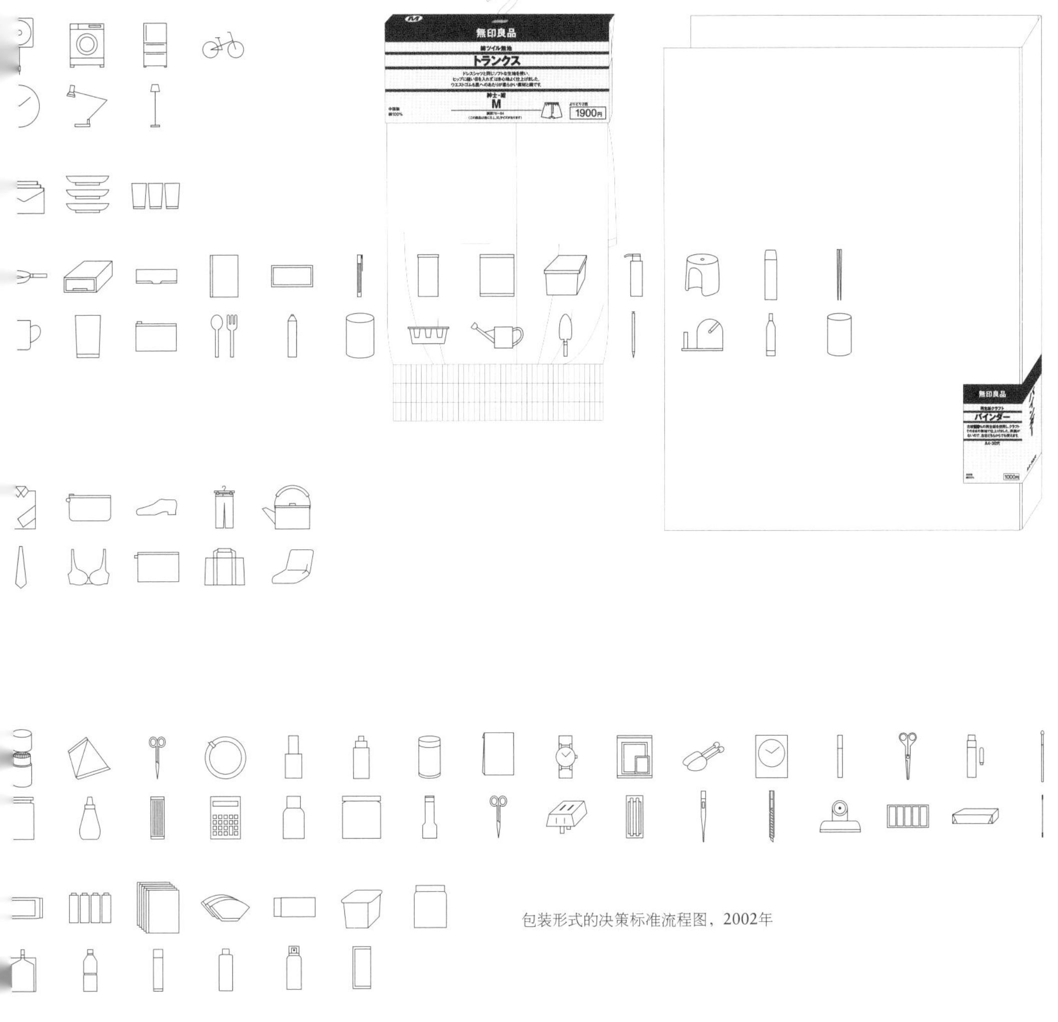

包装形式的决策标准流程图，2002年

第二天我告诉田中一光先生，我很高兴接受他的邀约。我还推荐了我同辈的另一位设计师加入委员会。这就是深泽直人，一位产品设计师，为無印良品做了好几年精彩的设计。凭直觉我感到他的加入对于重构無印良品的产品品质至为关键。二〇〇二年一月八日，我将深泽直人带到田中一光先生的办公室给他们做了介绍。吃着日本茶点，我们谈到了很多事情，包括深泽先生对产品设计工作的考虑。

“这件工作令我夜不能寐，它可真是迷人啊。” 这是田中一光，这位日本最出色设计师之一的原话。我们的谈话之后仅三天他便突然去世了。無印良品的接力棒便这样从老一辈传到我们手中。

無印杂志广告，2002年

無印的根，無印的挑战

無印良品的理念是平面设计师田中一光的美学与日本分销业无可争议的领军人堤清二的观念完美结合的产物。公司成立于一九八〇年秋。其基本理念是通过对制造流程的彻底简化创造一批极其简单、低价的产品。

無印良品最早的口号“合理的低价”是小池一子的作品，她协助筹划了無印良品的开幕。小池女士是一位现当代艺术的保护人，也是無印良品口号的撰写者。無印良品的管理层很特殊，在支撑公司观念方面，创意者和管理者具有同等的分量。

制造流程合理化在今天已是一个普通观念，而無印良品的简化却绝不是廉价化。它导向的是美学的具体表现。無印良品本是作为西友超市的一个自有品牌建立的，在消费者支持下，成长为一个稳固的企业体。一九八三年無印良品独立，在东京青山地区开了第一家门店。室内设计师杉本贵志亦有参与。

無印良品的清新纯粹是在质量、功能以及简易包装和非漂白纸的使用等方面实践产品开发的结果。举个例子来说，本来不太可能畅销的产品“碎香菇”改写了香菇市场的规则：本来是只有那些菇冠完整的香菇才有销售资格。無印良品的产品却都是一些碎裂的或是模样较差，以前只能惨遭淘汰的香菇。实际上，香菇一般都是

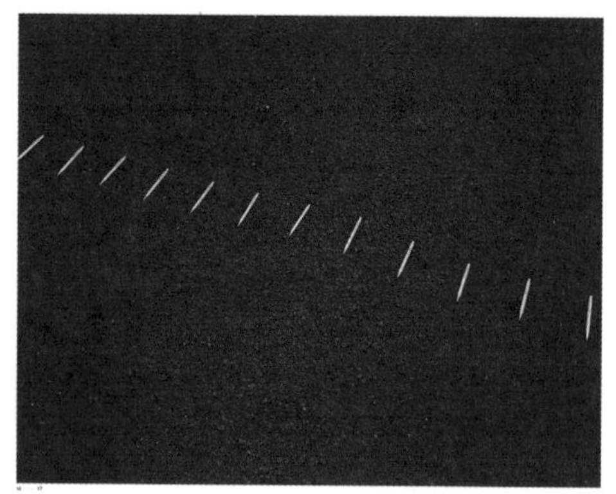

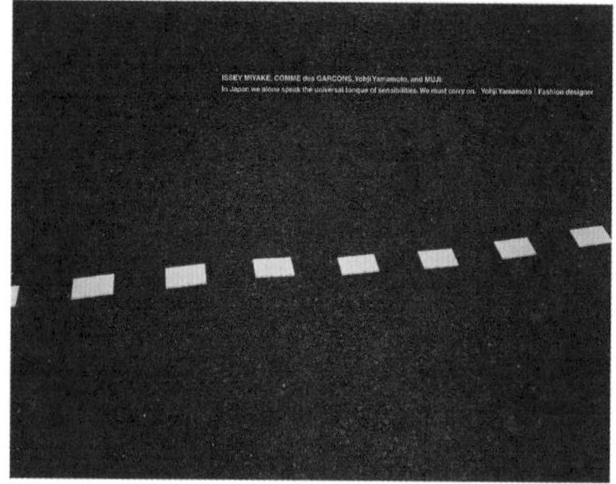

切碎了做成菜，所以其外观与味道并无关系。仅仅是一个重要性次序的改变就促成了一种低价香菇产品。对纸来说也是一样。如果漂白程序被跳过，最后出来的颜色就是淡褐色。無印良品将这种纸用于包装、标签及其他材料。简化制造流程的尽心尽力导致了一大批有着独特美学的产品出现。这些产品与那些传统的、过度生产的商品形成鲜明对比，影响的不只是日本，还有世界其他国家。無印良品的产品赢得了消费者的支持，他们对自己的生活环境十分了解，他们是意见领袖，他们的认知是成熟的。现在日本有二百七十多家無印良品分店，七千多种商品。無印良品在欧洲和亚洲也有海外分店，这引起了巨大的全球反响。

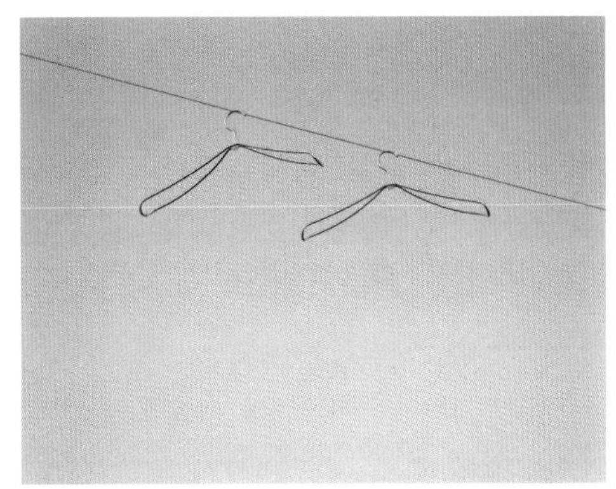

無印米兰概念书，2003年
对比大地，大地和無印产品。

無印良品也有几个问题要解决。一开始，合理化的制造流程导致了震撼的价格优势。而今日的工业企业均将其制造基地建在低劳动力成本国家，我们发现已很难恢复早期的价格优势了。我们可以按同样的方法在产品成本上竞争，但無印良品的理念并非靠“便宜”取胜。我们不能在对低价的狂热追求中丧失我们宝贵的精神。况且，在劳动力成本低的国家生产，再到劳动力成本高的国家去销售的整体做法也无法持续。無印良品的基础应在于合理的、足够的质量形成的终极合理性，并达到世界上最远的范围。所以现在，我们吸引消费者一定不能靠不懈地追求最便宜，而是靠最具兼容性的价格区间。

即便是在非漂白纸的使用上，由于漂白纸的用量大，使用非漂白纸并不总意味着低成本。在某些情况下，将某物单拎出来做特殊处理反而会导致高成本。比如说婴儿粉，不漂白的反而更贵。我们生活在一个使用原生态的、纯粹的材料花费会更高的时代。

制造成本并不是唯一的问题。制造程序的省略也并不自动导致好产品。笔记本和香菇的情况可以，但椅子呢？制造流程的简化并不总能做出好椅子来。做椅子要求经验丰富的眼光、设计与技巧。就实质而言，同样的还有服装、日常用品、其他

家具、家用电器以及加工好的食品。有了一份七千种产品的清单，通过其中某些项的组合便可构成一个切实可行的生活环境。如果我们只取那些基于省略的产品，这个队伍势必会失掉一些它的味道，用户肯定会觉得缺了某些东西。基于省略的制造也易于复制。無印良品的理想是其产品应富于启发性，仅轻轻一碰，我们即会获得一种生命和生活的新意识。理想而言，特定的消减或省略可导致物体核心实质的暴露，通过对最佳形状和最佳材料的探索，滤出创作者和设计者的自我。则产品即非基于省略，而是终极的设计。在最开始，“无设计”曾是無印良品的口号。渐渐地，越来越明显的是，如果我们要坚决实现無印的理念，高水平的设计便是必不可少的。

不是“这个好”而是“这样就好”

顺便问一句，無印良品的产品到底被渴求到什么地步呢？我们的顾客对产品的满意度到底有多高？作为一个品牌，無印良品既无撼人的特质，亦无特定的美学。我们不想成为那种挑逗或刺激强烈胃口的玩意儿，引发诸如“这才是我真正想要的”或者“我就是得有这件”一类的追捧。如果大多数品牌都得那么做的话，無印良品宁可反其道而行。我们想给顾客这种满足感：“ 这东西就行”而非“这就是我想要的”，这不是胃口，而是接受。即便是在接受范围内，也有一个适当的度。我们的目标是把它提得尽量高。

“我就是得有这件”的说法，其本质是一种明确本人意愿的坦率态度。当你被问到午餐想吃什么的时候，这样回答起来会比较好，“我真想吃通心粉”而非“通心粉就行”。除了感觉好一些之外，后一种回答延伸出了一种对菜品的礼貌。对于时尚、音乐的品味或者生活方式等等也是一样。像个性的价值一样，明确表达喜欢、不喜欢的态度也被不必要地高估了。欲望和自由可能带有类似的价值。现在我身处现代这个坐标去思考，我们已建立起一种每个人都能表达其欲望的社会。曾几何时，只有国王和贵族可以大谈其胃口，而现在每个人均乐于张扬其好恶：我喜欢巴黎呀，我喜欢东京啊，我想去布宜诺斯艾利斯啊；我想当烤面包师、商人、音乐家！就是说，在现代这个社会可自行决定任何事，完全基于个人主体性：住处、职业、营养等等。冒着遭误解的风险，我觉得可以这样说，欲望的管理是民主，而欲望的竞争是自由市场经济。世界以这种价值逻辑进化已经有一段时间了。

而我还愿意承认这一事实，欲望有时牵涉到沉迷，引起自我中心主义，或敲响辛酸的音符。我怀疑，如果人类这样一路随着欲望狂奔的话，最后可能进入一个死胡同。追逐欲望、为胃口所驱使的消费社会与个性文化均会碰壁。从这种意义上说，今天我们应该将价值赋予可接受的质量：节制、让步以及超然的理性。接受会不会是一种具有更高一级自由的形式呢？接受包含着屈从和轻度不满，而提高接受度则会将二者彻底消除。通过造成这种具有清晰的自信并在一个自由竞争社会有着真正竞争力的接受度，从而形成“这就行”：这就是無印良品的愿景。無印良品抱持的这一价值观现在对于整个世界在其未来的日子里可以是一个极有用的理念。我们可称之为“全球理性价值”，一种倡导以极端理性的视角使用资源和物体的哲学。

许多人都注意到给地球和人类的未来投下阴影的环境问题，我们已通过了意识或启蒙革命的观点，现在是要采取最有效的应用措施来应对我们日常生活中的情况。我们当今世界最严峻的问题之一——文明的冲突，揭示了两个真相：首先，利益的追求，曾由自由市场经济保障，现在已开始走到了尽头。其次，对文化个性固执的坚持可能成为全球和谐与互利互惠的一种障碍。对我们的子孙后代不可或缺的，不是给利益的独占或各种文化价值赋予最高的重要性。而应是理性的头脑，从一种真正的全球视角来控制自我中心主义的个体。

如果我说，“一种批评精神与良知行动”，听起来可能道德味太浓，但为了平衡世界，我们绝对需要一种灵活的理性，而除非这样一种价值观能作为世界的驱动力起作用，否则世界将停止和谐的运转。我相信在所有人心目中，应对此形势的关心和审慎已开始作用了。从公司起步时起，这种终极效率或理性就被结合到無印良品的理念中了。

目前，充斥我们生活环境的产品似乎落入了两大类，特殊的、昂贵的与普通的、便宜的。第一组东西的竞争在于突出与否，通过使用新兴材料、炫目的外观及稀缺性提高品牌价值，拓展出一个追捧人群，以高价为荣。第二组则由尽可能低廉的产品构成，通过大规模生产、最简化的生产流程，在劳动力成本最低的国家诞生。

無印良品哪个都不属于。無印良品搜寻最宽容的材料、生产方法与形式，从“简单”中诞生出一种新的价值观和美学。而且，虽然我们省掉了任何被我们发现是不必要的生产程序，经过详细调研，我们也引入了丰富多彩的材料与处理技术。無印良品带来的不是最低价的产品，而是自然的低成本的富足与好选择但非昂贵的范围。

無印良品理念要指出的是日常生活的“基本性”和“普遍性”。这一价值观对于世界在其后的日子里将会是重要的。我觉得也可称之为“全球理性价值”。

世界的無印良品

通过無印良品，我想在全球规模上考虑生活文化和经济文化。我想以一种全球视角创造出大多数人能接受，觉得“这就行”的产品。 幸运的是，我们了解到全世界有大量才华横溢的人对無印良品的思维方式有同感。比如说，大多数有着灵活感知力的精明设计师都知道無印良品。他们欣赏無印良品，乐意与無印良品一道工作。無印良品一直是在匿名的基础上运作，但为了让無印良品的理念有更为国际化一点的体现，可能有必要让全世界有才华的人参与到产品设计中来。到了现在这个时候不该再局限在狭隘的日本范围内思考無印良品了。我们已经到了该积极整合全世界的人才与想法的时候了。

想象一下，如果無印良品始于德国或意大利，那么其产品与店铺该是什么样？或者是在今天的中国，关于日常现代生活的意识会从何处继续成熟？会是什么样的产品类型，以何种方式出现？这种想象在今天是重要的。無印良品宏大的愿景可能就是先收集从全球各种场所找到的普遍性，和从世界各种文化中诞生的接受度〔“这就行”〕，然后以最理性的流程、最有穿透力的设计从中创造出我们可以提供给全世界的产品。带着这一景象，我希望把無印良品往前再推一步。我愿帮它实现这一愿景。

空

無印良品的愿景：一方面，它考虑产品发展。另一方面，它必须同时将这一愿景传播给社会。这是我的专业。所以，首先我想在广告传播中呈现無印良品的思考。

简单来说，我为無印良品的广告建议的理念是空。就是说，广告并不呈现一个明确的画面，但是从效果上，向观众提供一个空的容器。传播并非将信息从一个实体或个人分派给另一个，而是启动信息的互相交换。广告传播一般是指将你想让受众了解的观点进一步明确的过程：将其转化为一种好理解的信息，选择适当的媒介，再将信息传播开来。但并非所有广告都需遵循这一法则。在某些情况下，当受众得到的不是一条信息，而是一具空的容器时，传播因为受众自己提供了意义而发生。

让我们以日本的国旗为例。中央的红色圆并无任何意义，它只是一个几何形状，提供意义的是人。由于此旗曾作为日本军方的符号使用，许多人至今都憎恨它。另一方面，也有人坚持认为此旗现已成为一个和平民族的符号。由于我本人成长于二战后的和平年代，此旗在我看来便很平和。但当我在中国的大学里这么说时，听众被激怒了。虽然他们大多数是青年学生，他们对于日本旗意义的观点却与我不同。随后又有人说这个红色圆代表太阳，即一个神体，或是神道崇拜物。其他人说它代表鲜血或精神。其他人大笑，说这是日本盒饭的基本元素：白米饭上的一颗红色的腌梅子。所有这些解读都同等有效。解读依赖于解读者。因为它无需只认准一种解释。这面国旗很好用，什么都能接受。这个简单的红色圆就是一具空的容器。既然是空的，它就能容纳每个人的印象。这是一个符号的实质。符号的功能可以和赋予它的意义一样大。在奥运会或类似场合，缓缓升起的旗帜和平地飘扬在群众头顶，但产生了极有力的向心力，因为它几乎覆盖了各种意义，无论正面的还是负面的，都是广大观众赋予它的。

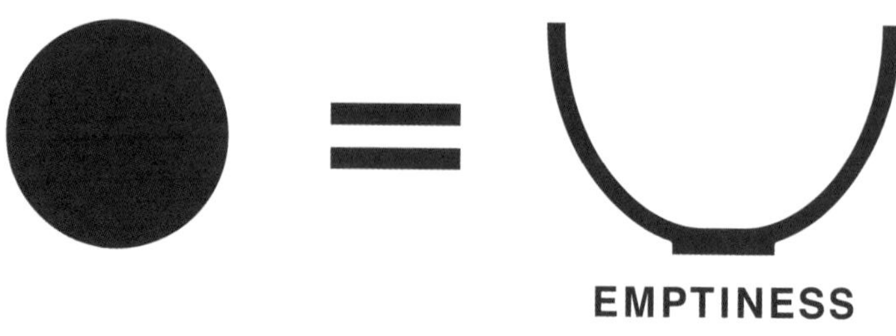

另一个好例子是日本神道庙宇的功德箱，访客在一年中的第一次朝拜时给本地的神往里投硬币。这个仪式代表一位神与其朝拜者之间的一次交流。对这一神圣交换方式的一种鼓励是由神庙给朝拜者一份有形礼物，比如一个护身符或是一块米糕。但神庙却不这样做，只是平静地将功德箱放在大厅前。朝拜者将他的钱和他的想法一起放入箱中给神，相信神的赐福，再次出发。

这些都是日本方面的例子，但经过仔细调查，我们看到卓越的品牌广告在类似原则的基础上反映出有效性。广告的核心在于包容许多种解读的向心力。喜欢它的人将他们的各种期待与愿望放入其中。無印良品的广告理念即是对这一事实的承认，并发展为一种方法论。那就是，只有当一则广告被当作一具空的容器，观众能够自由地将其想法和愿望置入其中时，传播才是有效的。

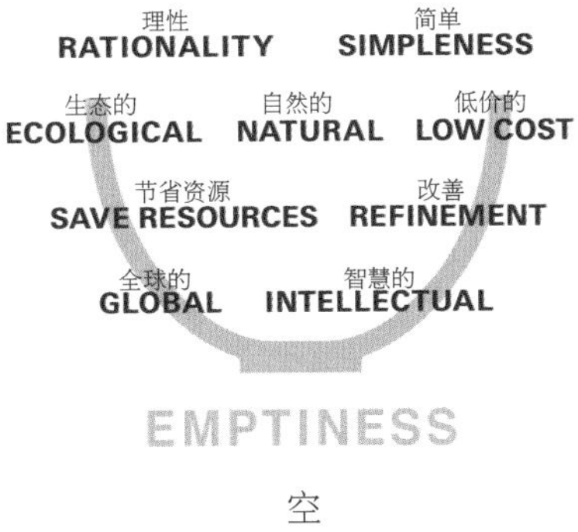

理性
RATIONALITY

简单
SIMPLENESS

生态的
ECOLOGICAL

自然的
NATURAL

低价的
LOW COST

节省资源
SAVE RESOURCES

改善
REFINEMENT

全球的
GLOBAL

智慧的
INTELLECTUAL

EMPTINESS

空

無印良品有许多崇拜者，其原因各不相同。有些人认为無印良品的产品在生态上合理，有些人喜欢無印良品的都市美学，还有些人响应無印良品的产品是因为其不贵，也有人是喜欢無印良品的简洁设计，还有些人对这些产品既非喜欢亦非不喜欢，只是用习惯了，因为它们经用。我们的广告信息不应去表现这些原因中的任何单独一个。我们的理想是创造一个容积很大的容器，把它们都装进去。

所以無印良品的广告没有复制品。在某种意义上，無印良品的标识是我们可能拥有的最好的复制品和品牌记号。随着时间的流逝和意义的积累，無印良品那四个中文字的标识恰到好处地反映了意义。追随着这一理念，我们的产品广告有着明确、简洁的风格，其中产品被放在画面中央，無印良品的标识亦会在某处出现。

把标识放在地平线上

我们的广告系列基本上遵从同一理念。二〇〇三年的广告系列用地平线的照片作为一座体量惊人的空容器。地平线的图像不代表任何具体东西。相反，它能容纳一切东西。这是因为它给了我们无障碍的视野，让我们一下能看到天地间的一切。这是一个终极画面，抓住了人与大地。能不能将其视为对我前面描述过的“全球理性价值”，一种地球上所有居民都应认同的价值观的一种解说呢？不，不只是一种解说，它是一个容纳并滋养这一理想的象征性画面。我是这么认为的。

当我们讨论能容纳人们对無印良品的诸多认知的该是什么样的图像时，摄影家藤井保提出了地平线的建议。藤井先生的工作目标是从一个极其简单的画面中提取

無印广告，2003年。
“地平线”海报，蒙古。

一件客体的实质。虽然他已搞过不少这类大型风景照，一开始都没能让我觉得很新颖，我决定接受他的建议。我有一种预感，我们不会拍摄一幅直白的风景照，而会是一条没有空的理念就无法接近的地平线，作为一具能让人灌注其想法的容器。

这不是一条偶然的地平线。这是一条完美的地平线，完美无瑕地将画面分割为上下两段。到哪儿我们才能找到一条这样的线呢？我们在地球仪上搜索。海平面从海上能看得到，而大地与天空间完美的地平线找来找去却很难找。在调查了很多信息后，我们最终锁定了两个地点：玻利维亚的乌尤尼［Uyuni］一万多平方公里的盐湖和蒙古的大草原。两处我们都去了。这里的图像只是海报，但其作为容器所容纳的既是無印良品的未来，又是那未来的图景。

地点——搜寻地平线

在对完美地平线的搜寻中，我们去了玻利维亚的乌尤尼镇。该镇位于安第斯山脉脚下，海拔三千七百米。群山起伏连绵，峰顶都在五千到六千米，并伸展到整个地区。

从东京出发，我们先飞到玻利维亚邻国，阿根廷的布宜诺斯艾利斯，然后到达靠近玻利维亚边境的胡胡伊。如果我们再乘飞机的话，可能会出现高海拔不适。因此我们一队人坐着四驱车，浩浩荡荡开到了安第斯山区。几天后我们到达乌尤尼附近，住宿于路边小镇，渐渐适应了海拔。即便是这样，我们还是都感到了高海拔造成的轻微头痛症状。我们的目的地在物理距离上当然是遥远的，而到达它所需付出的努力更进一步加剧了那种完全的孤寂感。

我们为什么非要在乌尤尼拍摄完美的地平线呢？因为它靠近世界上最大的盐湖。盐湖这个词有点误导，确切地说，这是一片干涸的盐地，一个巨大的、空白的平面，完全是平整的，白得耀眼。三百六十度全景只有白色大地与天空。眼里只有地平线。

盐地是坚硬的。我们的车基本没留下什么车辙。香瓜皮状的条纹覆盖着整个地区。这一巨大的白色瓜皮状地表，在手帕大小的多边形分割下，漫无边际。

并非整个湖全干了。有条河流经这里。某些季节要在上面走的话还要穿靴子。虽然的确是水，却是黏稠的盐水，流动不起来，看着似乎要粘在地上一样。可能是水的比重太大的缘故，这里的水面不像湖面或海面那样有涟漪，可以像镜子那样映

出天空。在此处，天被一分为二。地平线就是分界线。天空一望无际，不，比起天来，它更接近于云。我们站在那里，脚下是浮云之海形成的一条对称线，边界是地平线。太阳有两个。月亮有两个。我们拍摄时正好是满月，傍晚，双月与太阳排成队，东西相望。这已不只是非凡的景观，幻觉中我仿佛来到了完全另外一个星球。

我到底为何需要这样巨大的地平线呢？因为我想将其用于某个项目，帮助人们理解自然天道的普遍性，以及地球与人类之善的前提。我计划拍摄的图片是一个人孤寂的身影，像地平线上一个小点一样伫立在那里。简单，却是地球与人类的终极组合。什么都没有，同时又是一切。这就是我想我们能弄出来的那种照片。出现在海报中作为无限景观中一个小点的是来自乌尤尼的一位年轻女性。

摄影师藤井保想从离地面大约四米的高度拍摄。我怀疑四米的高度在表现这种景观的规模上能有什么差异。工作人员找来铁管彻夜焊接，立起一个脚手架。我们把架子拿到湖边，爬上去，立刻就明白了。一幅放大的地表画面跃入眼帘。高度将我们所站之处与地平线之间的景深增强了，凸显了景观的宏大规模。

拍摄进行了五天。天空在水中的倒影令人印象深刻，它美得如此不可思议，像梦一样，以至于缺少了大地的真实感。因此我们选择了去拍无云的蓝天和白色的大地。我们心满意足地离开了乌尤尼。

从湖心到湖边坐车要一小时。从那里再到镇上又要半小时。镇上有家饭馆叫“仙人掌”，每天晚上我们都到那里去吃驼肉排，那地平线颜色的残留画面好像深深刻入脑海，令人拿它没办法。

—— 無印良品宣传海报“地平线［乌尤尼盐湖］”的部分放大

无印良品

無印广告，2003年
“地平线”海报，蒙古。

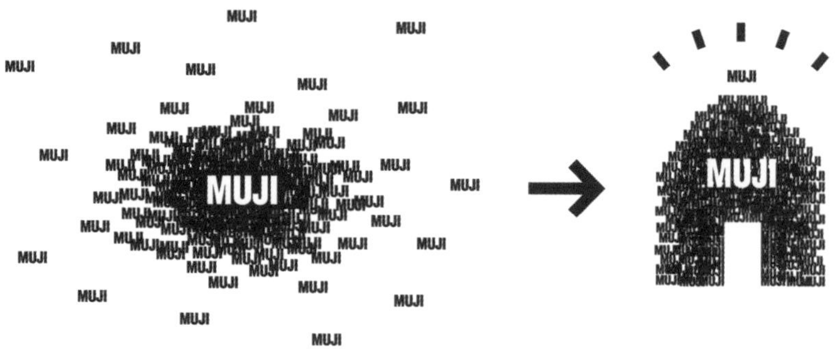

家

無印良品二〇〇四年广告系列的主题词和概念是“家”。我们直接把这个词作为广告的文案使用，但在符合無印良品理念的同时，它并未传达某一清晰信息。它只是一个空着的容器。它的作用是思想的一个焦点。我在思考时，明白了我们日本人在很长的时间里对于创造自己的居住风格没有任何具体标准。在追求西方化和现代化的一百多年时间里，我们对传统的日本居住方式漠然置之。但我们仍没有任何具体的生活空间形式去向世界吹嘘。既然已到了相对于过去没有回头路的地方，今天日本能做的，就是通过询问“我们在后现代时期如何生活”来挑战这一模棱两可的现状。虽然我们对自然的生态循环犯下了不可饶恕的错误，但我们也开始集中我们的全部努力去恢复它：一度污染的河流正在复苏，三文鱼也回来了。用了很长时间我们才理解，城市周围的城乡结合环形带是美的。日本在自然资源上并不丰富。所以我们很早就对地球资源的有限有很强的意识，并致力于用改善与恢复的技术手段以协助维护环境。在这个国家，在这种情况下，我们应定位于哪种生活方式或居住条件呢？在日本经济繁荣的高度上，我们的城市住房遭遇了严厉的批评：我们的生活空间被称为兔笼。但我们恰恰可因为所面临的困境而获得一种理性。在此情况下，我们可以自由地规划我们自己的居住风格，不是讨论梦想，而是由我们的实际处境主宰。好处可能在于理性居住风格的发现与我们的个人生活方式是完全匹配的。

無印良品建议的居住风格的指导原则是“编辑”。一处生活空间不是为了方便建筑构造而设计的。居住的理想风格是在时间的滋养中通过居住自然孕育的。有些人喜欢强烈、动感的生活，把漂亮的厨房放在家中央，便于招待客人。另一些人喜欢坐在大钢琴前面，不管白天黑夜想起来就到键盘上敲一敲。还有人想要一个大浴缸，可以休息和放松。其他人梦想着把时间花在阅读上，书房四周环绕着定做的书架。我们的理想之一是让这些人中的每一个都去独立“编辑”其居住环境，以找到与其个人生活方式最匹配的一种。

無印杂志广告，“家”，2004年

本年無印开始销售家。

無印杂志广告，“家”，2004年

無印良品 家

MUJI

無印杂志广告，“家”，2004年

無印良品的七千多种产品没有一件是孤立的。它们都有着普通而简洁明快的设计，因此它们并非产品大杂烩，而是我们顾客的意识中自由选择、编辑创造“生活方式”的元素。無印良品的盘子不仅联系着刀叉，还有冰箱、沙发及储藏方式。通过各种组合，一种和谐的生活空间可以自由地创造出来。这不只是因为無印良品的产品保持着模块化的兼容性，其简单性反映并形成了用户意识中一种新的成熟。这一无形的系统和生活的背景，就是無印良品本身。

我们生活空间的第二理念是“注入”。这次我们把结构称为骨架，而满足顾客

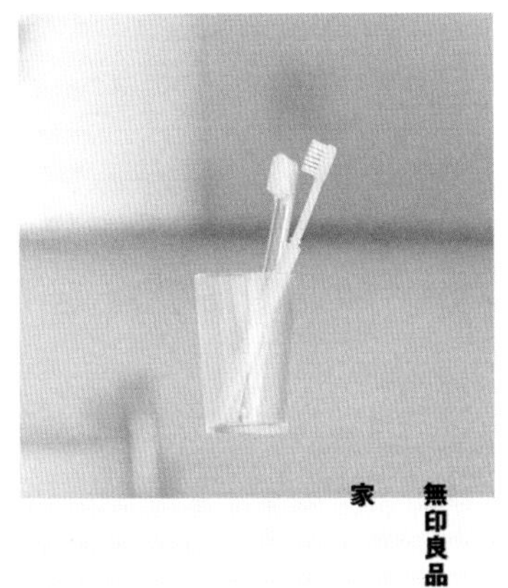

目的的内部，则是“填充”。因为日本的今天，面对日益增长的公寓和办公楼闲置空间的浪费，对填充更新的依赖将变得十分重要。無印良品已经开始了，重新设计地板、墙壁、房顶、水道、储藏等，不是按草图去建立新的结构，而是以尽可能灵活的方式充分利用现有建筑的潜力。室内设计师吉冈德仁提出了第一个填充空间：一间宽敞的单人间，由隔板尽量多的活动墙构成，设计出一种理性、高效的储藏方式。这一使用了手风琴折叠式胶合板墙、储藏区被隐藏的概念空间，是一个极端的样板，可随意重新设计以响应居住者生活方式的变化。此空间亦充分表现了我们模块化产品群组的可能性。

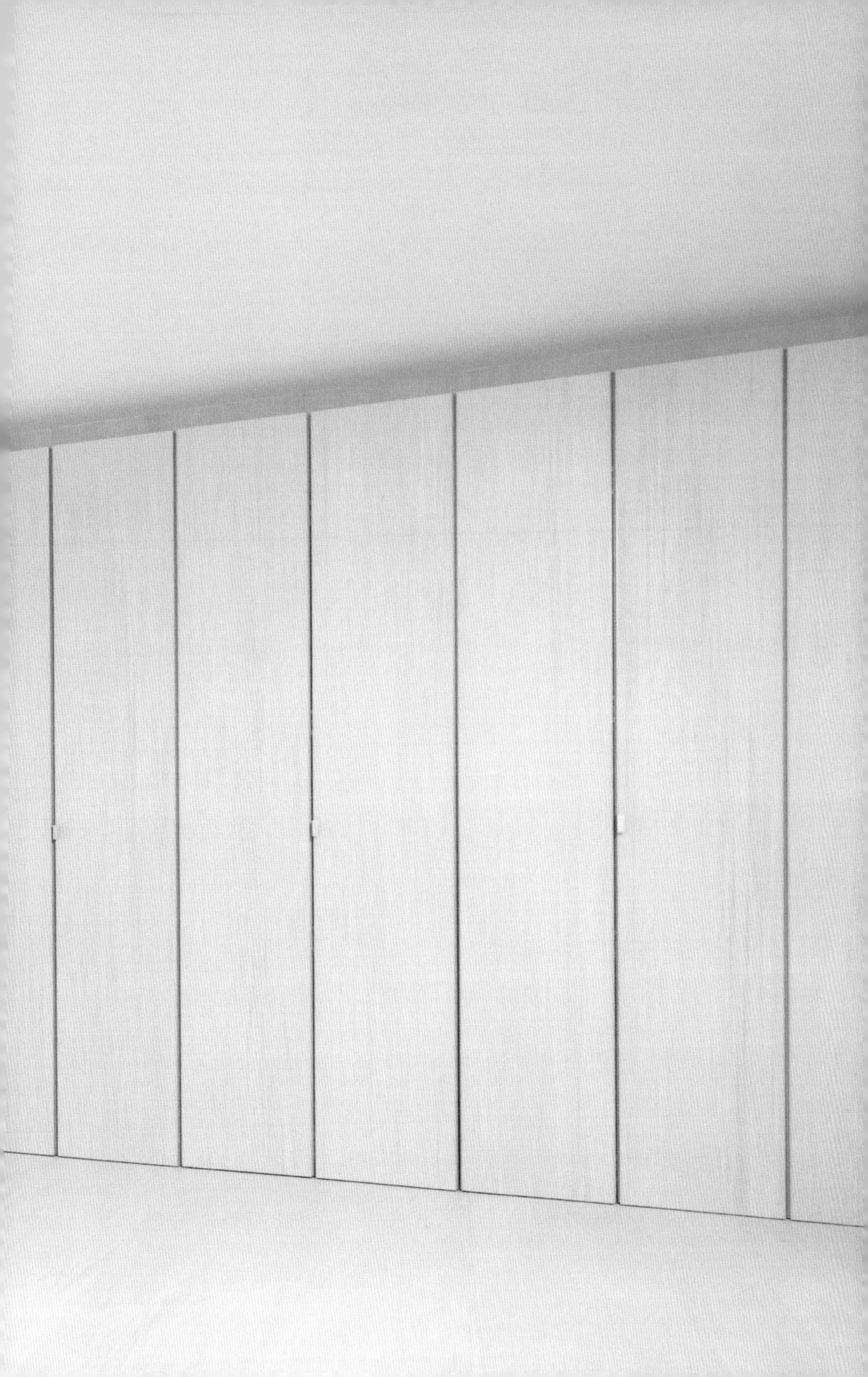

对此理念在实践中进一步发展，我们设计了“木屋”，作为一件实体产品，从一层到二层是一个挑空的房顶。“土屋”的想法也很有意思。虽然它们都是真房子，但最好是不把它们看作大型产品［房子］，而看成通过对無印良品全系列产品的编辑而产生的生活方式：从地面到墙壁到门把、照明设施、水龙头以及储藏工具等。正如巧妙创造的日常用品在我们的生活中能滋养健康一样，無印良品产品的组合也将产生某种生活方式。有了这一目标，我们就得重新考虑我们的整个产品家

無印杂志广告，“家”海报：改造，2004年
無印单模块产品储藏方案。
照片显示的是极端情况，显示着理性储藏管理的可能性。

族。等我们完成时，我相信我们将会为我们的生活方式得出一种形式，一种与日本的今天相宜的“家”。

二〇〇四年广告系列主推的“家”概念对于無印良品的思想既是一个信息又是一种食粮。它于外界是一个信息，从内而言则是重新确认無印良品的一项指导。

这几页海报的照片摄自非洲的喀麦隆和摩洛哥。摄影师仍是藤井保，上一年刚拍了地平线广告照片。我们搜寻能道出“人们真实生活”的有力景象。我们想找到由非设计师设计的房子的真实。我们感到，如果我们只考虑被熟悉所围绕的房子的概念，我们的想法可能会退化。这个景象，颇为与众不同的岩石地貌，位于喀麦隆北部山区一个叫德里的小村子。这大概就是被曾在这一地区游历的法国小说家安德烈·纪德誉为“世界最美村庄”的那一个吧。

这里的居民们没有水电系统，更不用说电视了。穿过村中央有条小溪，似乎一步就能跨过去。我们四处眺望那些茅草屋顶泥巴墙的房子。房子四周种的东西

無印广告，2004年
“家”海报，喀麦隆。

刚够养活全家。到了吃饭时间，每座房子都会冒出缕缕炊烟。在人们如此积极生活的忠实景象面前，“简单”这样的词语都显得很空洞。在非洲到处跑，寻找拍房子照片的场景绝非一桩乐事。相反，一遍又一遍观察这些艰难的生活对我们来说是苦涩的。与画面搭配的是“家”这个字，因为这张照片无法用更多的语言去描绘了。

形成完全对比的是，产品成了我们杂志广告上的明星。在每种产品背后無印良品所推介的生活方式也能被瞥见，模模糊糊的那种。摄影师是片桐明日香。两种景象都不可或缺：一种支持对全球视野的展示，一种站出来聚焦于一把牙刷。

無印广告，2004年
“家”海报，喀麦隆。

無印广告，2004年

“家”海报，摩洛哥。

無印广告，2004年
“家”海报，摩洛哥。

什么是“简单”中的品质

作为無印良品理念背景的简单是什么呢？简单的好处何在？简单是如何与一样产品的质量相联系的？二〇〇五年的系列广告探讨了这些主题。同时，它们深入挖掘了在简单中寻找美的日本美学之源。

照片中显示的是一件国宝。东求堂的同仁斋，位于京都慈照寺。同仁斋同时被认作为茶室与今天传统日式和屋的空间源头。慈照寺，也称银阁寺，本是作为幕府将军足利义政的别墅建于十五世纪末。对所谓应仁之乱［1467—1477］的长期战乱心生厌倦之后，足利义政将其将军之位传给了儿子，自己则到京都之东去过一种平静的生活，培养书法和茶道的品味。作为当时这个国家最大的战争，应仁之乱标志着日本历史的一个转折点。战乱期间，收藏于京都的诸多文化珍宝被焚毁，足利义

無印广告，“茶室”海报，2005年
京都慈照寺东求堂同仁斋及银阁寺主厅前花园

政以“东方”文化为根开始发展，日本文化重新起步，在其传统的所有方面全面革新。

足利义政在同仁斋这间书房度过许多时光。在这个“书院造”风格的房间，一张写字平台位于透入自然光的纸滑门后。当门打开时，花园的景色便像一幅展开的画卷一样呈现在眼前。深深的屋檐赋予东求堂精妙的暗影，光线流过纸门，纸门格子和榻榻米垫子边缘：所有这些造就了一种简单的构成，展示着日本空间的一种源头。这就是为何同仁斋会成为国宝的原因。在这间屋里，足利义政啜饮着茶，在安宁中休憩。茶道的创始人珠光，也是足利义政的美学顾问，与他品茶对谈，大概就是在这里。

茶道出现于从十五世纪中期到十六世纪这段时间。它在摆脱中国文化影响的过程中，发现了“wabi”［简朴之美或优雅的质朴］和简单中凸显独特的日本价值观。珠光远离当时崇尚华丽的趋向和那些源自中国之物，于“wabi”之中发现了一种美学。珠光的哲学继承者武野绍鸥进一步发展了对这种独特的日本认知的追求：简单的形式是对人类内在本质复杂性的投射。例如，相比于装饰繁复的中国象牙茶杓［茶粉勺］，武野更喜欢从一节竹子上削出来的一把简单的勺子。只有茶杓大概的中心上的小瘤为其形式留下了一点轻微的特征。人可以享受如此简单的优雅中反射出的人

無印广告，“茶室”海报，2005年
京都茶室

的精神。此处我们可以见到茶道中简单美学的进一步发展。后来，在千利休［1522—1591］的带领下，茶道的空间、器具以及方式均被推到一种极致：深刻的简单与寂静。这是一种引发图像联想的简单。表达终极简单并将一种图像或意义带入其中的传播方法即是我在地平线一节讲过的空的理念。通过空之媒介交换图像是当时所有的艺术形式共有的一项特征：从禅的宗教思想到茶道那会儿成型的抒情能剧，而在茶道的诞生中这一特点尤为突出。

千利休所使用的茶具和他所设计的茶室在我们看来都惊人的简单。尤其是茶室，极其的小，全无戏剧性或夸张的装饰。千利休喜欢看起来建造简易、位于自然之外的空间，用以接待客人。空间的大小仅够主客对面而坐。一间茶室，归根到底是一间小剧场。其中并无矫饰的附属物，仅挂画卷一幅，有花摆放。在其间，主人烧水，为客人奉茶，他们饮茶，如此而已。恰恰由于这是最小的宇宙，产生的耳语都能生成最丰富的图像。比如，如果主人展示一个盛满水的花瓶，并在那里遍撒樱花瓣，他就能将客人置于一棵开满花的樱花树下。做一点小小的变

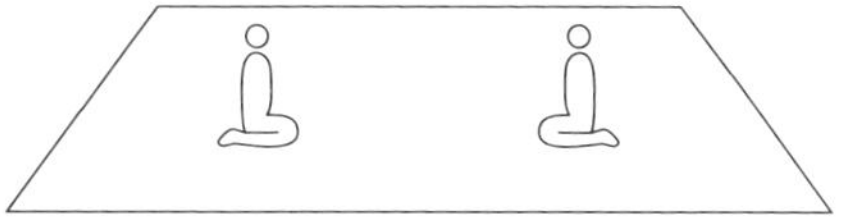

一间茶室就是一处空的空间。
在这里茶师招待客人。

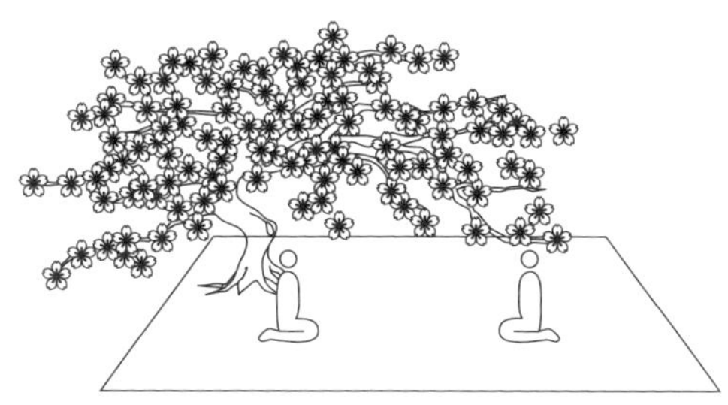

最少的布置能刺激客人的想象。
例如，空间的布置可以让他觉得是在一棵开满花的樱花树下。

用一点点变化，同样的空间就能变成浪花翻卷的海岸。

化，同样的地方又能成为浪花翻卷的海岸。因为一间茶室是一个未固定于任何特定场所的空间，在其中共处之人的意识会变得极有容纳性，即使最小的独创在其头脑中都会生成最丰富的图像。这就是千利休获得的“以简单交流”原则的源头。在这个空间里，他创造出的绝佳表演在客人的头脑中唤起了精彩的图像，这些表演吸引了将军们及其他当时的权势人物。通过茶道实现的交流在战争时代的背景下成为一种明确的艺术环境。

茶室と無印良品

www.muji.net

無印报纸广告，2005年

每年，無印会通过报纸或网站以大量文字发布其愿景。

我们可以说这就是無印良品理念的一部分。無印良品的产品简单，但却不仅是形式上最小，而是被有意识地设计成能在任何环境下使用。無印良品的桌子简单，但在几何形状上却并不平庸。重要的是让十八岁的小单身和六十多岁的老夫妇都一样觉得“这个挺好”。我们不是在为年轻人设计一款简单的起居室用桌和一个可以在老夫妇卧室中用的桌子。通过尽可能简单的设计，我们创造出一款适于各种生活环境及任何人群的桌子。这就是無印良品眼中的“质量”。

茶室海报系列中的白瓷碗是無印良品的饭碗之一。这些器皿是在日本传统陶瓷生产中心，长崎县小镇波佐见生产的。它们极其简单，但它们这种简单所体现的仔细却非今日之饮食文化，而是考虑到各种就餐情况。这些照片混杂着国宝和饭碗，但却非什么广告的把戏。它们显示了具有相同美学的不同时代的两种创造间的联系。这个系列的摄影师上田义彦是一位坚定地描绘物中潜藏之美的专家。

th radio

ıdio incorporata di forma rettangolare, la cui parte frontale funziona
e inserito all'interno di un apposita fessura che si trova sulla parte superiore
i trovano i diversi bottoni sia per il funzionamento del CD sia per
E' provvisto anche di orologio digitale con incluse funzioni sveglia.
ono essere inserite come descritto nella scheda tecnica.

ɔks just like a speaker. By covering the front section from which
ith netting, positioning the antenna, the CD insertion slot, and all function
'face and arranging the battery compartment and the grip on the back,
əaker". The clock displayed on the front face comes with a timer, and also
clock. Takes batteries as required.

DVD player / DVD player

Il DVD player viene venduto accompagnato da un telecomando, dello stesso design e colore. Le funzioni che si trovano sul DVD sono egualmente riportate sul telecomando. La forma del DVD e'un formato B5 che puo' essere posizionato in verticale, per esempio sullo scaffale della libreria; oppure in orizzontale sempre su una mensola. La qualita' delle immagini e' ottima.

There are numerous remote controls in the room. By making the DVD player and the accompanying remote control the same color and shape and giving them the same function buttons, the two share a link even when placed apart from each other. The DVD player is B5 size, and can be stored in a bookcase alongside the average paperback. It can be placed upright or on its side to integrate easily into any living space. Compact and supports progressive scanning for high quality images.

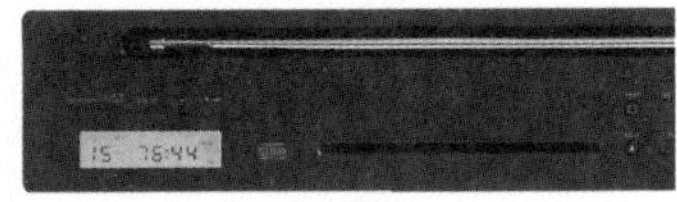

CD player con radio / CD player with radio

E' un CD player con radio incorporata di forr
da speaker. Il CD viene inserito all'interno di
del CD player, in cui si trovano i diversi bott
l'utilizzo della radio. E' provvisto anche di c
Apposite batterie devono essere inserite cc

It's a CD radio that looks just like a speaker.
the sound emerges with netting, positioning
buttons on the top surface and arranging th
it becomes "just a speaker". The clock disp
functions as an alarm clock. Takes batteries

無印产品手册，2005年

该手册聚焦于在2004年iF国际设计论坛比赛中获得金奖的五种無印产品。

no nati insieme a tutti gli altri prodotti elettronici. Sulla base di una ricerca,
dono piu' di 100 cd, di conseguenza sul mercato si trovano una grande varieta' di
posito gli altoparlanti MUJI oltre ad avere un buon sonoro, possono essere utilizzati come
la dimensione degli altoparlanti e' la stessa del CD quindi i CD possono essere collocati
'altro, senza limite di numero, naturalmente a seconda della lunghezza dello scaffale.

start as part of the electronics project; it came to fruition out of the storage
According to a survey, many people own more than 100 CDs, and we learned that they
variety of ways. Many use storage boxes, but there is a limit to how many CDs can
xes-one too many and all CDs can't be stored together; those that don't fit
d up scattered on a table or on top of the stereo system. Our idea was to fashion
was not box-shaped, but rather a speaker system the same size as a CD case that
xends. With this design, any number of CDs can be stored together.

Altoparlanti / Speaker

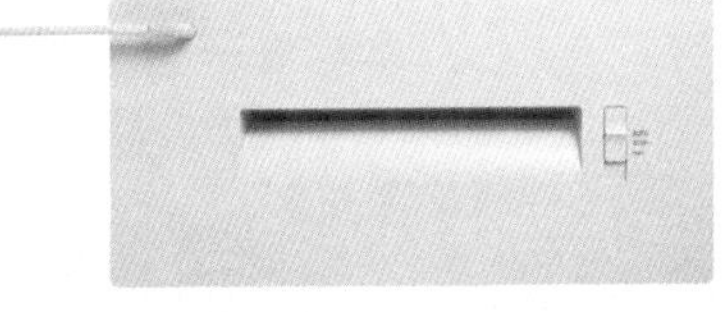

Trinciatrice / Shredder

A volte e' meglio migliorare prodotti gia' esistenti che farne di nuovi. Questa nuova trinciatrice nasce da un prodotto MUJI gia' esistente, piu' precisamente dalla pattumiera. Questo oggetto di design viene venduto insieme alla pattumiera, in quanto la parte superiore funziona come trita carte, mentre la parte inferiore funziona da pattumiera.

Sometimes it is best to adopt an existing design when developing new products. This new shredder originates from a MUJI product that has been on the market for a long time. The shredder fits neatly onto MUJI's existing dustbin. Its paper-cutting slot looks like a slash made in the original dustbin lid. When placed side by side with the original dustbin lid, they have almost the same appearance, but with a difference in function.

设计的未来

有时我对自己说："眼中有全景，手中有工作。"我们总想从一个优越的位置去看东西，不仅能看到不久的将来——我们眼前一步半步远的地方，还有全部的时间，从过去到现在，然后再从某种程度上看到较远的未来。未来在前方，而同时我们有着保存在过去的文化的海量积累，那是又一种未知的资源。即便我能找到那个优越位置，现在我实际需要做的，却似乎是让明天的汇报成功，或是为此汇报准备出一份计划书，或是把我的桌面整理好让我能好好干这件事，或者所有之中最重要的，是先去把桌上的咖啡杯洗了。事实上，我们做的都是一些实际的、琐碎之事的集合。但要想在精力被这些琐事占据的同时到达我们想去的那个地方，我们就需要在意识中保持某种指导思想来帮自己导航。所以在这里我想谈谈全景的问题：设计接下来应该往何处去?

自然，無印良品要符合世界经济。设计也的确是与世界经济相联系的。设计是经济的一种驱动力，以及企业管理的一种有力资源。酷而准确的设计应用能大规模改进产品竞争力和企业传播的有效性。一旦我们明白设计具有这种力量，我们就力争得到最高级的方法与最有效的设计。而我们真正追逐的是什么呢?我想问的是，除去产品在市场上如何表现以及信息的力量这些东西，我们工作的最终结果是什么?

"一个人望着地平线"是修辞式的。一个新颖的图像伸展在你面前，但如我在前面所述，这个图像是一个空的容器。这个容器可以接受人们的希望和想法，但容器自身不是一个景象。当我在此思考时，"欲望教育"这个词语跃入了脑海。我想围绕这个词做一番隐喻的探究。

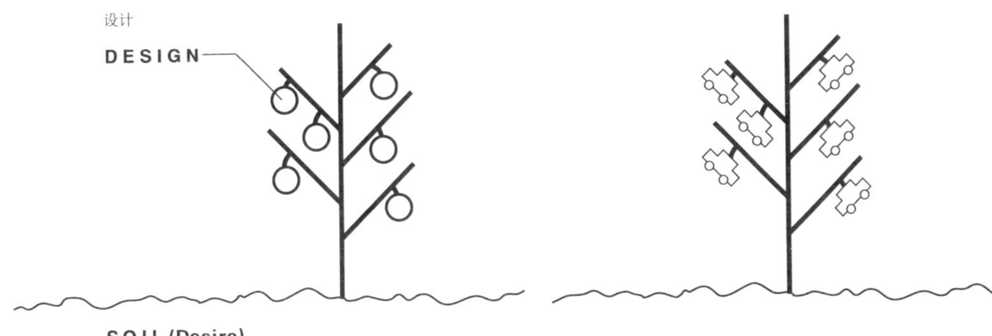

欲望的教育

设计如一棵树上的果实。在产品设计上，汽车和冰箱就是果实。如果你离开一段距离去看果实，你会看到在结满果实的树下，是果树生长的土壤。对长出好果子的全过程重要的是土壤的状况。如果我们想要好果实，我们必须培育土壤，虽然那看起来离果实有点远。在我们的比喻中，土壤对应着市场，而构成市场的个人的“欲望水平”控制着土壤的质量。要紧的是大家胃口的质量：大家生活中具有哪种胃口？市场是产品的父母，而该市场上的欲望质量决定了其产品在全球市场上的竞争力。如果我们认可这一事实的话，我们就要比一般的市场营销钻得更深些。

当今世界有四大市场：欧盟、美国、日本和中国。如果目标是美国市场，则即使是日本厂商亦会在启动生产前充分调查市场。但只要是这企业基本植根于日本市场，则其产品对于日本市场就会是合适的。

我们时常听到人们批评日本车与其他国家的汽车相比缺乏美学和哲学。确实，有些欧洲车在自我表达方面很强。当产品是汽车时，你可以感受到它充满了制造商的意愿。但日本车却不是这样。它们的制造是为了满足日本人的欲望，它们没有任何自我，而是十分温顺、驯良。它们经济、性能好、故障少。

日本车看起来温和是因为它们充分反映了日本人在汽车方面欲望的精确范围。因此，好也罢，坏也罢，日本车展示着日本人在汽车上的“欲望水平”。当市场营销进行得比较准确时，产品便监视着企业所在市场的意识，因而揭示出市场上的欲望水平或方向。

左右共通
ジンバブエ綿ガーゼ裏毛パーカー オフ白・グレー・カーキ・紺 S、M、L、LL 税込3,045円（本体価格2,900円）
左ページ
綿ソフトフライスヨーク使いヘンリーネックシャツ オフ白・グレー・カーキ・黒 S、M、L 税込2,625円（本体価格2,500円）
テンセルツイル五分丈パンツ ライトカーキ・カーキ・黒 W58、W61、W64、W67 税込4,095円（本体価格3,900円）3月上旬発売予定
リボンバレエシューズ 黒 22.5cm~25.0cm 税込3,675円（本体価格3,500円）

产品在全球背景下的性格受到的影响是，当产品最初定型时便以市场欲望为目标。这大概有些像电影的起源。一部电影要是在日本发行，它一定会是日本风格的。好莱坞电影虽从一开始便定位于全球市场，却仍承袭了一丝母体文化的味道。法国或意大利电影则传达了某种拉丁民族的人性。那都是完全正常的。

意大利的个性跑车并不以非意大利人的偏好为目标。事实上，它们可能把他们全忽略了。这就是为何它们在我们看起来这样奇怪，但又充满异域风情。我们应该关注的事实是，一样理性定位于某局部市场的欲望水平的产品将在全球市场上产生有利影响。

左右共通

インド綿ティアードスカート 白・紺・黒 W58、W61、W64、W67 税込4,725円（本体価格4,500円）3月上旬発売予定

ピンタックボーダーハンドメイドストール オフ白・グレー・ネイビー 37×180cm 税込3,045円（本体価格2,900円）3月中旬発売予定

左ページ

フレンチリネンミドルゲージカーディガン ベージュ・茶 S、M、L、LL 税込4,095円（本体価格3,900円）3月上旬発売予定

インド綿パッチワークスタンドカラーブラウス 白・ライトベージュ・ライトグリーン・黒 S、M、L 税込3,675円（本体価格3,500円）3月中旬発売予定

綿ソフト天竺ラウンドネックシャツ オフ白・ライトパープル・カーキ・黒 S、M、L 税込2,625円（本体価格2,500円）3月中旬発売予定

一枚仕立てクロスストラップ キャメル・黒 S、M、L 税込3,045円（本体価格2,900円）3月上旬発売予定

無印产品手册，2006年
半年度服装手册

如果市场营销在一个不成熟的国家比较准确地完成，则产品也会是不成熟的，虽然在局部市场也会卖得好。反之亦然，除非到全球市场上去流通，否则不会出什么问题。现在如果成熟的产品流入了不成熟国家的市场，消费者很可能受到启发，培养出一种从其他成熟国家要产品的欲望。相反的情形则从不会出现。我这里所说的成熟，和缺乏成熟观念的产品相比就是力量，不仅是教育，而且还会赶走所有来者。我觉得这里就是一个看全景的关键之处。

问题不在于我们能把市场营销在全球市场上做得多么准确。重要的是企业根基所在的局部市场中的欲望质量。换句话讲，就是培育土壤。对形势的鸟瞰显示了全

球环境，它与公司产品的优势相联系。一个品牌不是从真空里造出来的。它反映的是它所处的文化和国家的水平。

香港的中餐棒极了，在东京就没那么棒。如果差异在于厨师的技术，我们可以从香港或大陆请很棒的厨师来，而且肯定这样做过，但这却不能消除落差。那是因为问题不在厨师身上，而在顾客。如果你去比较一下东京和香港懂好中餐的人数，那是没法比的。但越来越多的东京人具有了中餐的味觉鉴赏力。这不是由于某种短视的市场营销，比如调查某些日本人的口味，好让中餐厨师去迎合。真正发生的，

無印展览，米兰，2003年

此年，無印开了米兰分店。

是长期在中国大陆培育的精美烹饪开始在日本人中间发挥启蒙的作用，发展了他们对中餐的品位。

法餐、意大利餐、寿司以及怀石料理的情形是一样的。任何在其母文化中成熟的烹饪，都可以对来自其他市场的消费者的胃口进行教育。我们现在发现，所有国家的烹饪，如果是在一个国际大都市，都能达到一个很高的水平。以祖国文化为根基，让每种餐饮交互影响在其他市场上的那些人，活跃着全世界的餐饮景象。这是一种丰富的竞争。

しぜんとこうなりました

世界で一番ストレスのない服といえば、この「カフタン」かもしれません。「カフタン」とは、トルコや中央アジアなどで昔から親しまれてきた普段着のひとつ。ですから、暑い国の風土に適した作りになっています。頭からすっぽり被れるワンピース型のデザイン。体を締めつける部分がひとつもないゆるやかなシルエット。動きやすいようにサイドにはスリットが入っています。肌に面ではなく点で接するので通気性は最高で、何も着ていないような自由な感覚でくつろげます。

普通の人々の暮らしから、着る人が快適に過ごせる服を考えたとき、しぜんと生まれてきた究極のリラックスウェアです。スーツを脱いでがばっと羽織る。パジャマの替わりに一枚まとう。ジーンズに合わせて散歩に出かける。麻のカフタン、この春全国21店舗だけの限定発売です。

お問い合わせ 無印良品 有楽町 03-5208-8241

無印良品

無印杂志广告，2006年

“卡夫坦”，一种中亚传统服装，无压力休闲装。

给土壤施肥

关于未来日子的经济有一件事可以说，文化层面的竞争将会从文化层面渗透到制造技术与制造成本的竞争。不，我想应该称之为一种竞争表演。由本土性支持的文化的竞争表演令世界更丰富。这种竞争创造出的产品或想法以自身文化或市场为基础，又可启发其他市场。这样，欲望教育竞争的是全球影响力。由此预见，我便将思考放到以产品启发消费者的设计可能性上。一旦有人拿到某个产品，其理念让他真有同感的话，他看世界便会微有不同。我觉得無印良品可发展成一个带有这种激发性的欲望教育项目。

至此，我已数次使用日本这个词，但我的言论中却不带有任何排斥或狭隘的民族主义。事实上，恰恰由于一种全球视角，我们才必须面向这个世界，勇敢地展现我们的本土性。我们不需要为了全球化而丧失我们的个性。在全球背景下，差异就是价值。只要我们了解世界并保持我们原来的自我，我们就会挺好。市场营销的基础市场就是我们脚下的“土地”。对無印良品而言，这块土地就是日本。即便我们与全球的人才合作，这一点也不会改变。我需要澄清的是，这不只是过去的日本，还是作为無印今日根基的日本。

しぜんとこうなりました

駅の時計が、そのまま腕時計になりました。簡素な文字盤の見やすさは抜群。「いま、何時？」という問いに、最もシンプルに応えてくれるデザインです。

さらに、普段は駅にある時計が、自分の腕にあるという不思議さ、つまり見慣れたシーンの中から取り出されたデザインの鮮度は、流行やファッションとはひと味違ったときめきや楽しさを生み出してくれるはずです。

そして、この腕時計のもうひとつの特長は、ムーブメントを電池式ではなく自動巻きにしたこと。日常の腕の動きや振動でゼンマイが巻かれるため、電池交換がいらず、定期的なメンテナンスで半永久的に使うことができます。

駅の時計シリーズは、この腕時計に加えて、掛け時計、置き時計の三種類。暮らしと時計を考えると、しぜんとこうなるラインナップです。

無印良品

無印杂志广告，2006年

無印的“站台钟”系列表，以公共场所常见的钟为原型。

作为本章的总结，我想介绍一下無印良品二〇〇六年的系列广告。这一年我们推出了深泽直人、杰斯帕·莫里森、森政弘以及其他人设计的产品。每年無印会发布一个单张报纸版广告，或是保持沉默。这次，我们是用大量文字提出了我们的愿景。这一冗长的广告宣言是给無印的客户及内部员工的一个信息，一个询问無印自己的信息。

自然而然就变成这样了

取自2006年無印良品报纸广告

MUJI: What Happens Naturally

Text from Newspaper Advertisement , 2006

照片中是無印良品的床和椅子。由于靠背被设计成相同的角度，当从侧面看过去时，它们的背部正好对齐。我们的任务是创造一种合理的、真正朴素的形式。这就是“自然而然就变成这样了”。

如果你愿意的话，可以把这看成一间卧室，床边是一把椅子。此画面毫无特殊之处，实际上，此场面再普通不过。家具端头渐细，倾斜线条难以察觉的融合形成一个舒适和谐的点。無印良品沉思于这样的场景，日常生活的时刻。

無印良品床和無印良品椅都是用Tamo做的，水曲柳的一种。Tamo被用于垒球

無印广告，“自然而然就变成这样了”海报，2006年
Tamo，一种水曲柳做的無印床和椅子。

棒和网球拍，坚固而柔韧。木材那不变而肃静的颜色，以及平直生长的颗粒，仅轻微结疤，散发着一种温柔和安全感。为我们的家具找最好的木料，我们自然是要Tamo。

形式的考虑。無印良品的产品并不通过其外形做个性宣言。简单做出来的东西首先往往显得单调。然而，平静做出来的设计被选择积累下来就能从中发现日常生活无形的舒适。这种智慧，在历史或环境的背景下已转化为工具。我们曾一度称之为“无设计”。而今天無印良品认识到这才是设计的实质。

無印良品的设计获得了国际性认可，在全世界得到高度评价。在二〇〇五年iF国际设计论坛比赛上，無印良品在产品设计上获得五个金奖：DVD机、碎纸机、电话机、带收音机的CD机和方纸管的架子。这样的基础产品获得奖项给我们做东西带

来巨大的信心和勇气。现在我们自豪地称之为“设计”，并且为了改进产品质量与全世界的设计师展开了合作。

無印良品设计的源泉与时尚或当下的潮流无关。我们的目标既非青春亦非沉稳。我们还是会对领先的技术给予必要的关注，但無印良品的精神气质是对人的兴趣。我们关心的是那些工作、休息、共享今天这个星球的人：用现实的期望创造其生活空间，在其服饰上获得快乐，吃安全的食物，睡觉，偶尔旅行，面对顺境和逆境、欢笑和泪水的普通人。無印良品以其七千多种产品获得的角色，是不断帮助人们拥有一个每天快乐多一点的人生。我们的原创性来自这一事实：在我们的工作中，资本主义的逻辑被人性的逻辑微微超越。

冷静观察人与人、人与生活；整合最优的材料与技术；保持高质量的同时考虑低成本；考虑自然和环境；倾听顾客的声音；与世界上的设计师一同工作，这就是自然发生的。

無印广告，“自然而然就变成这样了”海报，2006年

無印的成型沙发

無印电视广告片［右］和照片［上］，2006年
“自然而然就变这样了”，無印的骨瓷餐具。

MUJI

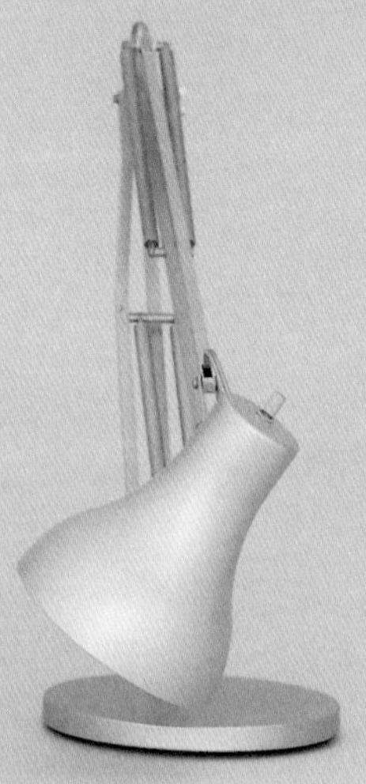

無印电视广告片［右］和照片［上］，2006年
“自然而然就变这样了”，無印的可调节铝制台灯。

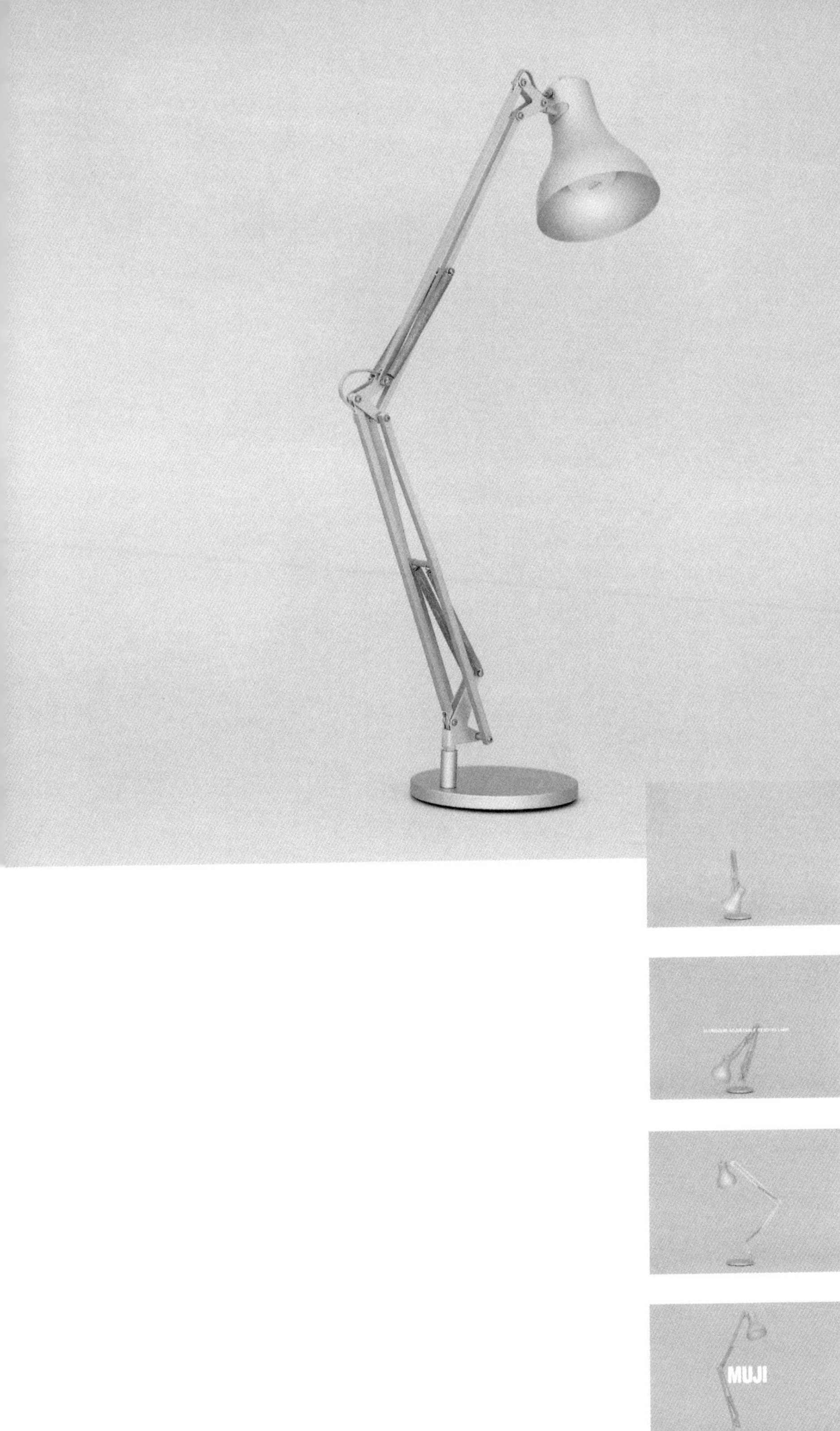
MUJI

6 VIEWING THE WORLD FROM THE TIP OF ASIA

从亚洲的顶端看世界

VIEWING THE WORLD FROM THE TIP OF ASIA

从亚洲的顶端看世界

所有文化都有自己的位置

有一天我把去过的所有外国城市的名字写下来，发现竟有近一百个之多。有几个给我留下了不可磨灭的印象，而我还总是能够觉出一个新地方的新鲜、刺激。旅行让我充满活力，外国则是一个永恒的灵感源泉。但我从不考虑在这些城市中的任何一个生活。我把东京看成是我的地方。纽约是有创意，但要尊重它，似乎我就得从某种距离之外去看它。北京和柏林也吸引我，它们到处都是转变为新兴大都市的符号，我却找不到任何理由在那里住下来。对我来说，很自然便打定主意要从亚洲的尖上——东京，来面对这个世界。

东京是一个充满好奇心的城市。在收集其他文化的信息上，东京比世界上的其他任何城市都更有热情。而这个城市小心地吸收着这些信息，并运用其勤奋的头脑去真正理解世界上正在发生的事情。在我看来，在此背后有一种意识在起作用：我们所站之处并非世界的中心，而且，也没有世界的中心这样一个地方。所以东京人并不试图按自己的价值观去想所有事，而是把其他国家的文化置于其自身背景中去理解。我觉得这种认真很大程度上是由于日本这个国家现代化的艰涩环境。

在过去的六十多年里，日本经历了战争的失败，以及两次原子弹轰炸的灾难。

其间它还懂得了经济快速增长与令世界运转的金钱的意义。而工业的快速发展给日本带来了环境污染。然后，在克服的过程中又确信了自然与环境的重要性。还有，“泡沫经济”的来临让我们看清了靠投机大起大落的经济的脆弱性。如果我们将目光放到不太遥远的过去，大概我出生前的一百年，我们回到江户时代［1603-1867］。在这一时期，琢磨的心思被用在积累了上千年，又隔绝了三百年的文化原创性上。今天，我们绝对无法真切地想象“明治维新”［1867］那场“文化革命”的野蛮程度，它将纯粹的日本“江户文化”彻底转变成一种西方文化。那个时候的人们大概将大量精力用于收集信息，研究西方。无疑他们也为其传统文化与西方文化的分歧而痛苦不堪。

作为一名设计师回头去看日本现代史，就是去想象一种文化和一种感觉的瓦解。如果我是为江户幕府工作的设计师，面对明治维新，我可能早就剖腹自杀了。当然，由于我们战后与美国文化的融合，今天胜于以往的，有人与事的流通，有加速的经济，有与世界多样性的亲密接触，必然会带来各种文化冲突。从文化角度看，日本现代史可谓伤痕累累。而且，我们能达到某种意识完全是因为我们深受这种文化分裂的苦痛伤害。日本人把自己看成是永远粗陋的乡巴佬，总是处于世界的边缘。但我认为我们也没必要贬低自己的这种天性。自认处于谦逊的位置，不把自己当成宇宙中心有什么不好呢？实际上，只有当人自我定位于边缘，而非像美国那样以宇宙的中心自居，才有可能拥有全球化视角。我们的态度是了解所有事实，而非仅仅在某些事实的基础上观察世界，以这样一种态度，带着对自己优缺点的清醒意识进行全球化的思考。在未来的世界，这种态度肯定是十分必要的。

大家想一想，日本即使在地理上都是个特殊的地方：在亚洲东部的尖上。记者高野孟在他的书《如何阅读世界地图》中介绍了一种关于日本位置的有趣观点。如果你把欧亚大陆拿过来转九十度，让它到上面，就像一个日本弹珠游戏箱，日本列岛在底下，就在球井的位置。在弹珠游戏中，如果你向机器顶部射出小钢珠［直径大约十毫米］，它会在背墙上沿着复杂的路径往下落，经过的障碍比西方的弹珠机要多得多。如果弹珠在落入底下的球井之前能到达墙上的某个洞口，你就赢了。假设我们欧亚弹珠机的顶上是古罗马时代的罗马。日本正位于球井处，错过所有洞口的钢珠都会累积于此。这样来看地图，让文化与影响的传播途径从常规思路中解放出来。丝绸之路，从罗马开始，经波斯到敦煌，横跨中国及朝鲜半岛，被认为是文化走过的道路。它可能是一条主路。但如果从我们新的角度来看这张图，想象力便起飞了。一定会有无数的路径给下落的弹珠走。比如经过大洋洲或波利尼西亚的海路和偏离线路，当然还有海上丝绸之路经由东南亚通过印度海岸，即使是从俄罗斯北部通古斯和西伯利亚文化区通过萨哈林岛的弹珠也一定会落入井里，有些走蒙古高原的就直接掉下来了。日本下面什么都没有了。它位于太平洋的深渊中，截住了所有的文化和体系。日本呆在这里很久了。管它叫边疆也行，本来它就是，但对世界采取这样一种自主姿态的地方不多吧？这一独特的地理观令我张开了眼睛。

即使是在亚洲，日本文化刻意的简单与将一物单独放在一处闲置空间所产生的张力都是独特的。亚洲其他地区的任何一个装饰、装潢的例子都会反映出密集、繁复的细节。在标尺的另一端，是满足于简单和空的日本理念。我们对suki［审美魅力］、sabi［优雅的简单］和ma［负空间］这种东西的感觉是怎么来的？它们源自何处？很长时间我都找不到令自己满意的答案。而当我见到这张倾斜的地图时，我觉得这个问题有答案了。日本通过多重途径接收了这么多种不同文化，应该是一个极其错综复杂的文化区。接受所有，一直肩负混乱，与我们可能期望的正相反，结果创造出一种极端的混血儿，在一口呼吸里混杂了全部的东西。就是说，也许我们的先人想到的是让它们在其轨道上全停下来，以一种终极的简单：零来否定它们。他们一定找到了用“无”来平衡所有东西的感觉。看着欧亚大陆那张日本占据最低点的地图，这一解释令我满意。

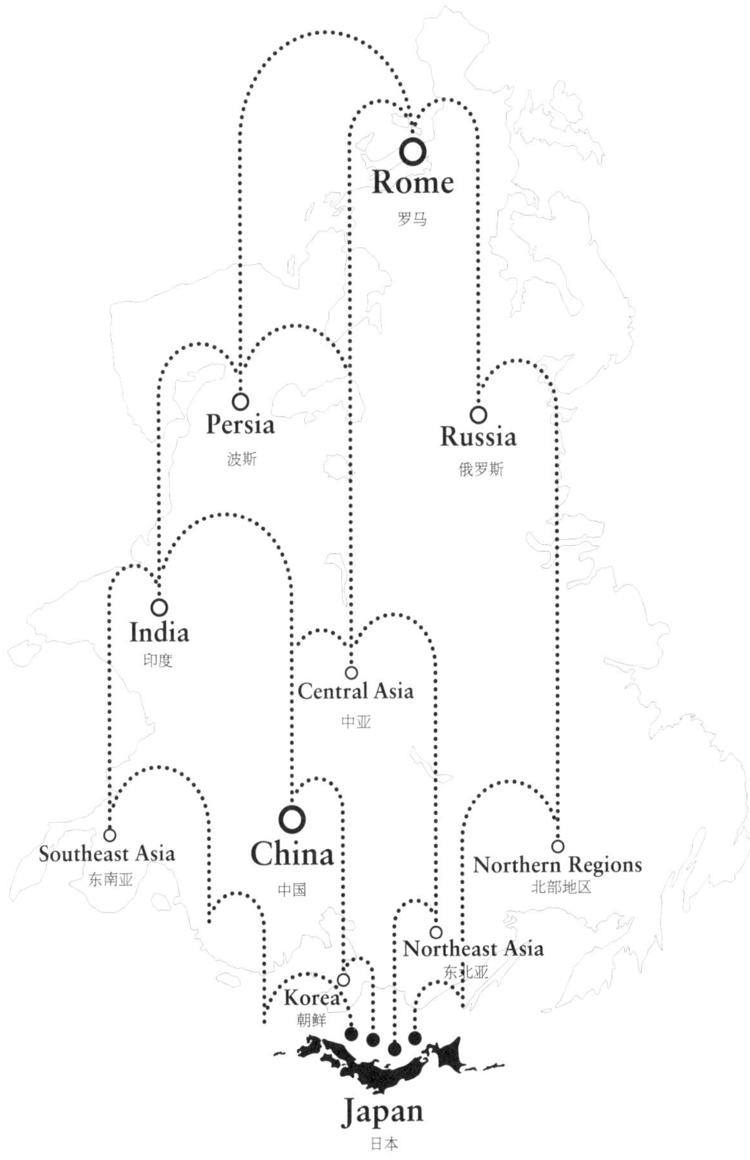

从亚洲的顶端看世界。

如将欧亚大陆调转90度，将其当作一种弹珠游戏的平台来看，所有的珠子都会通过罗马，经过世界上的种种地方，最后聚集到底部，即日本列岛所在的位置。日本下面是一望无际的太平洋。可以想见，日本就这样受到了来自全球文化的影响。

[图片参照高野孟所著《如何阅读世界地图》]

VIEWING THE WORLD FROM THE TIP OF ASIA

日本的美学，是被当作一种以我们边疆的位置去平衡世界的智慧来滋养的。今天日本的存在是靠三项因素的组合：亚洲边缘的位置、此处滋养的特殊文化感觉和现代化进程中的沉重经历带来的一种能平静面对世界的姿态。很幸运生在这样一个地方，我会在这里生活，向世界张开我的耳朵。在此种下我感觉的根，我想看到它们无限小的须在此土壤中密集生长。

无何有之乡宾馆的内部装饰

传统与普遍

最近，我的两位朋友建议我重读谷崎润一郎的《阴翳礼赞》一书。一位是作家原田宗典，另一位是产品设计师深泽直人。深泽在一本设计杂志上评论了这本书。原田则更是送了我一册口袋本。谷崎润一郎作为一位深通日本美学的小说家，在半个世纪以前曾经很活跃。打动我的两位朋友，令他们不约而同和我提起这本书的，是书中关于羊羹的文字。其中，谷崎将羊羹描述为一种要在黑暗中吃的甜食。他说羊羹之所以是黑的，是因为它是在传统的日本屋子里吃的，屋里总是比较暗。当你在口中含上一小块这种东西，它会像任何东西一样甜，其形状逐渐消失，融入室内的黑暗。谷崎说这种感觉就是羊羹的本质。看来我的这两位朋友都被他的这一观察触动了。我在学生时期曾经读过谷崎的书，起先我只是隐约记得他写过羊羹。而重读时，我明白了一些东西。这是对日本的感觉一种绝佳的洞察，对于我，一名生活和工作于现代的设计师，它就像是通过西化的斗争才到达光明的日本设计的一本概念书。我是这样思考的：假使日本没有进行西化的现代化，而是随着现代科学自然发展并孕育其自己的传统文化，它必定会产生一种能与西方比肩的独特设计文化。这种设计文化一定会与经历了明治维新而发展成的那种完全不同。《阴翳礼赞》试图向世界揭示的不是处在太过强烈的西方现代性的影响下，而是在我们自己的黑暗和阴影中可能演化出来的日式设计的可能性。这本书写于七十年前，而好思想是不过时的。我相信谷崎的设想在今天同样有效。如果把这本书当作设计书来读，我们应该能在一个传统日本文化以外很远的地方，兴起一种从来没人见过和体验过的现代性。

我不是从一种反全球化的角度出发在写作。积极的国际交流已经进行了很长很长时间。坚持个体文化的脾性在今天来讲是胡言。我只是相信，意识到部分日本文化能对普遍价值有所贡献一定是有意义的。作为一名生于日本的设计师，我想集中精力，安静地挖掘我脚下的土地。可能是我想对我的根了解得更透彻一点。每次我离开日本，都会发现自己对日本的感情更深了，同时对自己未能更明晰地体现那种文化而颇感懊恼。我不知道这种感情是否延伸到了其他领域，但近来我有了越来越多的机会，能遇到那些能将日本的个性传给当代的本土性和文化的人，并能会见那些携带着这种遗产的魅力四射的人。本章，我会介绍一些在我重新审视日本的专注努力中得到的东西。然后，我会简要讲一些同样将日本的个性传达给当代的我的工作案例。

成熟文化的再创造

从现在起，而且会有一段时间，日本将旁观一个喧嚣的大国正处在一次经济繁荣的前锋，就像看着一家大型购物中心在附近的镇上新建起来。市场的熙熙攘攘让人心烦，但那同时也是经济世界的新标准。对于今天陷于停滞的日本，在国民小额存款那昔日荣华的反衬下，这种刺激愈显强烈。

然而，这却不是日本丧失信心的理由。我们有不可抹杀的东亚尖上的位置，我们有意识明确的信心，我们必须合理地出现在大家面前，平静地反思。任何情况下，我们都不应草率行事，为本民族强求中国目前正享有的繁荣。我们一定不要试图去紧跟一个有着五千年文化资源、十三亿六千万人口、正全面开展国民经济大提速的大国的脚步。高速经济增长就像青春期，还不知道什么是疲倦。日本已经历过了，其发展正在进入经济与文化的双重成熟。在这里生活，我们就必须完全清楚，人类的幸福不仅在于高涨经济的熙熙攘攘。我们必须评估经济、技术与外国文化，以及我们自身文化特质为世界注入的元素。我们必须清楚地认识到产生与一种成熟文化相关联的优雅的意义。否则，日本就可能被世界其他人民从记忆中抹去，被当成一个阴影地带，当成一个未能认识其适当用途，不仅放弃了自身经济，还放弃了其文化资源的民族遗忘，成为一处甚至不值得探访的地方。

我们如何重新创造一种成熟文化的认同呢？也许这个国家需要的，是从一个远景重新开始。从此角度出发，我搜寻并找到了几个题目，看来好像给我们指明了方向。我想呈现的既非抽象的理论，亦非大型的发展项目，而是通过个体的力量正在实现过程中的小型实例。

雅叙园外部

等待自然赐予
——“雅叙园”与“天空之森”

Waiting for What Nature Brings: Gajyoen and Tenku-no-Mori

首先是“天空之森”，构思者是田岛健夫，雅叙园宾馆的经理。该宾馆位于九州岛西南端，可从鹿儿岛机场抵达。雅叙园与其他建造豪华而枯燥乏味、毫无个性的传统温泉宾馆颇为不同。这里，茅屋顶低垂天际，鸡群悠闲觅食，从空气中可以觉出一种张力，那种精微地把握某种东西精华的力量，远远超越了狭隘的束缚。在房舍前面的篱笆里，几丛土豆沐浴在阳光下。别处，一个分层石槽静静地流淌着水，冷浸着刚摘下来的新鲜蔬菜。在通往一个露天温泉的路上，一株乔木掩映着一座下沉的炉缸，在此，在合适的时间，竹杯中倒满与温水相混的日本烧酒，客人自斟自饮。桌上，客人用的是用当天砍的竹子做成的筷子。这里并无奢华、昂贵之物，每道菜均满含自然的活力。简言之，此处无虚饰。与自然相联便是等待，而在不知不觉的等待中，我们便被大自然的丰富包围了。田岛知道如何将大自然的馈赠注入他的空间。这就令雅叙园自然具有了与众不同的、无与伦比的不可模仿性与永无减弱的受欢迎程度。虽然受欢迎，雅叙园却没有顾客盈门。爱其优雅的访客的精神平静地充满整个空间，赋予其一种高品质气息。

“天空之森”度假地的木平台

田岛先生买下一座山。第一眼看上去，这座七十九公顷、长满竹子的山不可能有什么用，但位置很好。山顶可看到雾岛的绝佳全景，同时又与世隔绝。田岛先生自己动手，在几位员工帮助下解决了几乎无从下手的茂密竹林的清理工作。七年后，这座山从一片空寂的竹海变成一所良木的天堂。现在，它在各方面都已是一处一流的度假胜地。然而，田岛先生却无意建造大型建筑。显然他计划只建五座屋子，星散各处。七十九公顷上的五座屋子！这远远超出了一般意义上的规模。但如果目的是建成一处人可在大自然怀抱中体验幸福的世外桃源，那么这大概就是理想的地方了。这不是宾馆的经营，这是森林的经营。田岛先生想要经营的地方，要让时间以自然的节奏流过，与人工隔绝，不去努力和精心地做什么事，而是等着自然给予。有一天我们来此会有重回伊甸园的感觉，而这些森林空间将温柔地摧毁我们至今乐此不疲的整个“度假地”的概念。此时，距山顶不远处，是一座宽敞的木头平台，面朝遥远的雾岛，在一处露天温泉享受绝佳的风景。

改造世界眼中的日本品质
——“小布施堂”

Reclaiming Japan's Quality in the World's Eyes: Obuse-do Corporation

下面是小布施堂，位于日本中部长野县的一家企业，由一位富商的后裔经营，这位商人同时也是江户时代著名风景画家葛饰北斋的艺术赞助人。城中心区四处可见小布施堂的项目：该公司主要是卖栗子点心的传统商店及生产厂。此外，小布施堂还经营着一家米酒酿造厂、一家日式餐馆、一家西式餐馆和酒吧，以及小布施町艺术画廊，并拥有一座日式花园。首席执行官市村次夫在聚拢对优秀文化独具慧眼的人士方面是一位关键人物。这里面有个美国人，叫萨拉·玛丽·康明斯，她因一九九三年协助筹备九八年长野冬奥会的访日之旅来到小布施堂。今天她的独特身份是该公司的总监。康明斯提议将米酒厂“桝一市村造酒厂”的仓库改造为一家米酒商店和日式餐馆。协助她的是建筑师约翰·莫福德，此人为新宿凯悦东方酒店所做的室内设计证明了其日式空间的设计能力。莫福德曾师从弗兰克·劳埃德·赖特

小布施堂“藏部”室内

[1867—1959]，因受亚洲文化吸引在繁华的香港开了一家公司。改造小布施堂米酒厂的两位参与者均来自美国，这一点也许意味着什么。在一种全球化背景下对日本文化给予公正评价可能是我们日本人做不到的。莫福德将餐馆设计成开放式厨房，但在此获得解放的厨房一角，蹲着一座巨大的传统“火间土”，一个有着两个灶眼儿的陶炉，可用来放大铁锅。这就是日本气氛。没有一处细节未经审视与打理。男厨师和服务员们穿着为酒厂专门设计的“法被”[制服]。他们在所有事情上均受到康明斯的严格指导。比如，他们所端的餐馆的漆器和瓷器上比普通器皿精美得多的阿拉伯式唐草图案就是康明斯定的。他们不是用两手端一个盘子，而是一手一盘，这些盘必须大，是公用盘。在打理餐馆之外，康明斯还成了米酒师，恢复了酒厂的一个老品种，叫做“Hakkin”。造酒厂接受了康明斯的想法。金发的康明斯清晰地洞察到只有她的眼光才能激发日本的特殊性，她影响的不仅是酒厂，还有市政府的官员。这一系列动作在该地区产生了较大的文化推动力。她在每月与该月序号相应的一天[一月份第一天，二月份第二天，依此类推]举办研讨会，从全国各地邀请嘉宾发言，成功地吸引了公众的注意力。

“无何有”室内

挖掘无的意义：无何有之乡

Unearthing the Meaning of Nothingness: Mukayu

我再讲一件跟温泉有关的事。照片上是位于日本海石川县加贺市的一家宾馆，原名Beniya。该宾馆后来又有了一个副楼“无何有之乡”，现在叫Beniya—无何有之乡。其建筑师竹山圣给副楼命的名。理念来自中国古代哲学家庄子，“无何有”的意思就是没有、无为。而这里面却有着一整套价值观，包括认为第一眼看上去没用的东西实际上最丰富。一个空的容器具有可能性，就因为它是空的，才能往里装东西。同理，丰富在于可能性之中——存在于任何事发生之前的可能性。这一将可能的潜在性视为力量的哲学，在中国和日本自古以来就很平常。竹山设计此副楼的理念就是唤醒“无”的潜在性力量，所以这样命名了它。“无何有之乡”当然将会赋予此理念和空间活力。宾馆经营者二宫和中道幸呼则努力将竹山的理念和空间付诸实现，并让越来越多的人认识了它。

该宾馆最突出的亮点之一是它的花园，位于整块地中央，看上去像一大片由各式各样树木组成的灌木丛，与京都寺庙中那些精致、艺术的花园毫无相似之处。枫树、山茶、松树等树种自由随意生长。茂盛地形成相对未经染指的自然。在新绿的季节，花园里到处是新的枫树叶。每间客房的窗户都向花园大敞着，满树新叶形成的斑驳光影流水般泻入每个房间。竹山规划的房间都是日式的，但却是一种像空容器一样的空间，容纳的是花园的景色以及在此度过的时间。宾馆的服务人员照看着这种“空”的品质。他们放在壁龛中的野花只是为了提醒，此处空间是空的，又是有人照看的。花的摆放不是为了起到添加或装饰的作用。“无”的价值观亦通过简单的陈设得以实现，强调这个地方唯一的背景声音就是林中的风声。在每个套间的起居室边上，是日式浴盆，热水永远是满的。柏木浴盆里的水满到沿上，为的是从水中品味花园的气息，镜子般的水面倒映着树影。当身体滑入时，摇曳的树影随着水一道流出盆沿。

竹山没给宾馆配任何发出噪音的娱乐设备。图书馆倒是有一个，那是个绝佳的

“无何有”室内

读书所在。由于图书馆也面朝花园，其光线来自于花园的草地。所有其他光线通过纸门透入房间。当我住在这里时，我根本不出门。我从空的时间和空间的品质中获得快乐。看起来应该也会有别的住处做成这样，而实际上却没多少。

“无何有”瓶装水，2003年

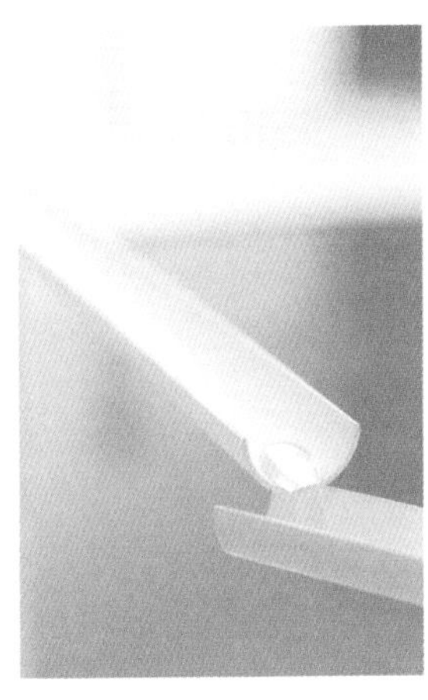

无何有之乡水疗处的“盥洗盆”，2006年

此盥洗盆是传统的洗手和精神净化设施的一种现代版本。

水滴轻盈地滚过防水板，被引到大而浅的烟囱状板上，

最终以悠闲的脚步旋入中心的方孔。

该装置的设计是为了帮助观看者欣赏水的纯粹，获得心灵的平静。

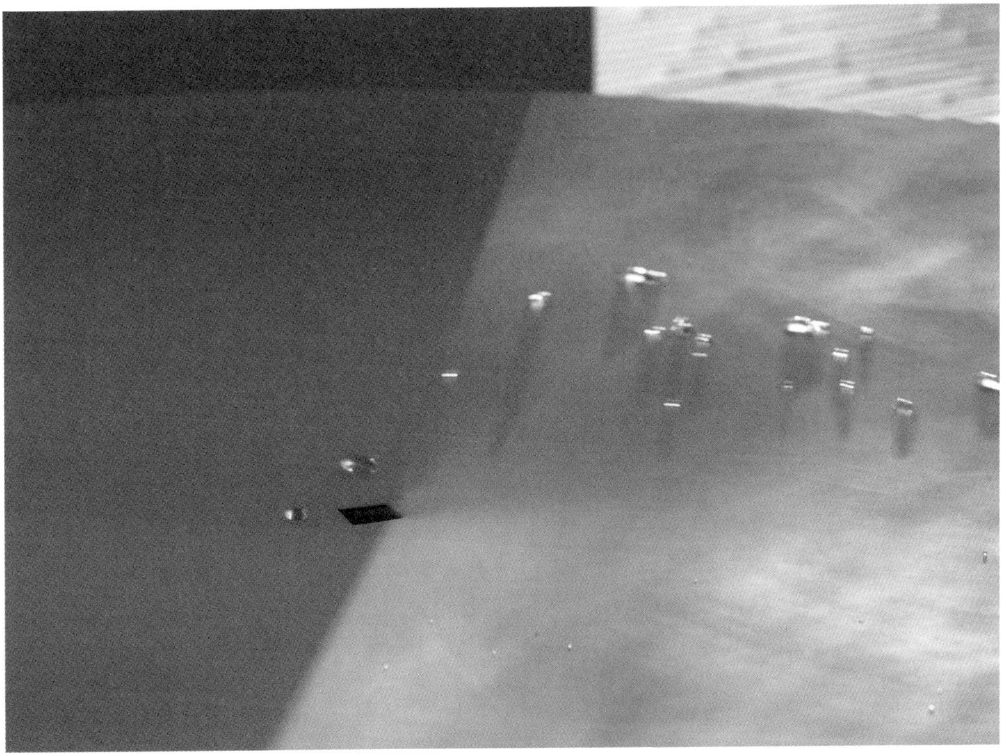

小布施堂枡一市村造酒厂的日本米酒“Hakkin”的包装，2000年

氛围是产生吸引力的资源

这些极棒的范例能给人的都只是启发。雅叙园的理念意在保持安宁，而非红火。这片与世隔绝的森林，孤寂而宁静，视野绝佳，零散分布着间距空间慷慨的几座屋子，这是最大的奢侈。一定到处都有人在寻找这种尊享。如果他们恰好深入了鹿儿岛的山中，他们一定能发现这种奢侈。这种东西满足了全世界都渴望的一种需要，所以也许一种平静的文化能成为世界的一种典范。

至于小布施堂，其领导者们抓住了世界文化背景下日本的主要优势，将这些特点集中地进行了大胆的现代化运用。而且，其主人有眼光和胆识，将小布施堂这一重要历史地区托付给独具慧眼的外人。当然，中国的喧闹声越大，小布施堂便越会焕发出光彩。

而在“无何有之乡”，人们很清楚空容器的力量，并且利用得很好。他们认识到充分动用这种力量的价值与挑战。通过稳健、持续的改造，该旅店更加贴近“无”的理想，而实际上，可能就是这种坦诚不懈的态度激发了空里面蕴含的力量。不久，我觉得那些对未来怀有某种想象的人便会抛弃对受欢迎程度的追求。曾经一度，“唤醒城镇”这个说法不绝于耳，意指促进小城镇经济发展的全国性浪潮，其基础基本上就是其特点的堆砌。但如此“唤醒”的城镇现在都没有活力了，都不行了。城镇不是一种能去唤醒的东西。其唯一的魅力在于其身份，唤是唤不醒的。实际上，你可以致力于它持续的成熟与安宁，而即使这些都达到了完美的程度，你也不必去向公众做广告，就让它保持与世隔绝，在森林深处，在那雾霭重重之外。任何真正棒的东西都会被发现，不会错过。身份就是那种力量，当然应该成为一种传播的巨大源泉。

作为一名设计师，我对小布施堂和“无何有之乡”提供了一些帮助。熟人把我介绍给这两个地方的人。我被其决心和工作态度所打动，帮了把手，真心希望能分享到一丝这种感觉。给小布施堂，我设计了几样东西，包括酒厂的徽标、商店的noren［进门处分开的传统式幕帘，营业时间当门用］、酒瓶以及新恢复生产的米酒品牌Hakkin的酒标，酒瓶是不锈钢的，亮得像镜子一样。给“无何有之乡”，我设计了徽标，并请摄影师藤井保捕捉该旅店的气氛。这些都不是解释性的照片，而是让在这里呆过的人通过这一系列图片能回味那些时光中记忆的痕迹。我用这些照片设计了宾馆的介绍册。现在藤井保成了此地真正的仰慕者。他时不时会来，泡泡温泉，拍拍照片。这些都是此旅店魅力的副产品。而我却暗地里将这些积累起来的照片用在“无何有之乡”的明信片、咖啡袋等东西上。

而对于“天空之森”和雅叙园，我只是到访。我没有作为设计师给他们做任何东西。因为没有这样做的空间和理由。一次，在雅叙园的小酒吧我碰巧见到一个瓶子，是一种叫“阿兰比克”的白兰地，是我很久以前设计的。那时我正和建筑师隈研吾在一起，我还向他炫耀了一番。我很高兴出自我设计的一个瓶子在那么一个地方展示着。

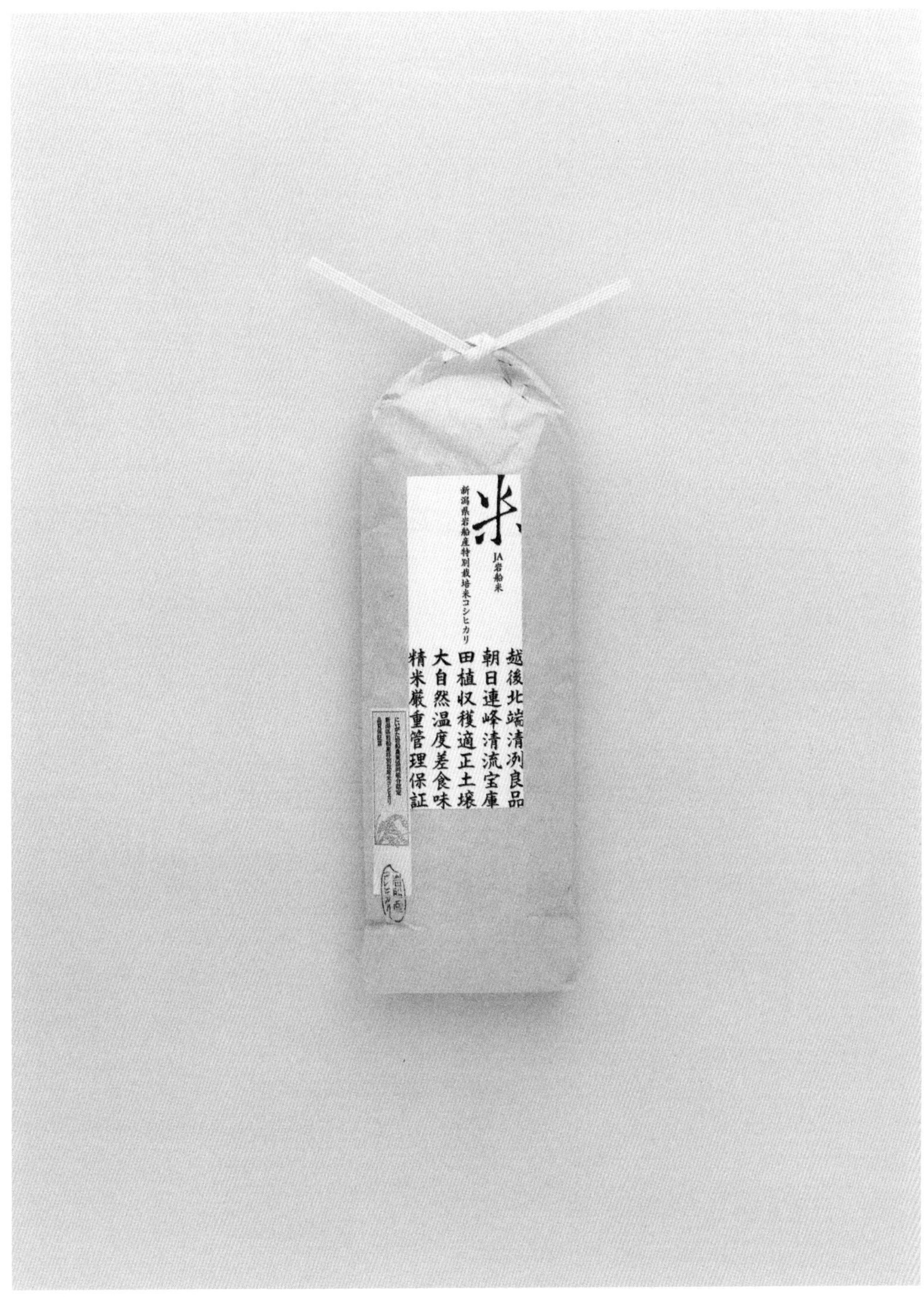

越光米的包装，1999年

日本最好的稻米产区新泻县岩船郡的一种特殊培育的米种。

蒲公英酒的包装，1999年

该酒产于以其蒲公英田野著称的北海道的鹉川町。

每年酒标上的花都会再获得一粒种子。

中央葡萄酒株式会社酿造的“甲州酒”瓶子，1999年
以甲州葡萄酿造的日本白葡萄酒包装。

本有可能实现的展览

The Expo That Might Have Been

原始想法与“大自然的智慧”

作为艺术指导，我负责了二〇〇五年世博会的前期推广工作。首先是一九九六至一九九七年日方向世博局［BIE］的介绍。开幕计划书用了一大厚本材料描述，我们还组织了一个团队来做清晰完整的介绍。这个主题概念委员会包括了宗教学者中沢新一，他是用书面表达的；建筑师团纪彦、隈研吾和竹山圣，他们构思了现场规划；还有我本人，我负责视觉部分。

正式介绍是在一九九七年六月的摩纳哥。BIE成员国投票，日本的爱知县与加拿大的卡尔加里竞争，赢得了世博会的主办权。介绍内容和我们规划的后续项目仍清晰地印在我脑海里。但成为现实的爱知世博会与当初向BIE汇报的原始计划大相径庭。这是怎么回事呢？在这里争论这一后果的正确性是没有必要的，但我想让人们了解的是我们一开始为爱知世博会所做的原始构思是什么样的，因为我觉得这能为几件事提供思考：不同文化看待自然的观点、今天的生态局面、被称为“博览会”的国际活动的意义与可能性。

这次博览会的主题是“大自然的智慧”。我想在这里讲述的，是在和那些参与规划者们的沟通基础上，我在总体上对这一主题的内涵和意愿的理解。

自古以来，日本人便相信智慧常驻于大自然，人类通过享用大自然的智慧而生存。这迥异于西方的观念，他们从人类的角度理解智慧，宣称大自然乃一种未开化之蛮荒，应由人类智力来予以控制。这一西方思维将人类置于中心，反映的是人类这一生命核心的意志和责任。这一观念长期以来很盛行。当然，现代文明可说是建立在人类中心观之上的。但我们能把今天文明所做的称为控制或管理自然吗？不能，我们所做的只是去毁坏它，对自然和我们自己的生存环境均造成伤害。另一方面，科学［人类智能的一种符号］越在各个领域进步，它就越暴露在大自然和生命所蕴含的奇妙精致面前，它也就越受到这一真相的吸引。与一种超越人类智能的智慧不断相遇，自然会将我们导向一种谦逊的观念，那就是人类也是大自然的一部分。这样便使得处于科学最前沿的感觉靠近了智慧常驻于大自然的自然观。

世博会的主题词“大自然的智慧”指的就是这一理论。为了更准确地传达其思想，我想提供一篇中沢新一所作、题为“发展之外：重新发现大自然的智慧”的文章。鉴于其不是很长，全文照录于下。

“大自然无偿地给予人类恩惠。大自然，所有生命的源泉，自愿将智慧赠予人类，让人类能发展出使用所有形式的能源及其他资源所需的技术。而人类并未报偿，甚至都没对此庞大的债务予以应有的承认！而现在，大自然开始失去耐心了。因此二十一世纪人类最为迫切的，也必须履行的责任就是重新发现大自然的智慧，以便再次和谐地响应其他生命和大自然。技术的获得不是为了让人类粗暴地凌驾于大自然之上，肆意施加不可恢复的改变。相反，技术是去提取所有大自然隐藏的精髓，使其带着新的使命闪光。技术不是要奴役和命令生命，而是要激发封锁在所有生命中的无穷可能性，打开意义的新领域。因此我们需要留意生命和大自然的信息，创造融入大自然智慧的新界面。因此我们需要将遗忘的智慧吸入我们技术主导的文明，让谦逊、谦卑重新回到我们的心里，修复人类与大自然之间以及人们之间的不稳定关系。这是一场正在日本的半归化林地上开始的伟大实验。这些林地缺少壮观的荒野，但有着人类二十一世纪所需要的一切。这里所进行的基础实验，是去面对人类所面临的诸多事务并明智地解决它们的一次大胆尝试。通过整合最好的人类技术、艺术和文化，此实验将大自然智慧的限制向前推进，从而产生一种新世纪人类发展的新维度。这就是我们给二〇〇五年世博会建议的核心。”

生态的实践力

今天，谁都无法轻而易举地把主题定为地球与自然环境。如果不想自己的主张站不住脚的话，只有做好充分准备理清思路，通过具体措施解决能源与资源的有效利用等问题，并开发出以循环再生为基础的社会所需要的技术。而爱知世博会已准备好大胆接受这项挑战性的主题。支撑它的不只是哲学性的理念，还有技术性的主张。在高速工业化的进程中，日本犯下了破坏环境的严重错误。为了应对生态灭绝的惨痛教训，日本发展了恢复自然的技术。就是说，随着环保技术的发展，我们已集聚了力量，去具体解决世界所面临的最紧迫的环境问题。当我们正在准备向BIE汇报介绍展示材料时，那时主管国际贸易与工业部的官员经常在夜里来到我们办公室，向正在加班加点的我们热心地解释符合所有能源和环境事项所需的各种情况和措施的细节。由于他的到访，我逐渐对这一类知识有了清楚认识。在采取措施应对环境污染的过程中，日本发展起来各种技术，以降低环境负荷。

一九九七年，一种通过安全燃烧废弃物发电的高效涡轮开发出来了，它开辟出一条废物利用的应用能源之路。在日本，企业在处理排放或控制汽车能耗［如丰田和本田的油电混合动力车］方面所做的努力领先世界一步。在为不远的将来的生态社会所做的规划中，我们憧憬中的森林配备的技术，包括光电技术、燃料技术、沼气发生技术、电力储存技术、大功率热力泵技术，以及一套针对上述全部的有效控制系统。作为结果，通过将平均市区能耗降低到原来的50%，我们期望将二氧化碳的排放量降低25%。我们提议将一个以生态为目标的实际计划付诸实施。我们把这次博览会看作一个能源和资源循环利用的模型，涵盖的不仅有发电，还有本地混合肥料及污水循环处理系统等。对于城市在环保前沿做出显著进步很必要的清洁基础设施建设所需的那种技术，此方案可谓是一种检验。在一个很艰难地遵守着《京都议定书》协议的二氧化碳最低排放量才能阻止全球变暖进一步恶化的世界，本方案无非是想博取一个机会，使其成为一份可实现的计划。

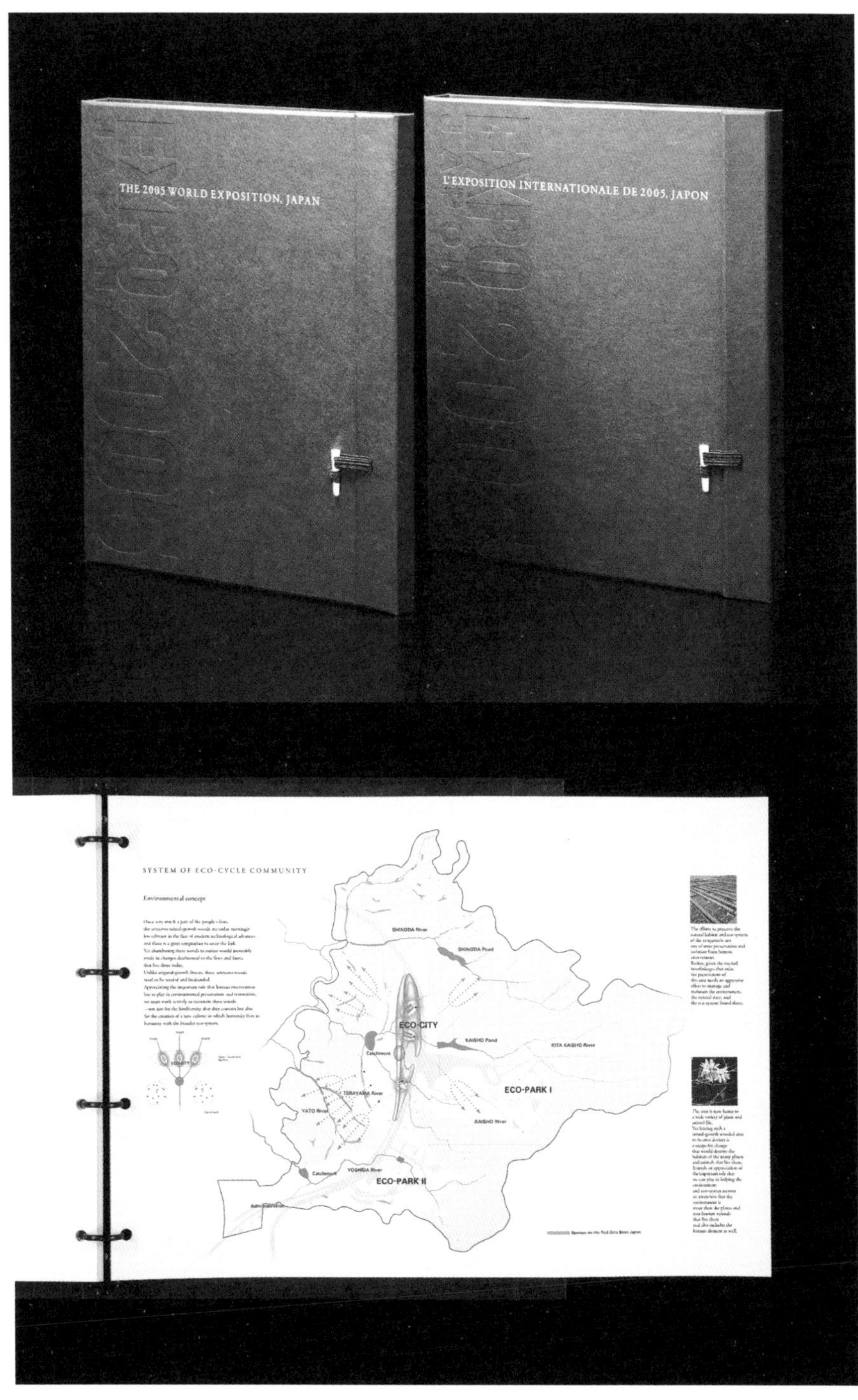

2005年世博会日本方案书展示文件，1997年

该计划说明了在森林中建立一个“生态城”的思路。

我们的森林憧憬

本计划最重要的一点是：博览会将在森林中举行。主题“大自然的智慧”的核心思想，是技术越发展，它越靠近自然。我们不是提倡技术与自然的对立，而是技术与自然的统一。在林中举行此次活动可以象征性地将此主题付诸实践。技术能否在现实中与自然统一，而非最后又成了一座空中楼阁？我们会从森林中得到答案。

建议的现场所在的森林与濑户这座陶瓷业发达城市的陶瓷史有着复杂的渊源。要理解这片森林，大家要知道日本的90%为山所覆盖，所以自然与人居之间的交界地，称为“里山”，指的是一个镇子、村子或是城市附近的山脚，它是对附近生活的人们具有特殊用途的重要区域。这里的这座“里山”从很早开始就是挖瓷土、打柴禾的地方，有时候也叫做“柴禾林”，所以不断被伐光，而每次又进行再种植。换句话讲，它就像日本的许多其他“里山”一样，结合了人造的和自然的林地，故而生态丰富。

自然保护概念总是崇拜“未触碰的”荒野。但人类是大自然内在的一部分，与人类关联发展的森林是更丰富的自然地区。实际上，据报告，随着“柴禾林”使用的衰落，地面不再受到这种管理和照料的森林将会荒芜。森林地面管理意味着通过砍掉、削薄较低的植物来保障森林的健康成长。在这些“里山”，人工与自然的互动恰到好处，所观察到的植物和动物种群的多样性比完全的荒野还要来的丰富。博览会所展望的以循环为基础的城市地带模型，就是基于“里山”的概念。我们的目标就是在这个样板城市实现一个源于自然与人工互动的生态友好社区。

我们的原始方案甚至还包括了一个意向，革博览会自身规则的命！我们计划改变要求主办国为会场辟出一大片开阔地，分隔开，再建起一连串展馆的规则。一八五一年在伦敦举办的“大博览会”具有非常的意义就在于它让来自世界各地琳琅满目的文化与工业品得到了真实［且罕见的］“展览”。因此其庞大的钢铁玻璃“水晶宫”是有意义的——在提供空间方面。自伦敦“大博览会”开始，如此之多壮观的世博会在如此之多的地点举办。然而，随着人类的交流与商品流通的增加，世博会的原始意义和角色渐渐模糊了。即便如此，直到蒙特利尔［1967］和大阪［1970］的世博会都还做得不错。它们扮演了将成熟技术传播给普通公众的角色。但当交通和传媒发展到今天这种地步时，作为博览会之根的展览、展示意义正在消失。今天，如果大家想看什么东西，大可以到互联网上去查找；如想实际亲密接触，则可以自己亲身前往。从日本飞到欧洲只要十二个小时。除此之外，现在有的建筑本身已开始具有非永久性，实验建筑此起彼伏，博览会场馆的建筑魅力大大削弱。况且，明摆着这是资源与金钱的浪费：它们只能存在很短暂的一段时间。

如果说博览会还有任何现实意义，可以说它是指出我们不久将来的突出主题的一种方式，滋养着下一代技术和思想的种子，并与世界分享。另外就是创造除了到博览会现场亲身体验以外无法获得的信息。

生态社区的憧憬是一次技术的新实验，而此实验却不应以大规模土地开发来毁坏自然，而要将技术温柔地、微妙地融入自然。由于建议的场地在林中，我们势必要将高密度的城市功能集中于一地，设施将会建设得很简单，依照地貌，只留下轻微的足迹。“林中博览会”的憧憬还包括一项机制，以确保我们不会搞成一片展馆的森林。

至于人们不辞麻烦来到会场所获得的体验，有几个划时代的创意进入了视线。一个是将森林本身看作一处“活的展览资源”。如果林中有一座蚁丘，最先进的摄影和投影技术能让观众身临其境般地体验其内部环境。你仿佛徜徉于蚁穴，真实地感觉自己就是一只蚂蚁。你甚至可能从林中一束草那头发般的根须进入一个植物细胞。规划者们之间的箴言是“从一只鸟或昆虫的眼中体验森林”。而如果用上最新的技术，你也能从微观甚至基因层面探索森林的奥秘。简言之，我们可以把博览会现场所发现的自然变成无穷尽的展览资源，而不用从森林以外的世界运来数量巨大、体积庞大的展品。

智慧常驻大自然。该方案的基础在于试图进入大自然工作的内核。上个世纪的遗迹，那些展馆及大型投影都没必要。只需带上我们的“高科技眼镜”，森林就能以其自己的方式变成一座水晶宫。而技术，远远不是一个与自然对立的概念，它应该作为一种大自然之优雅的延伸予以重新定位。

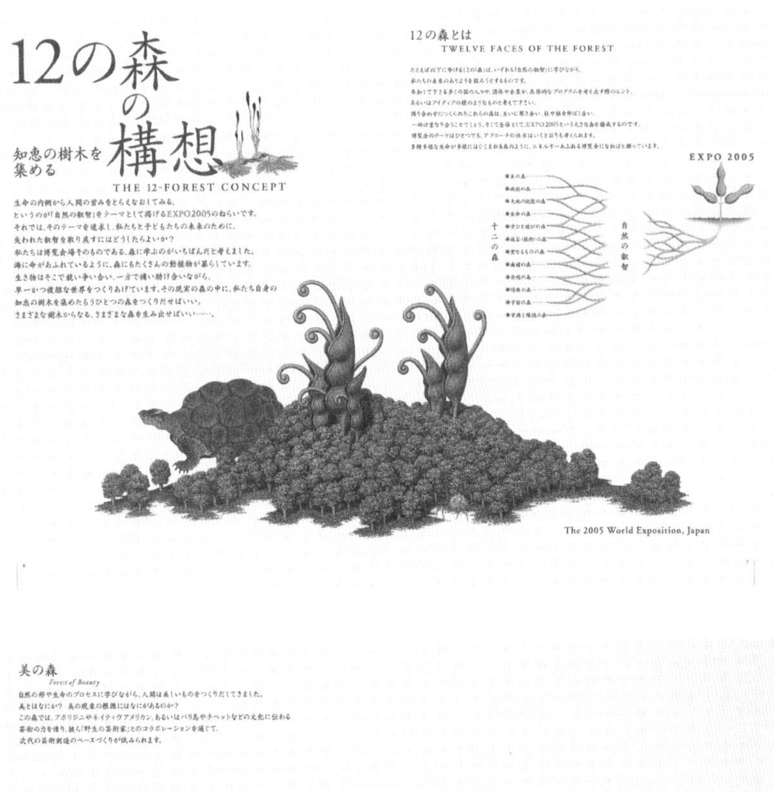

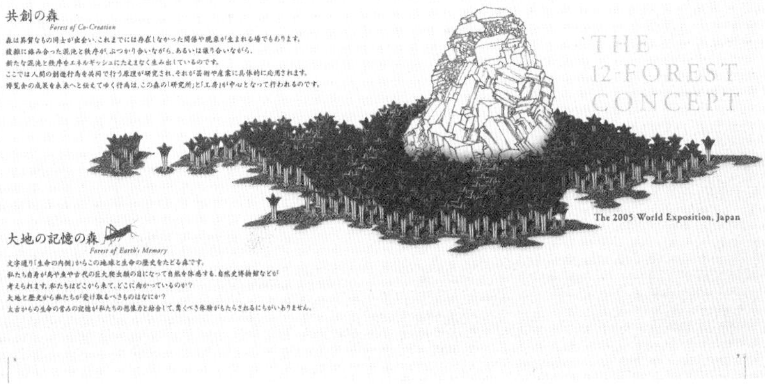

2005年爱知世博会概念书，2000年

博览会会场规划了十二座森林，森林中的博览会体现了“大自然的智慧”的理想。

每次进化都与自然更近

一九九八年，我们逐渐开始通过慢媒介，像宣传册、日历、海报等形式启动世博会理念的推广。到世博会开幕还有七年时间，而我们想让此活动的精髓一点一点地渗入社会。一个博览会是在和未来对话，而和这一次联系着的未来可不像镭射光碟那样光芒闪烁，或是彩虹那样五光十色。我们所追寻的形象是时尚的高科技，它与自然融合得如此之深，当其演化时，都与自然分不出来了。我用以表现此形象的主题图案来自江户时代的一套自然史画册《本草图说》。

《本草图说》是套什么书？根据专家的说法，“本草”是很久以前从中国传到日本的药物学，后来在大约三百年前发展为自然科学所有领域的研究，包括动物学和植物学。由于江户幕府的鼓励和长期的和平，出现了一股自然科学的繁荣。许多含有动物、植物、水族及矿物等详细插图的百科全书型的书籍被编纂出来。其中就有《本草图说》，作者是高木春山［？—1852］，全书共一百九十五卷。由于所有图均为手绘，此书只有原版的一百九十五本。高木春山的笔触生动体现了一个怀着应有的崇敬，全身心投入描绘大自然物质形式的人。现在，我们只需要照张照片，而在他的年代则只能靠绘画。高木春山严格训练他的眼睛和手，努力一丝不苟地复制自然。他的作品有一种敬畏自然创造的神圣气息。这种气息传达的不是西方现代追求的以人类为中心的科学，而是将所有动物、植物和人类均当作造物崇敬的神性所在的自然。它们在同样的地面上站成一排。这就是前明治时期日本人的眼睛，文明还未开始向前进步。

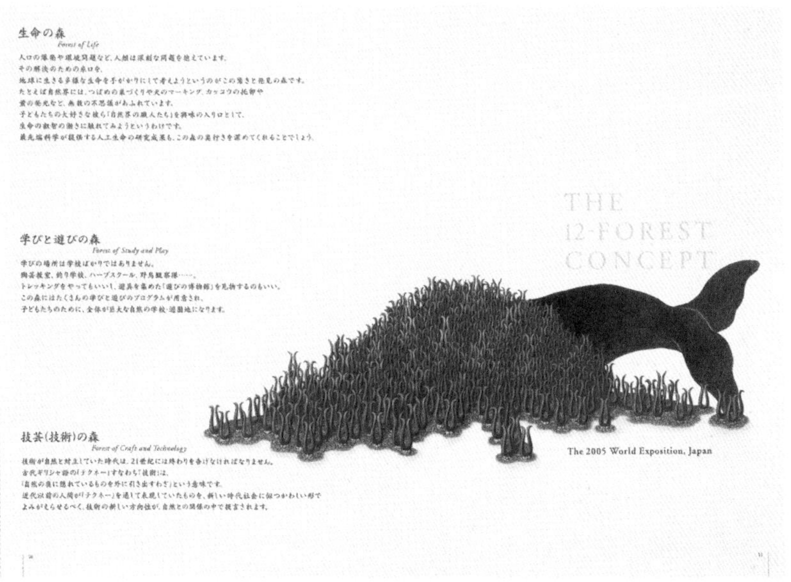

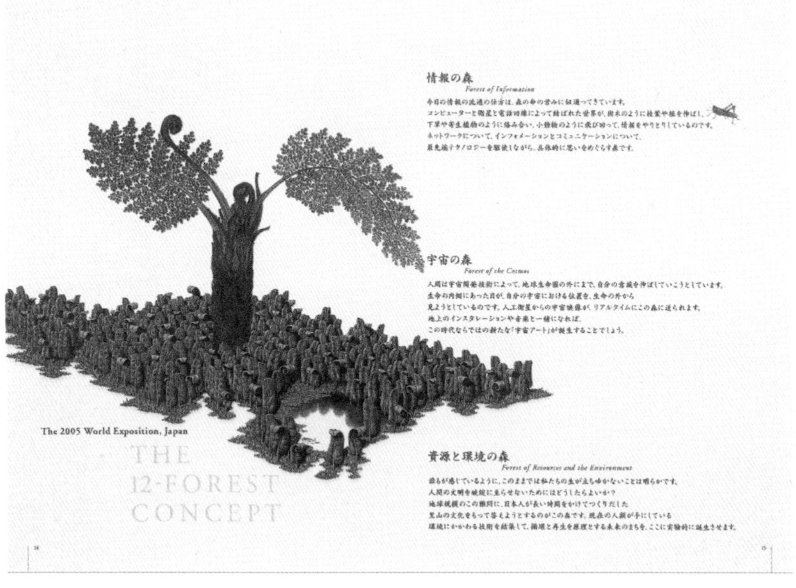

2005年爱知世博会概念书，2000年

找到让技术以某种敏感的方式与自然并存的想法，是解决人工与自然之间冲突并混合之的尝试。

我从直觉上感到，这些插图对于传达即将到来的世博会的理念是最适合的。有人不免质疑对于一次面向未来的活动，用古董是否合适。但我觉得在某种老东西里面发现对今天极其必要的价值观，并用它作为讲述未来的一种信息十分新鲜。通过它们，我们可以很好地表现一种全景式的角度，从遥远的过去穿到未来。

我用这些插图设计了几种传播工具。这是一次与一位两个世纪前活儿干得很漂亮的画家的联手合作。

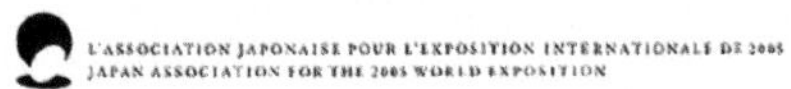

2005年爱知世博会年历，1999年

年历中的主题来自两个世纪前高木春山所作的自然史系列绘本《本草图说》，

其观念不是科学和分析的，而是对自然的敬畏。

此观念与2005博览会的原始概念一致。

2005年爱知世博会年历，1999年

年历上的数字写成中文和阿拉伯数字。

该设计强调亚洲身份，并非一种廉价、闪亮的未来主义幻象，

而是过去与未来、人工与自然的交汇。

四月

AVRIL APRIL

日	月	火	水	木	金	土	日	月	火	水	木	金	土
				一	二	三	四	五	六	七	八	九	十
十一	十二	十三	十四	十五	十六	十七	十八	十九	二十	二十一	二十二	二十三	二十四
二十五	二十六	二十七	二十八	二十九	三十								

VIEWING THE WORLD FROM THE TIP OF ASIA

让熟悉的自然与生命成为主角

还有个事，关于大贯卓也推介世博会的划时代创意。作为设计委员会成员的大贯卓也，赢得了世博会标志设计的提名，这将在该活动一系列设计项目中扮演一个活跃的角色。他设计的标志是一个深绿色虚线圈，其形状第一眼看上去似乎有些普通，但设计得很棒。这个形状是在说“注意”，或是“小心”。广义地说，这是一个召唤人类注意的标志。这些在森林图片上的点形成了一个形象，促进或请求对森林中的生命或活动给予关注或小心。环绕着地球，当它在我们的宇宙空间中漂浮时，这个标志会从视觉上发出一种对全球环境的警告。它在电脑屏幕上作为游标使用也蛮好。

那时我正在规划初始阶段的推广，大贯在规划世博会的推广广告方案。每次我们碰到一起，都会谈起各自的工作。一旦标志定下来，第一批海报出来了，设计委员会便开始着手吉祥物。大贯和我都认为，最好不是毛绒玩具那种吉祥物。吉祥物的功能不仅是作为一种传播资源，当发展成一种消费品后它还可以被当作一种获利工具。主办委员会当然想要一个这样的东西。而如果我们能将此工具与一个划时代的创意融合在一起，它也能起到一个传播新型博览会信息的作用。

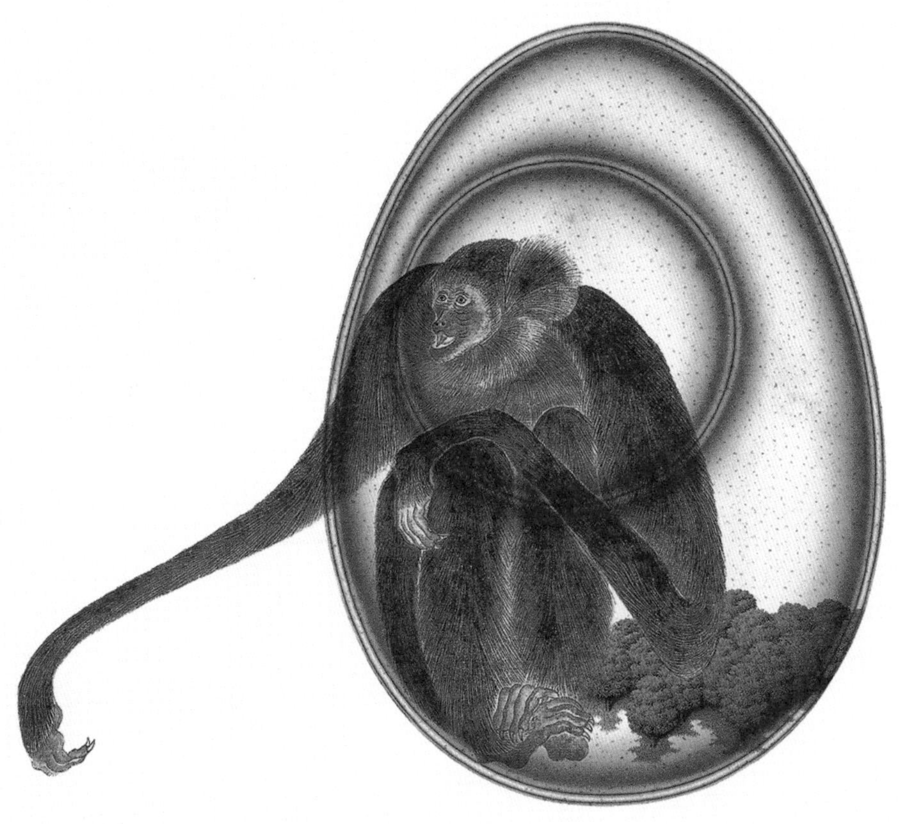

2005年爱知世博会海报，2000年

2005年爱知世博会海报，2000年

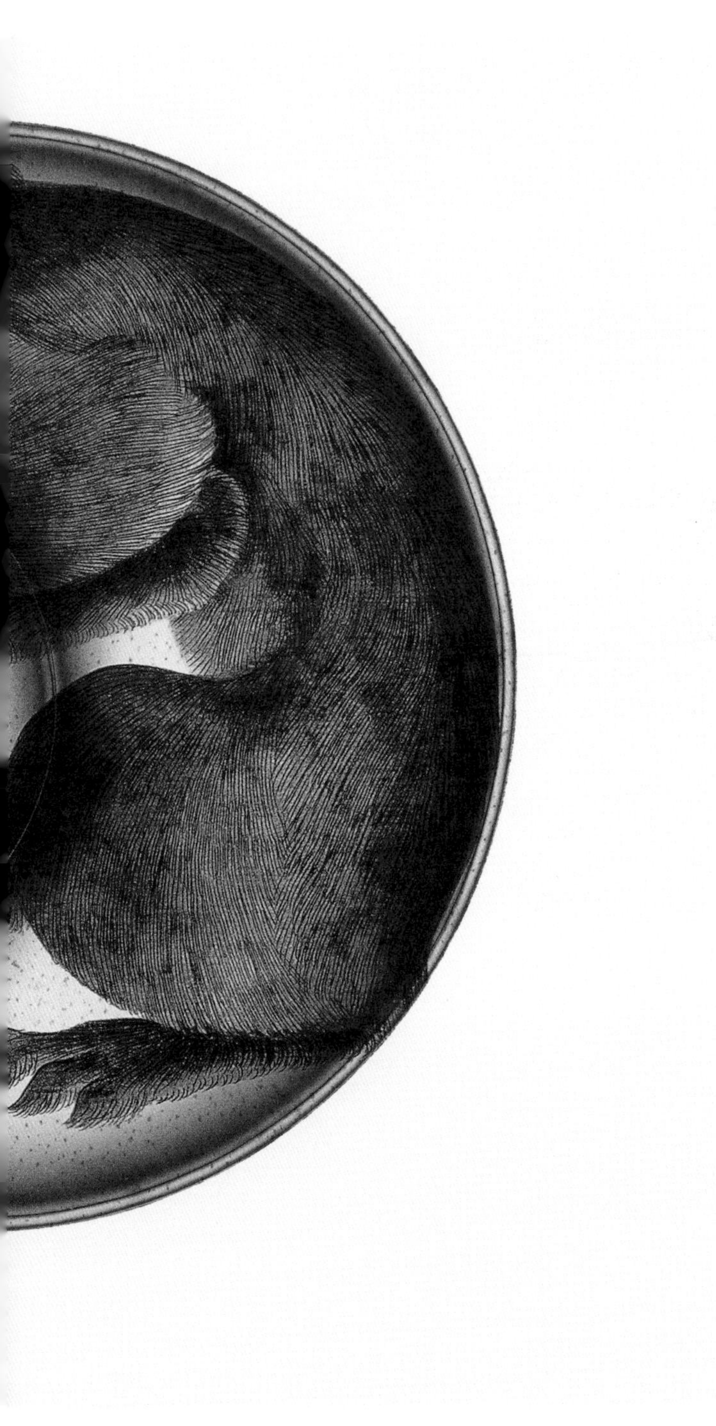

VIEWING THE WORLD FROM THE TIP OF ASIA

2005年爱知世博会海报，2000年

VIEWING THE WORLD FROM THE TIP OF ASIA

大贯卓也的憧憬如下。将每座“里山”能发现的、我们大家都很熟悉的所有生命形式和植物都做到博览会形象中去：锹形甲虫、蝗虫、蜻蜓蛹、蚁狮、毛茛以及雪剜草的优雅花朵等。孩子们，即使是今天的孩子们，也是喜欢花草昆虫的，因为他们真的感兴趣。正是孩子们对大自然本能的热爱基础上的好奇心，使大贯认识到将他们［以及成年人］吸引到博览会主题上的根本所在：大自然的智慧。这一创意与在森林中寻找大自然智慧的理念是相符的。

在探索频道的海外节目中，有些东西吸引住了我们的注意力，在不知不觉中完全迷住了我们。当大自然的内部运行用高科技创造性地展现在眼前，那效果真是太棒了！他们最熟悉的是动植物种群及其他生命形式。而看起来越是能接近，引发的好奇心就越强。电脑动画可以真实再现昆虫生态的景象。因此儿童肯定会被电脑动画展现的锹形甲虫的生命循环深深迷住。大贯一定想象得出这样的结果：生物成了儿童生活中的主角，而有关它们的信息便像口袋妖怪卡片一样在街上飞舞。他计划推出一个广告活动，就建立在这种儿童般的兴趣和对生物的欣赏上，同时将这种兴趣导向“大自然的智慧”。在这种情形里，再炫的毛绒玩具也派不上用场。当后续的“自然观察热”兴起来的时候，电视节目便会与大自然的智慧联系起来，就会引发对博览会更浓厚的兴趣。在书店，关于动植物的图画书或是博览会推荐的书会用绿色的半护封包好，也会是最受欢迎的展示之一。引人注目的标志在整个环境里当然会成为一个亮点。

大贯卓也所作2005年爱知世博会标志。

粗虚线圆圈吸引观众注意力。

2005年爱知世博会胶带，2000年

此胶带在被用于打包时增强了信息的传播，最终与信息一同消失。

自我繁殖的媒体

我为世博会做的最后一个项目是作为“传播品”创作的一系列带图案的胶带。对于推广活动来说，所谓的小物件一般都是凑合，但要是推广一项针对未来和全球环境的活动，却只是弄几样大路货的圆珠笔、咖啡杯什么的，我会感到羞愧。我提出建议，只要是我们在做事，就应该搞一个只针对此项活动的完整的传播品目录，整理出一份明确表态的年度设计计划。当时，我正在做“再设计”项目，建筑师坂茂做了一种方形纸卷。这引出了我用日用品的形式传递博览会信息的想法，最终它们都会被用掉，消失得无影无踪。

胶带是传播品中的头一个。彩色印刷的带子上的主题图案是我们在日本熟知的动植物：海龟啦，金鱼啦，还有普通的花花草草什么的。为避免误解，我想解释一下，这种带子不是什么时尚设计的玩意儿，而是拿胶带当作一种媒介来使用。正常的传播工具只是靠分发来达到作用，然后就是纪念品，而胶带被使用得越广泛，对博览会信息的连续传播就越有效。当纸箱上缠了胶带，它们自己就成了博览会的信息载体。在流通过程中，形形色色的人们会瞥见带子上的信息。我们是在互联网时代，电子商务越发达，传送的实体物就越多。现在，实体物流长势迅猛。创作这一系列胶带是基于利用送货包裹作为信息的想法。一卷胶带能封两百个牛皮纸袋。就是说，仅仅是一件工具就可达至两百个目标。而一旦它们被用完，它们便缩减为零。因此，直到最终，每一个都转化成了我们的信息。

我们计划从全国招募人才，好把这类传播品一个接一个地做出来。如果一切进展顺利的话，到博览会闭幕时，一个这类物品的专卖店可能都开出来了。

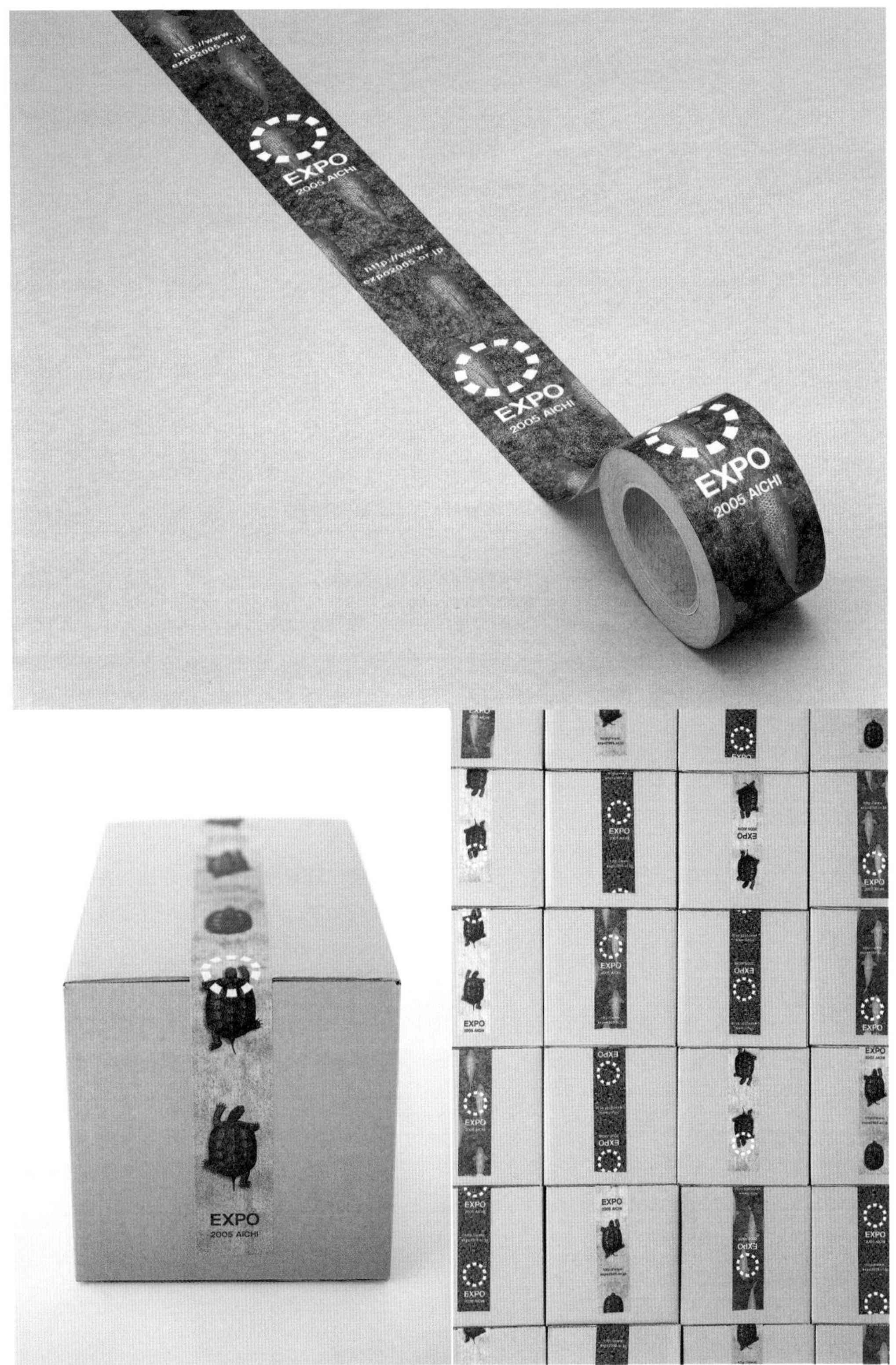
http://www.
expo2005.or.jp
EXPO
2005 AICHI

永无终止的计划

然而令我们失望的是，世博会在森林中举行不了了。因为公众意见已坚决认为博览会一定会破坏自然，反对在森林中举办活动的呼声越来越高。而且，计划中的场地上那片林子被声称是一种神秘的、未开发的森林。一位著名主持人在一档新闻节目中如此质问："由于天空中的森林位于这里，这个地区才如此美好。你们同意此地区被用于博览会吗？"

然后，由于已经确认苍鹰的巢就在这片森林，阻止使用这片林子的活动就更加剧烈了。据说，苍鹰位于食物链顶端，代表着那里罕见的生态系统。该活动关注一种处于讨论之外的原则，不经对话便直接得出结论。不管怎样，反正大众媒体掀起的探讨观点与该活动是一致的。问题从来都没有从由本质赋予的前瞻性视角进行讨论。嘲笑本方案的论方，坚持着自然与人类二元对立的陈旧观念，认为在森林中举办博览会是可耻的。还没讨论到问题的实质，公众便显然已感情用事地改变了看法。这也代表了日本的一部分。

结果，博览会在距森林有一段距离的地方举行。移到一个足以容纳大规模开发的场地，重新规划为一片场馆、大型投影、大型摩天轮以及演出盛宴的森林。开始时参与进来的高手以及人才均未参与其最终形式的项目。

这些都不是在这里容易解决的问题。在取消项目原始计划的背后，坚定地挺立着一种思维模式，即将博览会视为一种将经济效益摆在首位的公共建设项目。我们所憧憬的对周边环境影响更小的活动，未能满足地方经济对公共建设工程、大型土建项目的期待。在我们的宣传规划中，我们可能低估了对博览会的概念还仅限于场馆的公众影响力。而且，我们还没有确切地将我们对此次活动的原始憧憬输导给社会。作为推广总监，这是我的一个教训。

虽说经历了这样一次挫折，我已开始重新思考，作为一名设计师，我愿意参与那种意愿很明确的创意项目，即使它们包含着进行得不那么好的方面。我没兴趣去创作反对什么东西的信息，比如反对核发展的、反对战争的等等。设计的作用是规划过程的一部分。无论是环境还是全球化问题，我们如何向改善的方向前进呢？为了向正确的方向哪怕是迈进一步我都能做些什么呢？我想让设计持续地在这一积极的、实际的维度上起作用。从这种意义上说，我的博览会还没到终点。

北京奥林匹克运动会标志设计竞赛

The Beijing Summer Olympic Games Symbol Design Competition

亚洲的律动

北京奥运会即将在二〇〇八年举行。将此事件作为一次机遇，中国必将经历巨变。二〇〇三年，应北京奥组委提名，我参与了标志设计的竞争。这里介绍的设计获得了好评，但未被选用为最终的标志。对于如何做出它来以及如何理解其作用，我感到很高兴，我希望读者把它作为一种亚洲设计思维的方式来欣赏。

设计在中国，与在日本正相反，诉诸的是细节。我觉得要是这个标志能传达一种复合的圣洁气息，震动一下以简单为指归的一般性的现代标识一定很过瘾。

此标志的每一部分均由表示各式运动的象形构成。大家知道，被称为“字”的中文单位使用古代的书写符号。我以此中国传统做出象形，表示各种运动主题的符号的累积形成一个复合的向心性标志。

一种现代性趋势是通过系统的、几何的组织来设计。在欧洲学设计的日本设计师为一九六四年的东京夏季奥运会设计了这类标识。一九七二年的慕尼黑夏季奥运会，奥托·埃舍尔设计出所有形式均位于相应的统一角度，如90°或45°的标识。在我看来，埃舍尔的作品几乎终结了这种系统图形式的设计。

此标志并没有系统式设计的严格结构，而是展示了一种更宽泛的象形文字性质。所有这些象形均在手绘曲线的基础上设计。运动员围绕着中心表示太阳的符号“日”动感十足地运动。因此我表达了一个如律动大地般的整体形象。

一方面，每个单一的象形均可作为一个动作图形发挥作用。由于设计的结构是一个简单的线框，所以可以极小的数据量完成迷人的动作。我希望大家能想象它们在电视屏幕上舞动的效果。

由于此标志是由象形构成的，所以它和整个标识系统就有着平顺的连续性。想象这些单独的象形脱离标志，作为动作图形活动起来是蛮有趣的。

此标志还可起到中国印章的作用。有两种风格，“白文”［红底白字］，和“红文”［白底红字］：一种“阴文”、一种“阳文”。做出这两种似乎便于分类。由于此印章可能有时需以小尺寸使用，其密度有三种，确保在各种尺寸下都能看清。如果此标志真的刻成石头印章的话，它可能会是一件有趣的工具。某一天我可能真的会找一位中国技师刻一枚给我，作为我的北京奥运会私人纪念物。后页的照片上有开幕式、运动会入场券及购物袋的模拟形象。

设计在亚洲即将兴起。东方享有与西方对等地位的一天就会来到。这两者将切实地互相联结在一起，共同影响世界文化。

亚洲富有惊人的历史和文化资源，而印象里似乎被现代化或西方化给掩盖起来了。但是，亚洲的历史和文化可能是沉下去了，但不是消失了，而是埋入了我们感觉、感知的深处，或是记忆的深渊。通过一点一点的挖掘，接下来我们将会看到全新设计的诞生。从亚洲的尖儿上，我希望能不断传播它们的生命律动。

以运动员为主题的“圆形文字”的集聚，
表现出因北京奥林匹克而沸腾的地球与中国的跃动。
这和传统印章的形象也相通，
是一个以中国五千年历史文化和现代设计结晶而成的象征标志。

VIEWING THE WORLD FROM THE TIP OF ASIA

各种运动选手的图像，
也被当作奥林匹克项目的“图形文字”而活跃。

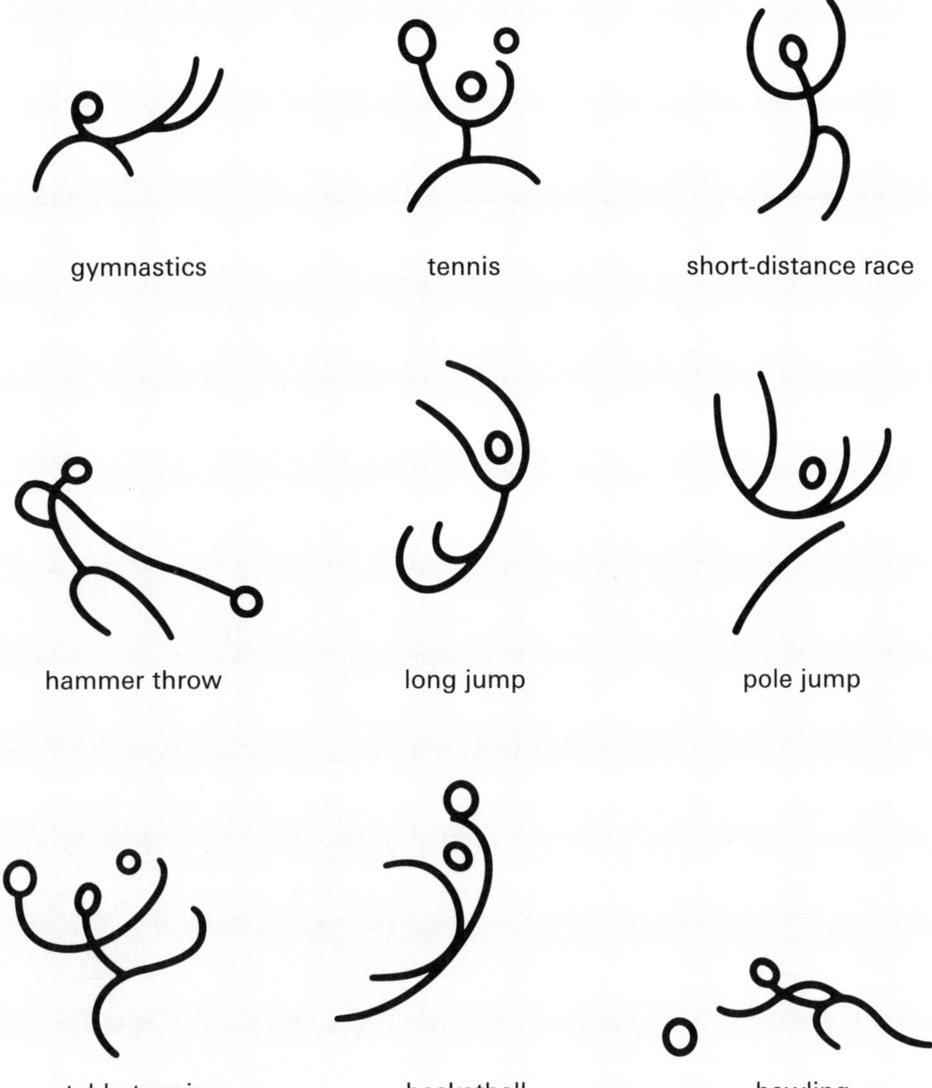
gymnastics
tennis
short-distance race
hammer throw
long jump
pole jump
table tennis
basketball
bowling

标志是透过中国传统印章形式，
而呈现朱文和白文［阴阳］这两种面貌。
此外，为了要确保稳定的视觉辨认性，
所以对应使用大小而有三阶段的密度设计。

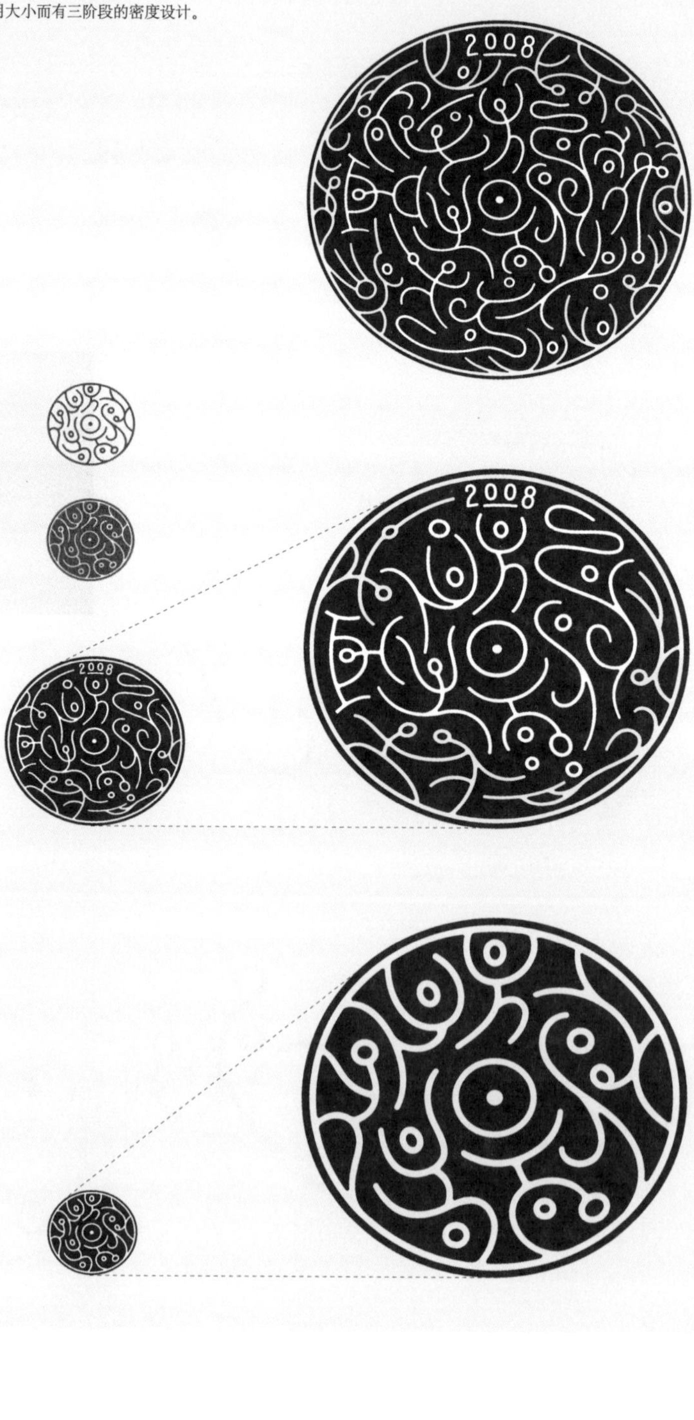

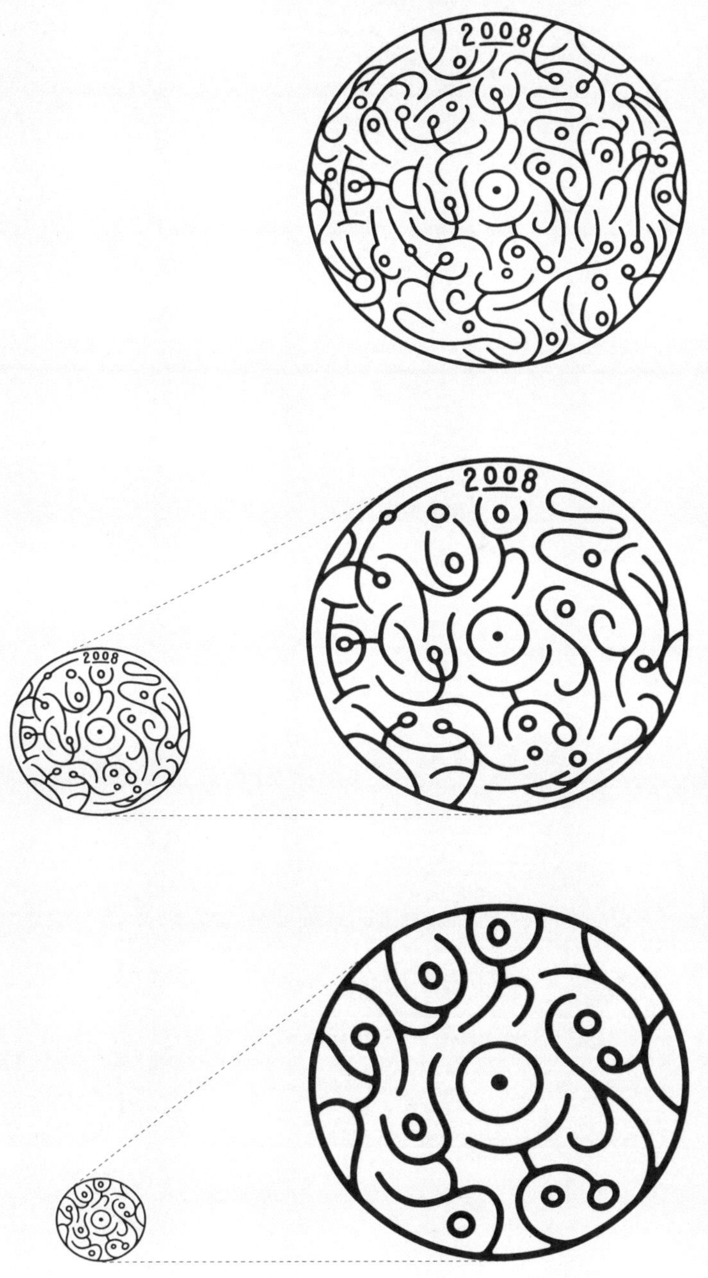
2008
2008
2008

Applications | 应用

门票

手袋

2008
BEIJING
2 0 0 8
2008
BEIJING
2 0 0 8

2008
BEIJING
2008
VOLLEYBALL
BASKETBALL
BOWLING
SWIMMING
HAMMER THROW
OLYMPIC STADIUM

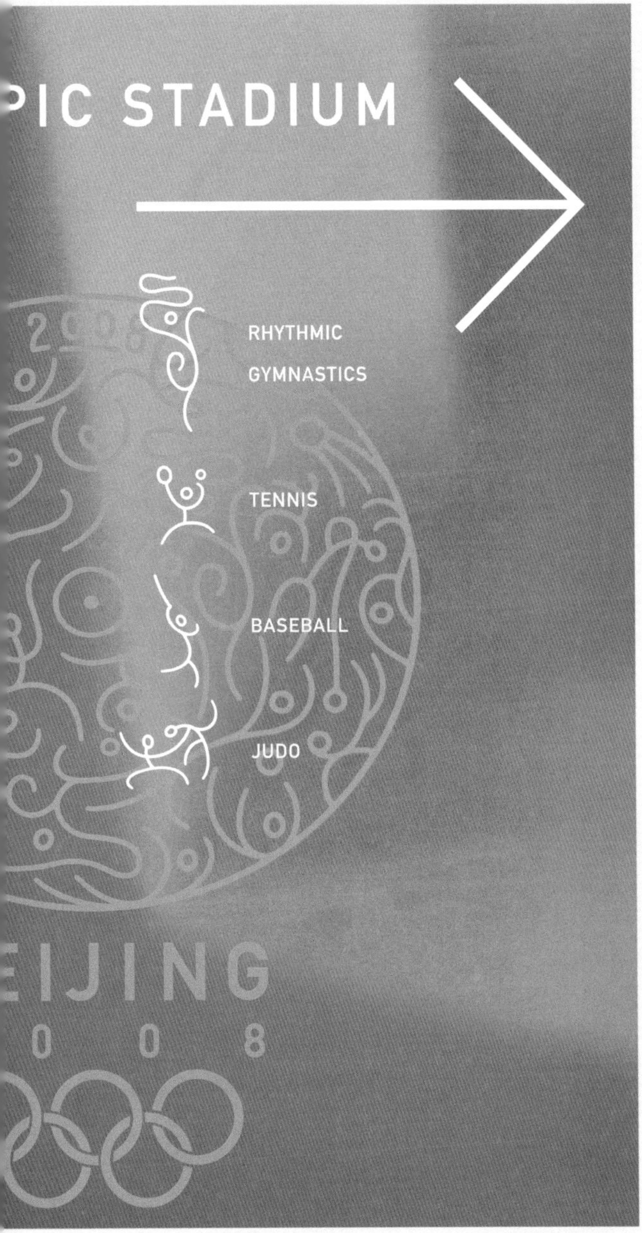

PIC STADIUM

RHYTHMIC GYMNASTICS

TENNIS

BASEBALL

JUDO

EIJING

0 0 8

Motion graphic

7 ZONE QIANMEN

Special contents for China

前门再造计划的视觉系统提案

ZONE QIANMEN

VI / Signage system proposal for Qianmen, Beijing

前门再造计划的视觉系统提案

前门的历史与未来

二〇〇七年，距北京奥运会开幕还有一年，一家建筑公司在设计三里屯的城市开发项目标识的同时着手重新开发前门。前门是一条具有历史的街道，因此这次开发的目的并不是将已有的建筑物变成高层楼群，而是为了留住这条街道古老的记忆。

我听到这个计划以后，脑子里瞬间浮现出了一幅前门的景象。于是我也向这个项目组提出了我个人的意见和看法。不过既然开发工程已经开始了，看来我的提议并不一定能够引起别人的注意。但提案是随时都可以拿来当做参考的，并不是一成不变的东西。因此借本书在中国发行之际，我想将我的提案也收录其中。

我的提案很简单。第一，既然前门是一大片宽阔的区域，那么我觉得如果游人可以自由自在地在此游玩是再好不过了。因此我建议，用轴测制图法将能够再现传统低建筑群的开发计划绘成立体、生动的详细地图，并把这种制图法作为整个前门的标志来使用。在浅褐色纸上用单一的红色印制地图，低成本生产，并分发到前门的每一个角落，让每一位游客免费得到前门的地图。这样是为了驱动游客的能动性。对于一个有魅力的地方，最容易招揽游客的仍是它生动明了的地图。在浅褐色的纸上印刷单一的红色，这样虽然比较简单朴素，但却应该能让游客感受到中国令人熟悉的现实性。这样的地图也可以用作包装纸，而且即使落在地上也会成为很有质感的“垃圾”。

ZONE QIANMEN

浅褐色图纸上用红线画的地图。

在古老的建筑当中插入很现代的建筑。

在交流工具中体现这一划时代的街区理念。

用低科技表现出的高科技。

图上的建筑群为暂定模型。

另一个重要的提案就是开发工程产生的瓦砾的再利用。前门开发首先需要拆除街道两边的四合院，再用现代方法重新建造与原来规模一致的房屋，这样就会产生大量的废弃瓦砾和砖块。而这些瓦砾和北京独具特色的灰色砖块在我们外国人眼里，是与北京和前门有着深厚渊源的，有着独特的文化商品价值。因此这些在北京人眼里很平常的无聊废弃物却是外国游客梦想带到祖国的东西。

进行这种大规模修整的同时，在前门比较引人注目的地方放置一个被称作“Info-Box”的模型，形象地展示修复完成后前门的全貌。这样一来，即使游客不巧在施工中来访，也能够明白这次修复工程的蓝图，想象到未来的前门景象。在前门的一角放置一个“Info-Box”向游客展示工程的进展情况，并在旁边出售拆除工程中产生的记录着老北京历史的瓦砾和砖块，当然如果能在瓦砾上标注它之前所在的建筑物名称就更理想了，对于这些瓦砾的标签只要加以系统性的管理就可以了。而这些被外国游客买走的瓦砾砖块将会成为他们对北京的回忆吧。记得柏林墙倒下的时候，它很大一部分残片就是以同样的方式出售的。现在，我办公室的一角就放着一些前门的瓦砾和砖块，它们作为我这次提案的纪念，是前门的象征，给我一种身在北京前门的感觉。

砖瓦是我在前门施工现场捡回来后清洗的。
灰色调象征着北京的素材感。
包上纸后变身成了充满魅力的东西。
地图的用纸很软，给人一种廉价的感觉，
所以可以当做包装纸用。
这样VI还能起到包装作用。

Qianmen Avenue
A Brick

Qianmen Avenue
前门大街

前门大街
Qianmen Avenue
大江胡同
Dajiang Street

在这个计划中，如何在再现传统建筑的地图中插入道路、门牌号的微型标志呢？在道路交汇处，出现交叉的建筑一角的底部贴上小型的发光可读标识，它不一定要传统的造型，因为精巧清晰的标识有秩序地装饰在建筑上，才不会破坏传统建筑的氛围。在青灰色的传统砖块与半透明玻璃的对比中表现修复后的街区所传达的气息。

重新开放的有轨电车中，我建议一辆保持原有的风貌，另一辆采用带有未来气息的半透明车型，这个构想来自于前门修复工程的核心：历史与未来的交融。

北京的发展日新月异，我们不仅要展望未来，还应该回望历史，并通过现在，看到更远的将来。现在是这样，将来更需要这样。而有一天，我可能会对前门修复工程的进一步发展提出自己的方案。

8 EXFORMATION

A New Information Format

EXFORMATION——一种新的信息形式

EXFORMATION

A New Information Format

武藏野美术大学设计
科学系研究生项目

EXFORMATION——一种新的信息形式

将世界未知化

不断让人类头脑保持活跃的是未知。我们不会受我们已知的东西激发，而是热切地将世界变成已知。在今天媒介不断演变的背景下，每个被处理成信息的事件和现象均以高密度、高速度流通着。通过与这些信息保持不断接触，人们不断地把未知的世界替换成已确认的事件和现象。知道某样东西就是用一种启发性的、有生命力的、令人兴奋的体验去填满景象。而由于信息的供应已经超量了，达到一种我们已无法确知的程度，知识不再作为一种激发思考的媒介起作用，而淤积的信息就像没发芽的种子，被降到一种模糊状态，说不清它们是死了还是活着。

柏油路面与河面的复合。
通过这一模拟，我们从一种超出我们想象的真实性上体验了地貌与河流的运动。

那么，我们是否应该把世界变得未知呢？我决定把这个问题抛给我的学生们。我造了个新名词“exformation”，前半部分是前缀“ex”，后半部分来自于“information”。Exformation 的意思不是“变成已知”，而是“明白我们知道的多么少”。

本章所谈的项目包含了我和东京武藏野美术大学的学生们一起做的研究。专注于传播主题的活动引发了exformation 的想法。很久以来我一直认为提出问题要比给出答案更重要。创造性就是发现一个从来没被问过的问题。如果有人找到一个奇特的问题，那他能给的答案必然也是独特的。从这种意义上说，如果此项目能帮助读者重新对知道和理解的意义以及传播的本质提出新的疑问，我会非常高兴。

给思考画上句号

现代人常说："我知道，我知道。"不知道为什么，他们总是要讲两遍。当话题是柯布西耶［1887—1965］时，他们说"我知道，我知道。"当谈话中出现德里动物园的白老虎时，他们也会说"我知道，我知道。"无论主题是皮卡迪利广场上新酒吧卫生间的设计，清迈新宾馆的水疗按摩服务，还是日本最新发行的纸币上的反光条，我都无法摆脱这种感觉：只要我刚一开始提到什么，立马我便会听到不绝于耳的"我知道，我知道"的回答。是今天的人们都被赐予海量的知识宝库了？好，我们的确每天都会接触到大量信息，随着媒体及其新闻报道的发展，就好像世界上的每个事情和现象表面都被刨成很小的信息碎片，如切割下来的草屑般在媒体空间四处飞扬。无论是否愿意，我们的大脑都不得不与这些信息碎片不断接触，结果，无数的断裂知识块粘在了我们的大脑上。如果这种堆积挑起了进一步的兴趣，成为一种知识索引的话那也行，但客观观察显示，我们只谈论那些我们一掠而过的信息。我们很少对其作进一步深究。"我知道，我知道"的言说终结了我们的谈话，如同降下了思考的终场大幕。

知识的获得并非终点

"我听说北京的中央电视台大楼将由荷兰设计师库哈斯来设计。""我知道，我知道，雅克·赫尔佐格不是正在干奥运会场的建筑项目吗？""那不是赫尔佐格与德梅隆建筑师组合吗？东京的普拉达大厦就是他们建的。""我知道，我知道。""苏荷的普拉达店就是库哈斯设计的。""我知道，我知道。""我记得，下个月银座的一家画廊要举办个安东尼·葛姆雷作品展。""他就是拿人体当金属架底座的那个雕塑家吧？""我在哈拉当代艺术博物馆看的奥拉维尔·埃利亚松的作品也很棒哦。""啊，我见过他的彩虹状装置。""那是个早期作品，叫'美'。""主题是光和风这种自然现象。""真棒，你的知识太丰富了，你连甜点都懂。""噢，你说的是上海的月饼吧？那可真好吃啊，是吧？""我知道，我知道是上海的。有本杂志上有篇文章介绍过，我还跟朋友吹牛说我吃过那上面说的那种甜点。"

作为交谈，看起来进行得还蛮愉快的。话题变来变去，知识也颇丰富。然而，由于“我知道”这个说法是用一种完成的语气表达的，它就像一种提醒，当谈话持续进行的时候，或是一种引入另一话题的方式，或是一个话题的结束和转向另一话题的邀请。提供话题的一方只是引入事实。因此在谈话中，每一方都相互传递着“我知道”这个信息，而交谈者实际上并没交叉。我举的例子有些极端，但大家对这一类对话都太熟悉了。

基本上，知识不过是一个通往思考的入口。交谈就是从一些零散的知识开始，围绕着它们一起聊，以此进行彼此的思考。通过将知识的断片与对话和推断进行巧妙地混合，我们就能得到尚未知晓的形象和想法。知道某样东西不是目的，而是我们想象的起点。正如习惯性的“我知道”式的对话所代表的，从线路上的某个地方开始，我们脱离了将知识引向想象的轨道，将思考的列车完全停了下来。信息的发送方只顾向接受方投掷破碎的信息片，而接受方则已开始把接住信息当成了目标。避开了深究的麻烦，同时也完全陷入了一个“捉信息”的游戏。我怀疑这就是创造力被僵滞在传播中的问题所在。

为好奇心创造入口

还有个事。我们来想象一下，不是一场谈话，而是就在我们身边的东西：信息设计。就拿让我们获得必要旅行信息的导游书为例吧。比如一本叫做“探访纽约的聪明导游”的书，副标题为“本书在手，明天你就是个纽约人”。它的目标受众是计划独自去纽约的有经验的旅行者，故编辑、整理了大量信息，供那些人随手查阅。

最前面几页是从离你最近的国际机场到纽约的航空服务。然后介绍两个机场，拉瓜迪亚机场和肯尼迪国际机场；到市内的方式，提供各种交通工具及费用——出租车、公共汽车、地铁等。货币兑换率之后是住宿信息，还有一张平均温度图表和基本的小费给法，住宿按星级分类，从超豪华酒店到经济型旅店一应俱全。一些页面分配给了餐饮信息，连内部装修都讲到了，详细的价格也列出来了，从著名的海鲜和牛排餐馆，到推荐的位于唐人街和小意大利的餐厅，包括了北欧、日本、印度、墨西哥、法国等烹饪风格的餐馆，以及快餐连锁店、流行熟食店、甜品店、连汤都能打包带走的外卖店。想购物可以找到按地区和街道划分的购物信息。当然，地图部分是为了满足快速查找方便编辑设计的，并且，关于文化设施的信息，如艺术画廊、博物馆等基本项目全有，包括最近演出的音乐剧、音乐会、夜店，甚至还推荐水疗。它还给那些期望读到最新信息的读者准备了最近的苏荷新闻、市内画廊的活动安排等。除此之外，附页里还包括了读者推荐的行游路线以及建议的中央公园的慢跑路径。

这就是信息建筑师理查德·沃尔曼所说的：信息设计的目标是赋予读者力量。我基本同意他的观点，并确信一本高效编排的导游书必须成为纽约游客手中的一件寻宝工具。他们将手握这本书探访市内的各种不同空间。他们通过到南街海港吃一堆淡菜，到一些博物馆商店挑几样东西，在苏荷逛逛来了解纽约。回到家，用不了多久他们就会展开一场以他们在纽约的经历为中心的交谈。

“你在迪恩·德卢卡买香料了吗？”“你看Boffi展厅里那些特棒的厨房和浴缸了吗？有没有试试热石按摩？”“你看市内那家室内装饰店里卡利姆·拉希德那些家具了吗？”“你去新MoMA了吗？”

大概大家都能想象他们的谈话是多么快乐地在无穷尽的“我知道”之间摇摆。他们互相抛掷问题，每个都由“我知道，我知道”回答。在他们谈话的背后是一种觉得出来的满足，即他们已将旅行前导游书上的课程成功替换成了实际体验。不用说，这类谈话在某种意义上说令人很受用。对这些人而言，旅行就是“观光”，句号！他们的欲望就是去看所期待的景象。我们不能说一种严肃的纪录方式就比这些就是去找他们所期待之物的人的方式质量更高。

然而，是否有可能，一点不去理那些已知信息交换的循环，那种“我知道”循环，去创造一种作为“好奇心入口”的导游书，帮助读者感受一种更新鲜的、未知的纽约？我估计它最终会让纽约成为某种未知，并平静地、彻底地唤醒我们，认识到关于纽约这座大都市自己知道的是多么少。

令事物未知化的过程

传播是否有可能不以“［将其］变成已知”，而以“弄懂我们知道的多么少”来达到？如果我们能认识到我们知道的这么少，一种找出我们知道的有多少的方法也就清楚了。正如古希腊哲学家苏格拉底所言，“唯一的智慧在于知道你什么都不知道”。获得知识有无数种方法，所谓正确的方法完全在于个人。这一理念完全逆转了传统的传播方式。我将这一方式称为“exformation”，作为“information”的配对概念。“In”对应“ex”，“inform”对应“exform”。换句话讲，我推导信息的形式及功能，不是为了让事物变成已知，而是让事物变成未知。

“information”［信息］的“in”是个前缀。附在一个词的前面，有时它能增加一种否定的意思。但在大多数情况下，它增强了本意，或加上了如“指向内部，上面和前面”的意思。“inform”就是这种情况。“form”这个词意为形成、组成，或排序，指的是运动向量正在明确成型。相应的，带着背景含义的“inform”，“给予某种形式”，携带着像“使成为已知”、“讲得出来”、“充满［某种感情］”这样的意义。而后，其名词形式“information”，有着诸如传播、知识、信息和学问的含义，并进一步指给予信息的服务，如“信息室”。而在“exformation”这个词里面，前缀从“in”变成了“ex”，将“in”的意义反了过来。“ex”的意义包括“非”、“出”、“外”、“除”、“前”等等，是将已知转为未知的概念来源。注意“exterior”［外部］已经和“interior”［内部］配在一起广为使用了，因此我杜撰的术语“exformation”，也许大众都能明白。

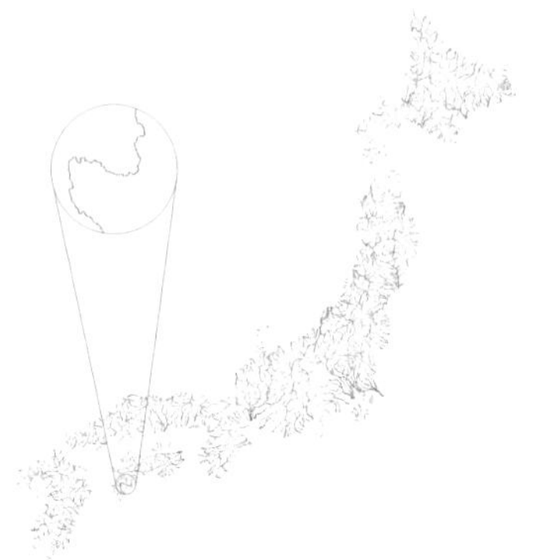

EXFORMATION−1
四万十川

Exformation−1
THE SHIMANTO RIVER

过程的对象

我将想法展示给学生们之后，我们就去找一个能实践“exformation”的课题。任何课题都行，东方快车、香榭丽舍大道、水、一台冰箱，或是一次蜜月，任何我们有先入为主之见的，这样想的“是的，估计会是这样的……”就是一个潜在的课题。我们讨论了很多可能性，最后定下来著名的四万十川河，据说这是日本最清澈、最美丽的河流之一。由于四万十川流经本国，但非世界闻名，我需要解释一下。日本这个国家90%的国土被山地所覆盖，而且到处都是落差较大、流速较急的河流。如果你去看一张只绘出河流细节的地图，日本的国土便清晰显示出，河流如毛细血管一般覆盖着整个国家。保护这些河流免于环境污染早就提上了日程。在这种情况下，四万十川作为一条未污染的宝贵水源吸引了全国的注意力。这条河的特殊在于那里所发现的鱼类数量，而周围地区的很多人靠捕鱼为生。在今天的日本，我们的环保意识得到了提高，所以这个地方获得了密切的关注。它濒临国境，在四国岛上，因此不是很多人都会不嫌麻烦跑去探访的，但一部流行的电视纪录片“日本最后的清澈河流”让观众对这里未触碰过的荒野印象深刻。因此我们很容易想象当人们听到“四万十川”时，一个模糊形象生成的一种先入为主的意见，“啊，我知道那是个什么地方”便会跃入脑海。

我去过亚马逊河、撒哈拉沙漠，甚至到过阿根廷和巴西边界的伊瓜苏大瀑布，却从未去过我们自己的四万十川。我的任何一个学生也没去过，虽然他们都能幻想出一个形象来。这样我们的课题就有了。大概每个国家都有一两条符合这种条件的河流吧。如果大家去想象一条熟悉的本国清澈河流，大概很难找出和我们要去探访的这条有什么区别。而它只有两百公里长，可不是亚马逊河、湄公河或是莱茵河那种规模的。

田野调研

我们的项目也许有抽象的思想作为支持，但实现则要求很实际的过程。为了在四万十川盆地进行田野调查，我们于八月末在高知县西部地区的一个小村子集合。我们特意避开了节庆活动，等着我们的课题目标静下来一些。我们租用了一间老屋，我们的一位当地合作者也将他的老工房提供给我们住。我们分成几个小组，开始我们的研究，而天气却迫使我们暂回东京一段时间。

这一年日本遭受了两倍于往年的台风袭击。它们大多数在高知县登陆，好像是为进入日本开辟出一条欢迎通道。尤其是在八月末，高知县就像一个台风入口。一个刚过去，另一个又来了。在四万十川河上，就有二十一座“沉桥”。这么叫是因为当包括台风在内的各种自然灾害导致河流水位上涨时，这些桥会完全没入水中。

这些桥的外缘都是弧形的，像飞机的机翼一样。这种设计是为了抵御河水的冲击，分化水面下的流速。桥上既无扶栏，也无护墙。该地区的人本可建造永不会没入水中的更高的桥，但那种桥很难与风景和谐，看上去会比较压抑。因此虽然会导致一些不便，他们还是选择了保持这些从上游到下游，将整个河谷美丽地隔开的沉桥。

我们将一些研究基地设在了桥上。当河水上涨，桥面没入水面以下，我们便不得不暂时放下我们的研究工作。我们开始做这个项目时就知道这些沉桥显然会不时没入水中，但我们预见不了其频度。它们真是太容易下去了啊。

从我们初次来经历了几次台风后，十月初我们又回到这条河。我的学生们为此二次到访完善了他们的计划，因此他们自己就把野外工作做得很好。

八个研究

Exformation项目的第一年就是这样形成了“Exformation四万十川”。

模拟——如果河是一条路

制作｜稻叶晋作·松下综介·森太文

Simulations: If the River Were a Road
Produced by Shinasaku Inaba, Sousuke Mstsushita and Hirofumi Mori

该小组做的是图像模拟。他们的最终计划是先拍摄河流上下各段的照片，然后完成柏油路在河面上的重合。我们关于一件熟悉物体的尺寸和材质的记忆可作为一种标尺，用以比对某样新的或是未知东西的尺寸和形状。一包烟旁边的恐龙化石照片为恐龙化石的规模设立了一个标准。我们对柏油路的记忆也是一样。在尚不知晓要对记忆做什么的情况下，通过开着车不断在路上来回跑，我们记住了路面的材质，白线的宽度和长度，以及白线之间的间距。这些记忆虽然模糊，但比我们以为的要精确。公路上的白线不只是一种界限，还是一种感知的尺度，帮助驾驶者通过感知其视野中一直处于运动中的白线速度和换线时的时间间隔来确认自己的车速以及本车与前车间的距离。该小组关注于作为一种物体被用于衡量环境的柏油路，并将其当作一种视觉上的修辞，用以描绘四万十川河的现实。

在其头上，这条河流是路上一条白线的宽度，很快就变成一条单线公路的宽度。到达中游时，它骤然开始蜿蜒曲折。由于此河被表现成一条路，这种曲折让我们觉得好像是在转动一辆车上的方向盘。白线的数量在中游增加，横跨河上的大坝则好像一个停车场。最后，在河口附近出现的是一百二十条线！这是一个很震撼的景象。

这些复合是柏油路和河面的叠加，上面的图片描述的是河源。

白线的宽度显示出水的规模，柏油路和白线的图像被当作衡量环境规模和地貌的标尺。

在下意识里以一个驾驶员的感觉和角度来观察河流

多亏了描绘修辞法的作用，我们以一种超出预期的真实感体验了地形以及此河的规模。这里产生的真实感是如此的新颖、生动，它使我们醒悟到一点：我们从未以这样的方式看见过这条河。就是说，这些侵略性图片之间的不相容性，即人造之物［路］被放置到自然中，吸引了我们的注意，将这条河坚实地置入了我们的记忆。而由于这些图像的性质，当这条河被嵌入我们大脑时，我们却并不怎么记得它的形状。前页所展示的彩色照片是路面被叠到河面上之前的情景。他们只留下一条美丽河流的印象。我希望大家把从这些照片和从那些模拟所获得的印象做一个比较。

脚印景观——踏上四万十川

制作｜中村恭子·野本和子·桥本香织

Footprint Landscape——Stepping on the Shimanto River
Produced by Kyoko Nakamura, Kazuko Nomoto and Kaori Hashimoto

这一组纪录了通过脚印形的窗口看到的四万十川。他们通过一个原大的脚印形黑色树脂蒙板拍摄了四万十川河的地面景观。通过重新整理数量庞大的脚印形地表照片，他们展示了从河边能够获得的完整范围的感觉体验。

地面被框成脚印的形状是因为虽然视觉表现是用照片来做的，但该组的意图是通过视觉感官模拟光脚走过地面时人所感受到的触觉感知。当我们见到一幅展示在一个普通方形镜框里的鱼的图片时，我们的注意力只集中在鱼身上。当把鱼放到一个脚印形照片中，我们就会明显意识到鱼是一个会被踩上去的东西。当一样物体在展示时附带了对感觉通道的示意［不同于一张完整表现地面而无任何明确意图暗示的照片］，我

们便会在我们的意识中反射式地模拟这一示意的行为。作为一种可以踩上去的物体展现的鱼会引起一种感觉混合的结果，包含有我们的触觉感知。如果换成是一个盘子里的一条鱼，则又会引发其他的感觉感知。我在“触觉”一章中谈到了这种感觉的相互关联作用。简言之，该组独特的视角是试图将此河当作一种可以踩上去的物体展示。

我觉得一种现实地描绘触摸感觉的方法将会与技术的成熟携手发展。而该小组所做的研究非艺术性地预言了触觉相互作用的未来。

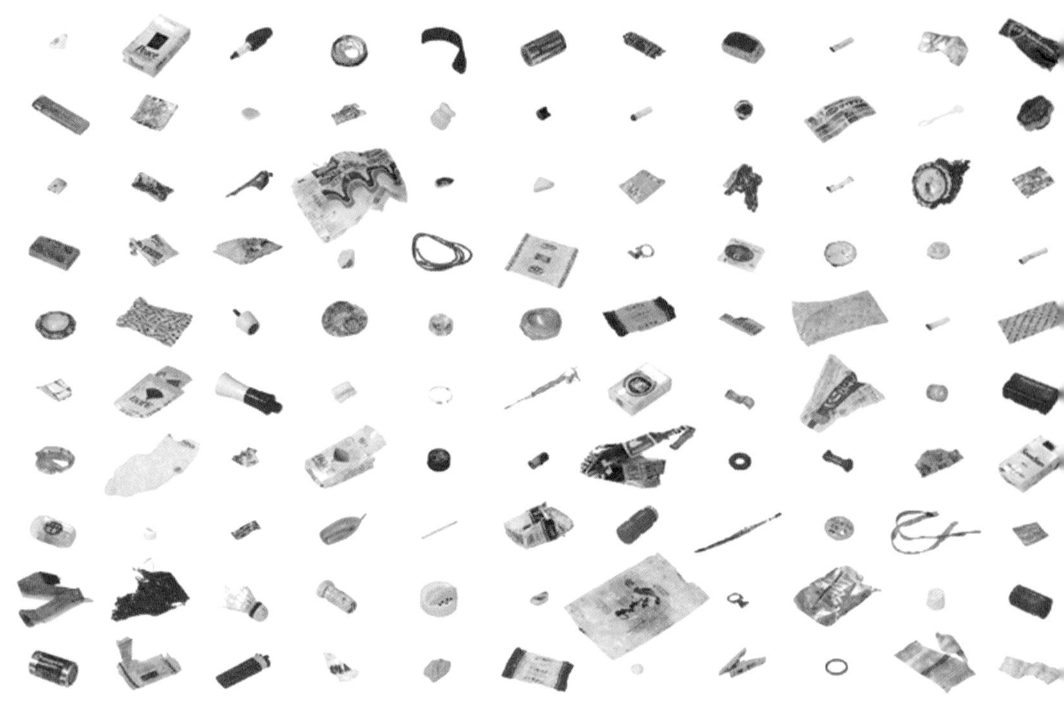

拣垃圾

制作｜大野あかり·只野绫沙子

Picking Up
Produced by Akari Ohno and Asako Tadano

人造产品的废弃物，或是碎片被扔得世界上到处都是。无论我们是在珠穆朗玛峰还是马里亚纳海沟，哪里都摆脱不了人造产品的身影。而有一种观念不是去追索废弃物的存在，而是废弃物的类型，废弃物是如何留下的，就成了了解我们目标地的一种可行方式。

该小组对四万十川河的描述工作是通过耐心收集遗弃在岸边的人造物，然后如一个科学侦探小分队一般对其进行冷静的分析。他们收集了二十一座沉桥附近的样品。首先，对每处乱扔废弃物的地点拍照建档；然后对数据进行客观的重新整理，包括人造物类型、遗弃后所经时间、磨损造成的变化程度，以及该物与沙、石等自然物的接触情况等。

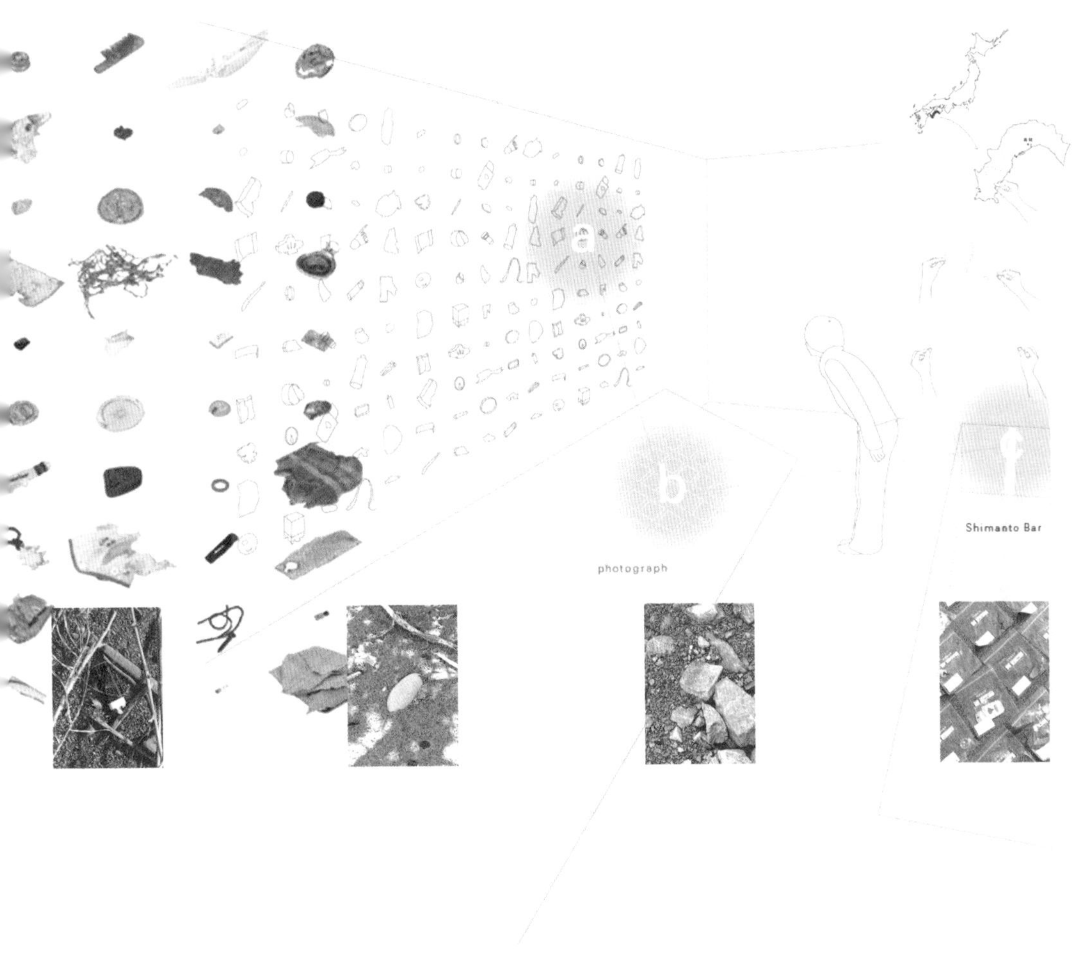

为避免误解，我想补充的是，这套做法不是为了指出这条美丽、清澈的河流遭到了垃圾的污染。正如我在公路模拟一节指出的，在不知不觉中，我们意识到了身边环境废弃物的细节，并记住了它们。就是说，甚至在没意识到这个过程的情况下，我们就开始对我们住处附近的街道或河岸处废弃物的位置和其他信息熟悉起来了。由此，通过仔细审视其废弃物，我们可为河流的个性画一幅像。该小组以类推法接近河流，略去其形状与河景方面，只从其废弃物一个方面来破解它。

我们之中那些城里人没把四万十川的这些废弃物看得那么触目惊心，觉得它们已是半回归自然的东西了。虽说是人造的，这些垃圾都是要在一个更大的循环里回到自然的实物，因而它们的确反映了人造与自然间的关联元素。从某种意义上说，一条河就是一个分解垃圾并将其收回大自然的机构。希望大家关注学生们收集的东西，不把人造物视为自然的对立。

六方位——以立方体切割四万十川

制作｜吉原爱子

The Shimanto River Cut into a Cube
Produced by Akio Yoshihara

像在废弃物收集研究中一样，观察是在桥上进行的。研究者从每座桥上拍照，然后将照片重新整理成一个规则的立方体，以此将四万十川转化为信息。具体来说，她将相机放在每座桥的三个点上［两端和中央］，从六个方向拍摄风景［前、后、左、右、上、下］，“前”指的是河的下游。这些照片被贴到立方体的六个面上。其创意是让我们通过摆弄立方体来体验河流。我们可以把它们安排成一种桥上风景的复制品，二十一排，每座三个立方，或用它们来玩堆积木，将它们任意分组。

当被表现为从上游到下游的队列时，这些方块便完美地混合了被重组为立方体的风景的抽象品质和图像连续性，成了一种神秘的、半抽象的、半触觉的物体。而一旦明白了摄影的规则，我们所得到的河上视角，便令我们同时拥有了有别于传统摄影表现法的连续性和不连续性。

当我们像玩堆积木似的真去摆弄这些方块时，这种对立方体的随意堆放所创造出来的表现便给了我们一种迄今为止仍属未知的体验：亲身接触河流的影像以及“机会”，一种与看一本照片画册截然不同的参照。这种对我们自认为已看熟了的四万十川所做的平静的抽象与分解，就是一个exformation的例子。作为该项目的一个副产品，一本称为“沉桥之书”的册子也做出来了，里面是根据一套特定规则拍摄和编辑的二十一座桥的影像。

为将立方体和贴在每个立方体六个面上的照片解读为运动，立方体们被堆起来。现有河流照片被慢慢拆解、重组。

独自六天的记录

制作｜宇野耕一郎

Six Days Alone: The Document
Produced by Kouichiro Uno

该项目是一次通过客观记录呆在那里的经历来表现四万十川的尝试。其手段是以一个对此河不熟悉的有血有肉的人作为媒介来描绘这条河。

为此，研究者在一个地方支起了一个帐篷，在里面待了六天。他计划以钓河里的鱼来维持生存［饮用水除外］。这是他初次接触这条河，而此前他既无河边野营也无河中钓鱼的经验。他只能用在东京花一千日元［合八美元或六欧元］买来的一套钓具来抓鱼。在他宿营地附近本地人的帮助下，他学会并实践了钓鱼的方法以及与河相处的一些最基本的东西。

超出研究者期望的是，他的捕获每天都能增加，而且他所有的食物都能取自河流。在他的记录中，他将捕获的鱼的数量和种类做成图表。报告包括客观事实，比如他做鱼所用的菜谱和他体重的变化。他以一种独白的形式叙述他每天的体验。阅读这些记录时，我们能够感觉到气氛，觉得好像是我们自己在四万十川的岸边开始了一段生活。被称为“一个个体”的存在当然是一个特别的个体，有各种经验、味觉、长处和短处等，但鉴于此个体也是人类，我怀疑他是否能作为一个代理传感器，以许多人都有的经验，来代表其他人。从这个角度来说，我们可以将这份记录视为一次测量四万十川河的尝试，标尺是“一个人”。一次个人的嵌入式体验与四万十川河的存在以一种很逼真的方式相关联。

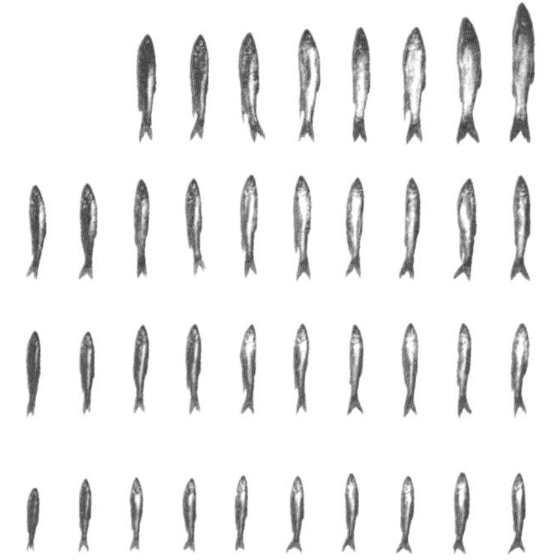

除了这些例子之外，该项目还包括其他三种“exform”四万十川的尝试：做一本水面连续、顺序照片的书；通过好像从昆虫复眼看到的河流复合视觉效果来表现河流；通过对居住在河附近的人的采访对河流进行描绘。

我对这个四万十川exformation 项目的介绍到此结束。学生们的研究被汇编为一本书，体现出一种完全不同于以往的传统导游书或专著的特殊编辑方式。

EXFORMATION-2
度假地

Exformation-2
RESORT

穿的、吃的、住的之后

与新一批学生们讨论一番之后，我们得出了以“度假地”作为exformation第二年的专题。与极其具体的四万十川专题相比，此专题有点抽象。

今天的人们工作十分勤奋，而他们似乎在闲暇时间也同样有热情。应该说生活的基本需要是吃的、穿的和住的，而“度假”应该就排在下一个了。环顾周围，我们看到不少“度假化”的地方为放松提供了很好的气候、文化以及交通环境。全世界都在一个接一个地兴建能放松身心的度假地。而当人们来到这些地方后，他们都做些什么呢?

他们深吸一口气，然后放松，“呼！”心满意足地日光浴；沉浸于林中的宁静；吃美食，饮美酒；与家人或朋友畅谈；随心所欲地读书；做个按摩或水疗；想睡多久睡多久；躺在游泳池边上；全天做运动；忘掉社交羁绊；欣赏异域风情文化；享用精美室内环境中的优雅时光等等。

听说“度假地”的意思是一个经常性、习惯性到访的地方。那么基本上说，能让我们去做上面列出来的那些事的我们到访的任何地方都可以是一处度假地。

度假地并不是什么新玩意儿，但我感到人们现在比以往给予了它更多的关注，这可能是对我们今天所生活的，被技术进步及其导致的经济竞争的加剧搞得日益繁忙喧闹的世界的一种反应。麦克卢汉说“信息就是按摩”，然而我们所需要的按摩却不是来自于媒介，而是一种身体按摩。我在本书中的某些地方可能已经谈到过这种东西了，而实际上，走在世界上的任何一个城市，我们都能见到很多很多芳香疗法、放松护理、泰式按摩以及松骨等服务的标语。看来似乎我们对放松的需要与世界发展速度同比例上升。

然而什么才是放松，或“度假地”？对此我们似乎有比较明确的认识，但很少会去探究其本质。“度假地”对于分析和认真而无幽默感的研究来说可能不是个理想的专题，但就是因为这个，它才作为一个exformation的有趣题目打动了我。

在我们的讨论进行当中，我开始发现在我和学生们的“度假地”观念间有着微妙的差异。作为一个有着从工作中脱身出来度假的有经验的中年人，我会沿着这条思路去想象“度假地”。我只需展开一张太平洋地图，望着广大水域上那些星罗棋布的岛屿，头脑中便会不禁感到惬意的海风吹拂，想象出可爱花朵的芬芳环绕中的平静早餐。

下面是从我班上得到的一些关键词。

“度假地”的正面形象：天堂般的宁静／什么也不干／随大流／愉快、舒适／消除压力／与世隔绝、超棒的住宿／品尝异域风情美味／回到大自然母亲怀抱／无日程安排／想怎么呆着就怎么呆着／松快／一种融入和谐的感觉／与大自然亲密接触／清澈透明／干净整洁／亮丽活泼／通透、敏锐的感知

负面形象：夸张、奢侈／影响、冒犯／懒惰、走神／不规矩、不道德／腐化堕落

风光和情景形象：大海、山脉等丰富的自然环境／惬意的气候／平静／繁花似锦／阳光从树叶的罅隙中洒下／茂密的棕榈树／奇异的地理和外国／动物、鸟类和鱼类／精致的空间／大理石和花岗岩／自然森林和植物园／专家服务／美味、丰富的食物／有特色的本地文化／绝佳的温泉、水疗和泳池／水景／植物景观／按摩与

其他护理／树荫／风／水／植物／石头／景色／花园／徒步路径／海滩

感觉印象：脚底／指尖／指头触摸／上颚的接触／肌理／一种舒适感／一种放松感／摸上去潮湿的／天鹅绒般的／摸上去光滑的／摸上去干燥、平滑／甜味／飘荡的味道／微弱的味道／平静／自然环境的声音／音乐／凉／微温／温暖／热

大家都理解的放松时间

进行中的时候，学生们对这些关键词的反应不怎么热烈。看来他们并没从明信片式的度假地形象中感受到多少真实。就是说，在传统度假地和学生们心目中的形象间有区别。真正让我们走对方向的是学生们的话。有一段探索其自己对度假地准确感觉意识的话是这样的：

“对我而言，度假地就是剥一个蜜橘，所有的橘瓣都剥下来了，一个籽儿都没有。当我整整走了一天最终到家脱下鞋子时……当跷跷板上我这一头上去时！”

这些话抓住的并非那种我们伸直胳膊，做一口长长的、夸张的呼吸的度假地，而是在我们灵魂中释放一次轻轻叹息的短暂瞬间。人们的确可以拥有那种安憩的时刻，而不必大老远飞到什么棕榈茂密的热带海边，或是到游泳池边找个舒服的地方摊开身体。那些时刻可以称为度假地的“种子”。它们似乎同样含有事情的本质。

一个学生看了日本中部静冈县的温泉度假地热海市的例子，一个在日本经济增长中变得十分热闹、繁荣，但现已衰落的地方。他指出，也许度假地的本质可以在那里找到，在这个度假城市未受影响的、相当放松的空气中。他关注的是能否这样来找度假地：故意巧妙避开成熟，和某种缠绕在蓝调音乐上的余音袅袅。即使是快乐的本质也不是显示在熊熊大火中，而是在残存的灰烬里。从宴会后那杯盘狼藉的桌上，我们可以看到人类行为的正反两面。这些意义也包含在该学生的建议中。与学生们的讨论让我醒悟到这样一件事，在我明白正在发生什么之前，我关于度假地

的感觉就已经被程式化的追求快乐的形象绑架了，这一形象映射出的是由西方社会在其殖民地文化中发展而来的“度假地”或放松的感觉。在这一刻我确信了“度假地”是一个非常可行的exformation专题。

我们也开始明白，当我们做某些事时，我们给其过程附加了太多不必要的理性和秩序。在做东西的实践中，现代主义倾向促使我们走向完善和僵化。包豪斯式的纯粹，或通过完善某些东西达到完美，的确有些有价值的好处，但要是整个世界都被这种理性和成熟所包围的话，我们会感到一种幽闭恐惧。世界以创造和耗尽之间的正确平衡维持自身。设计的智慧在于不仅意识到生的方向，同时还有灭的方向。世界就像水的边缘，创造与耗尽交汇。

人类的存在是一个不仅创造东西，同时也导致其耗尽的过程。耗尽存在于创造之内，创造亦在耗尽内。“度假地”可能是了解这一点的理想专题。

在衰落的温和形象中也有着令人欣喜的东西。该项目唤醒了想要抓住某种同感萌芽的意识，一种能让任何人还没弄明白就点头同意，还几乎要笑出来的同感。这里是研究题目的清单：

救生圈／彩条；睡在室外；软冰激凌机；印刷术；日常生活中的度假地；度假地开关；平假名［两种日文字体之一］；Hyakucha［百种茶］；热海［前面提到过的温泉度假地］。这九个题目会帮助我们打开就在日常感觉之中的“度假地”之门。下面，我来讲一下。

这个实验是在救生圈和彩条的色彩和材质中发现“度假地”的本质，然后用

救生圈/彩条：将东京变成救生圈和彩条

制作｜阿井绘美子

Vinyl/Stripes: TurningTokyo into Viny1 and Stripes
Produced by Emiko Ai

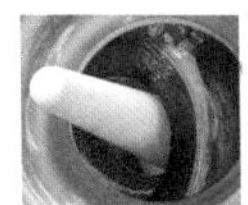

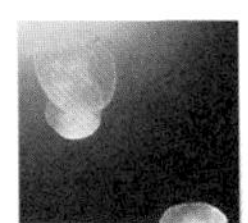

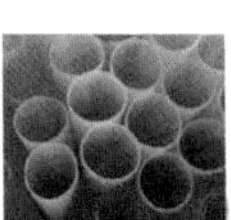

到真实的街景中去。作为第一步，研究者通过照片来展示救生圈和彩条被应用的的情形。观看一系列照片，我们都感到一种深深的移情冲动。只一瞥我们便明白了，彩色的救生圈的确拥有一种奇异的魅力，创造出一种解放感官的自由。这些照片中有各种彩色拖鞋、很炫的塑料杯、蓝白色阳伞、鲜艳的热带鱼等等。有时，视觉的强制力会超越逻辑的雄辩。这一展示极其简单而又很在点上。这位学生的研究继续

路标变成救生圈。
设计叠上去后，否定标志都有了一种温暖的气息。

模拟形象，将藏在救生圈和彩条中的“度假地”推上日常生活的真实情景。这个叫做“把东京变成救生圈和彩条”的系列包括了这样一些独特的物体：路标、店铺招牌、摩托车牌照、房顶水箱，所有都被变成救生圈或充气枕头的颜色和材质，并配有塑料嘴。研究者在一栋房子的外墙和人行横道上放上崭新的蓝白条。显然，这是想在视觉上暴露“度假地”的性质，而非一个应用设计方案。

在与这些模拟的接触中，我们可以尽情想象我们的周边环境通过救生圈／彩条

这一媒介变形成某种充满休闲气息的东西。当它们令我们微笑时，我怀疑我们是否接触到了一种以前从没注意到过的“度假地”的本质。

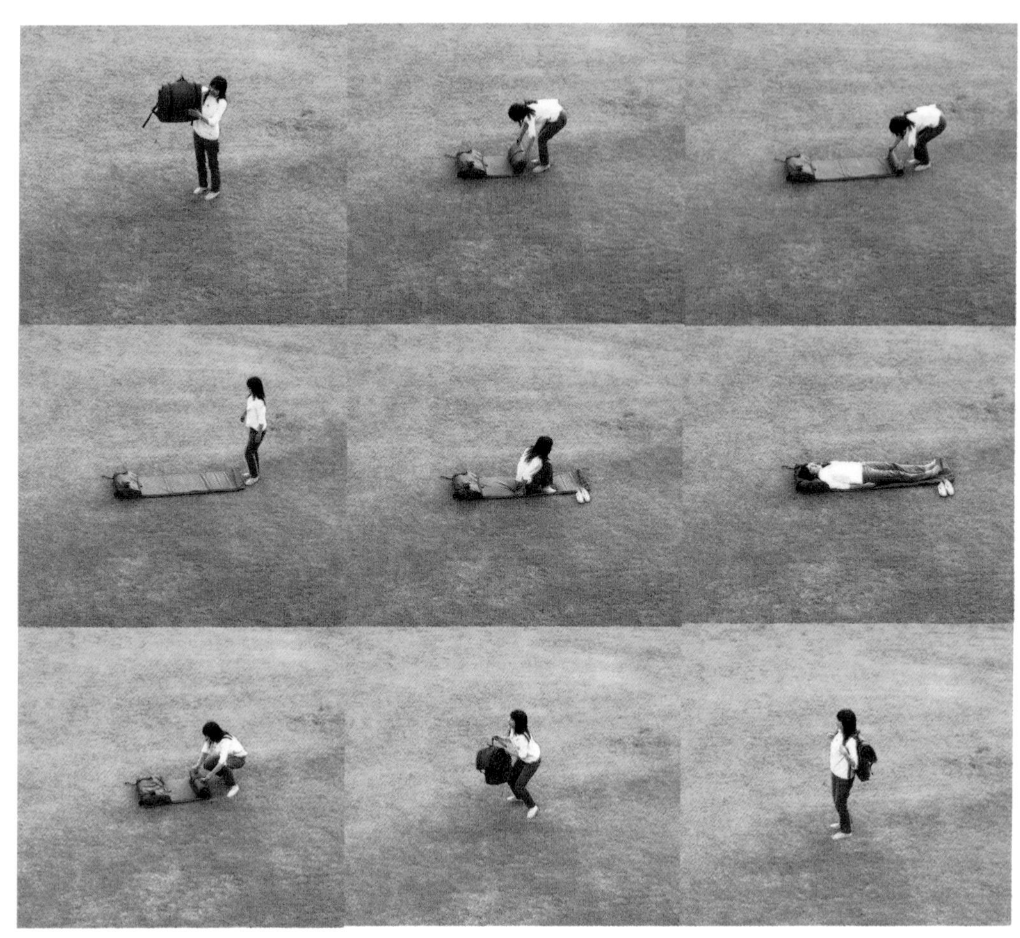

睡在外面

制作｜折原桢子 · 木村ゆかり · 高桥聪子 · 森裕子

Sleeping Outside
Produced by Makiko Orihara, Yukari Kimura, Satoko Takahashi and Hiroko Mori

这一组的研究题目是大白天睡在室外。这种休息不同于晚上的睡觉。享用美食或泡热水澡都让人感觉很爽，但能比什么都不干更爽的事可没几样。在这里，这个小组发现了“度假地的萌芽”，就是大白天理直气壮地什么都不干。而且他们还发现在室外这么干价值更高。“睡在外面”，这一毫不掩饰的标题总结出对于一个人来说放松的实质。

该小组以观察躺在公园草地上的人开始其研究。他们随着时间和温度的变化记录下人数。该度假地显示，当天气最佳时人数达到峰值。当太阳下山，气温降低，

人数不断下降。室外睡觉者很少是单独的。这就是说，影响睡在外面的吸引力的重要因素是增强睡觉本身的东西，像阳光和风的舒适度、同伴或朋友、草给人的舒适感以及美丽的绿色风景。

一旦弄清了这些情况，该小组便七手八脚地做出一种便携式打盹装备，他们叫“NAP”。这东西不是用来居住或露营的，而是为了短期户外行为——午后打盹。NAP做出来以后，他们便到外面去打盹，在北海道的荒野上，在大草甸子上，在船上，在城市里的房顶上，在大型码头上，以及大学校园里。每次打盹都用照片记录下来。没有证据需要记录，但这是一种“度假地之猎”。他们所寻找，继而找到的度假地，表现在他们躺着的形式中，心满意足地睡着。

冰激凌机

制作 | 伊藤志乃 · 风间彩 · 田中萌奈

Soft-serve lce Cream Machine
Produced by Shino Ito, Aya Kazama and Mona Tanaka

软冰激凌就是度假地。这个小组以此简单的直觉断言开始其研究。真的，当甜筒拿到手中的那一刻，我们便忘记了现实的喧嚣，立刻进入了“软冰激凌时光”。可能就是那短暂的软态——比冰激凌还要转瞬即逝的可口享受吸引着我们。品尝一只冰凉的软冰激凌甜筒的时刻就是甜蜜本身。它是短暂的，但没多少东西能像它这样如此迅捷地一下就把我们送到日常生活的“度假地”门口。

以前在研讨班上，我们谈到过太阳镜的话题。在我们戴上太阳镜的那一刻，整个世界就变成了度假地。我们认为太阳镜是完美的度假地工具。本项目观点类似。

安全警卫、公司接待员或小桥上的临时工，每人都手拿一只软冰激凌甜筒的景象反映了“度假地”化身为平常的现实。

这个小组的研究首先追问如何设计这种所谓软冰激凌的奶油半固体物质？在分析生产方法时，该小组发现了造出冰激凌形状的机制。他们关注于在不同喷嘴形式基础上的奶油造型，以及手握甜筒的不同动作。根据各种造型和手型［既有主观意愿形成的也有随机的］他们得出了完全创新的软冰激凌设计。最终方案是一个冰激凌锥，其底下的形状完全复制了顶上的［该螺旋锥上下是重复的］。这是一个绝佳的隐喻性设计，将平常导向一种短暂的“度假地”。

松散的字体编排设计

制作｜柳泽和

Loose Typography
Produced by Kazu Yanagisawa

松软印刷术是Yanagisawa的研究目标。他试图搞出能让我们感觉亲切的字母的惬意外观，从而让我们放松下来。以瑞士字体为代表的现代字体一直很成功，因为尺度清晰，这一点在字母使用的混乱世界中十分重要。然而字体属于一个不太有序的世界，总是要和敏感的人类心灵互动，不断接触着可被法则和系统编码的朴素现实。字体的另一个本质方面可能是它对更新鲜的表现效果的摸索，与其从秩序中逃离的挣扎。

字体的运作与人类的情感和心理紧密相关。它甚至可被称为一种研究，其中我们集中了传播中的微妙，这种微妙要通过沉浸于我们真正想说的绝对真理之中，或在某些情况下，踏入一个充满朴实无华形象的世界方能体会到。它是松软的，但并非腐烂的。如果大家能从此绣花钟上感受到这种微差就太好了。

度假地 · 开关

制作 | 富田诚

Resort Switch
Produced by Makoto Tomita

从给某种设备开关增加一个“度假地”模式的想法开始，研究者不断审视人类与机器之间的关系。换言之，通过想象当“度假地”开关被启动时各种设备的反应，他试图发现人与设备互动的线索。

这位学生的思路源自一种电风扇的“摇摆［波动的风］”模式。摇摆开关令风扇的规则动作和速度变得不规则和难以预料。这种变化的风让我们感觉很舒服，好像处于大自然的风中。对于风扇来说，首先出现的是摇摆功能。技术导致了设备的存在和发展。“度假地开关”的课题来自于他的问题：“度假地”是否就是不规则性的确定接受呢?

摇摆键就是一个度假地开关。当它被按下，人与机器间僵硬的关系就变得柔软。与风扇先是摇摆的功能，第二才是设备的情况不同：这位学生的设备首先只是被给予了一个想象的“度假地”开关，照片叠加上去，然后才推导出其功能。

例如，按下电视上的“度假地”开关，就会出现一个图像柔缓熄灭，屏幕发出一种淡淡白光的过程。过一会儿，屏幕慢慢变暗，最终熄灭。他所想象的创意是布置一个摇曳的时刻有柔和、引导入睡的光，减弱当电视被以传统方式关上时突然到来的孤独静默。

电话上的“度假地”开关能为大家提供一种和谐的背景音乐。如果电话上的另一方是可以说真心话的人，那么这种音乐便会创造一种良好的氛围。这些只是推测。如果一种界面能被设计出来，产品开发就能跟上。

我在这里没讲到的exformation项目有：日常生活中发现的“度假地种子”的口头汇集；研究通过书写更简单、更圆润的平假名字母，代替正常情况下复杂、正式的kanji［中文字］及外文，创造出一种和谐、引人发笑的景象；以“度假地”可从茶中发现的想法为基础，从全国收集包含茶的一百个场景；研究已处于衰落中，而其正宗度假地的身份已得到承认的温泉度假地热海。

Exformation告诉我们，解放我们感觉的元素是无穷的，它们不是在多么超常的过分中找到的，而是在日常生活之中，休息的实质即隐含其中。人们下意识地想得到这种实质。我们还发现我们并没意识到这一真相。

Exformation持续展开中

二○○六年，exformation第三年的课题是“褶皱”，不算是新鲜、丰满、充满生气的东西，而是相反。正常的话，褶皱有着负面形象，但经过反思，我们明白了有种思考事情的方式能让我们发现其正面价值。例如，最好的牛仔裤并不是新的，而是磨旧了的，或是漂洗和机器磨洗出来的，或者就是旧裤子。

我们期望通过关注褶皱的概念和现象来exform某些东西，项目还在继续往下做着。

9 WHAT IS DESIGN?

设计到底是什么?

WHAT IS DESIGN?

设计到底是什么？

哀声何来

“设计”是什么？这是关于我职业的根本问题。而某种程度上，我自己在身为一名设计师的时间里就是在试图找到答案。我们已进入二十一世纪，整个世界都卷入一种巨大变革的漩涡中，因技术进步而不断加速，我们关于做东西与传播的价值感处于变动之中。当技术改变我们世界的结构，我们的生活环境中积累的美学价值往往成为受害者。配备了经济和技术的世界向前推进着，而我们受到长期滋养的日常生活的美学，在变革的超强动力作用下，发出一种持续的尖叫。在这种情形下，要紧的是听着这种叫喊眼看精致的价值在变化的激流中消弭，还是去寻找未来地平线上的下一件大事？近来，我无法抑制这种感觉，而且这种想法每天都在加剧。

不断将时代向前推动并非总是进步。我们站在未来与过去之间。我们能否发现一把开启我们创造力的钥匙，不是在那全社会瞩目的遥远目标处，而是在一种从往昔纵览社会的目光延伸处。未来在我们面前，我们背后亦有着历史的广大积淀——想象力与创造力的一份资源。我以为我们所谓的“创意”，就是那流动于未来与过去间的思维构想的活力。

现在设计不只是以西方思想为基础。由于工业革命出现在英国，非西方社会的人们便长期以为，他们必须向西方学习现代文明的标准。但无论是时下精疲力竭的文明，还是文明间的冲突都是由西方现代性价值的全球传播引发的。而无论是人类的智慧还是设计，均可在全世界各种文化的母体中发现。我们必须关注那些濒临绝迹、行将被全球化的湍流吞噬的智慧与洞察力。我们已从西方现代思想中学到太多的东西。我们给予这一事实应有的尊重，每一独特文化均消化了西方现代思想的果实。即便如此，世界亦开始向新的设计智慧转移。

设计通过做东西，通过传播，对我们自己生活的世界给予有力的承认。出色的看法与发现应该令我们高兴，并以自己身为人类而自豪。新东西不是无中生有的，它们岂止是离不开，它们其实就是取自于对平常、单调的日常存在的大胆唤醒。设计是对感觉的刺激，一种让我们重新看清世界的方式。我在本书中所介绍的某些设计项目就是我以自己的方式进入这种思维的尝试。

如果我来谈自己的经验，那不会是设计理论的任何动听故事。即便如此，用语言表达设计仍是一个设计师分内的事。

至此，我已讲了好几个设计故事，但我还想花点时间，分几个时代回顾一下从设计概念的起源直到今天走过的历程。这是因为我想确认历史潮流内的另一种看法，它对设计和我的个人生活均形成观照。当然，我意不在亦步亦趋地追随历史，而是鼓足勇气去创作一幅素描式的粗略画像。

两个起源

设计从人开始使用工具的那一刻便开始了。那一刻是何时呢?

在电影“2001太空漫游”［1968］中，有一著名场景讲的就是这个意思。两拨猿人互相打斗。一个猿人发现了一根类似动物骨头的棍状物便捡了起来，以其为武器令自己一方占据优势，在该物的帮助下，此一方迅速击溃了彼一方。接着棍棒被扔上天空，慢慢旋转，最后竟飞入一艘巨型宇宙飞船。

一般认为，工具起源于猿人开始直立行走，捡起棍状物，以其击打东西或作为武器。自他们将棍子拿到手中那一刻起，他们便开始以智力改变他们周遭的世界。他们智力的作用从构建其自身环境开始，一路走向宇宙飞船。该电影场景以出色的

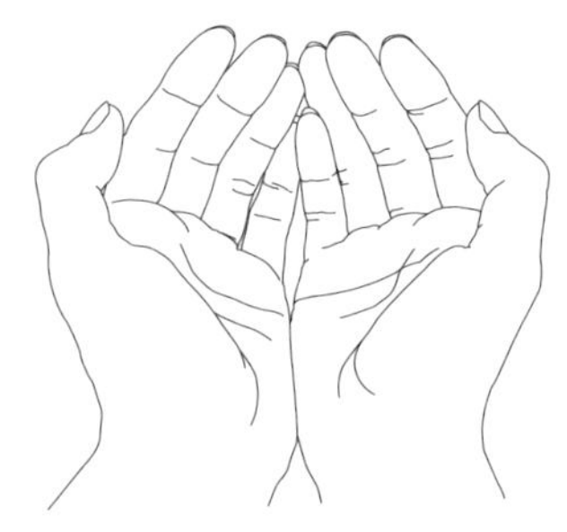

想象力象征性地解析了这种演化。

如果设计是在理解的基础上对世界的转变，并形成我们的环境，那么人类智慧的起始也许就是设计的起始。

顺便提一句，那根棍棒就是工具的唯一来源么？我觉得还应该有一个。当我们的祖先开始直立行走，他们的双手第一次自由了。把两只自由的手放到一起就会形成一个容器。我估计我们的祖先会以他们微曲的手掌为容器喝水。肯定是这样，就像我们用手从山涧中捧水喝一样，他们也会。当手掌微曲在一起，虽然形成的空间小得连一只蝴蝶展开翅膀都勉强，但此处，在这个准备容纳某物的空容器中，就是另一件工具：容器的起源。

一根棍子和一件容器——就像生命本身有阴性和阳性一样，工具也是。我们的祖先最初难道不是大约同时获得这两种工具的吗？设想设计的开始就在那里。这两个画面近乎汇聚于我们遥远的过去，在其消逝点之处有着什么意义呢？我无法清晰地用语言表达。而如果我们把设计的源泉放在那里，在此消逝点上，我们关于设计的想象就将变得极其灵活。特别是，我相信通过关注容器的原始形式，其准确的作用在于其内保持“空”或无，对于那些强调棍棒并对环境做过度处理的文明，我们便可得到一种新的重要认识。

棍棒放大体力并演变为一件能处理和改变世界的工具。锋利的石斧发展为一系列猎杀动物的工具或武器：剑、矛及弓箭等。同时，它也演变为开垦土地的犁与锄，划船的橹，推动空气的螺旋桨以及锯子、锤子、刀子等加工工具。在令人目眩神迷的人类历史中，斧子的演化是缓慢、稳定的。动力发明后，它发展成为一种巨大的电力。电力驱动挖掘机、吊车、坦克、导弹等，实现了一种更为庞大的力量增长，膨胀到一种令滋养我们生存的环境变形的规模。这不只是一种大规模的东西，还有一种无穷小的东西与纳米技术等微观工程设计，它们是作为我们身体功能延伸手段的棍棒的延伸。

当然容器发展成了各种盒子、箱子、瓶瓶罐罐等，但也演变为种种工具，如服装和橱柜，其内空而能存物。类似的还有作为情感与推理工具的语言、保存语言的文字，或存放文字的书籍等等，也都是容器。从容器延伸开去的还有知识的储存装置，如硬盘，能存放各种数据，包括声音和图像。

人类对文明的建构是一个如何接受与存放作为制造与改变的对立面的问题。在其演化中，棍棒系统的工具与容器系统的工具时有会合，诞生出宇宙飞船、电脑等既非棍棒亦非容器而又两项全占的创新工具。它们既是棍棒式的容器，又是容器式的棍棒。以此等创新工具，人类将开发出什么样的智慧呢？现在正是此新形势下的第一步。

装饰与力量

设计是装饰吗？现代主义的理念是用理性的头脑去推导物的形状和颜色，去除所有样式的装饰，或“花边儿”。 但看看人类历史，人类对简约概念的把握还是比较近期的事。实际上，不怕误解，我敢说在人类漫长历史中的大部分，设计都是富裕的一种隐喻，以及赞颂人工痕迹的装饰。

例如，中国青铜器上密布的纹样的设计目的是什么？这些纹饰为什么不是平易简单的？当你思考这一点时，能反思简单中价值的体现取决于一种特殊的审美。人类对繁复的东西自然感到敬畏，与平常无装饰的相比，整个表面都被繁复的纹样布满的青铜器会更加引起我们注意。这是因为在样式复杂之物的内部集中了高难技巧的掌握和长时间跨度的工艺积累。因此我们感到复杂的纹样表达了一种特殊的味道。青铜器是那个时代的高超技术，与当时的统治权威紧密相关，那就是采用精巧的装饰，一如规模上的宏大与象征，是为了形成维护国家与部落间统一的向心力。

人类在这个星球上的数量越是增加，各个国家与种族就越是活跃，相互间的接触与干涉也就越多。精美纹样作用于所有武力强盛、形成威胁的大国周围。在中东的伊斯兰世界，宗教与国家的权威也通过复杂的几何纹样表达。欧洲也一样。国王与其国家的权威力量与精致、繁复的纹样紧密联系。教堂中精彩、技巧复杂的堆砌在展示权威与力量方面具有同样的意义。

同样的根源适用于无数令人惊愕的装饰创制：印度泰姬陵的墙，使用来自地球各个角落的各种彩石；令人惊叹的阿拉伯设计；北京紫禁城中遍布各处的龙纹；马赛克墙上布满的阿拉伯纹样；复杂的哥特式大教堂与其宏伟内部的精美玻璃；凡尔赛宫镜厅中繁复的洛可可装饰。这类唯有以高度训练有素的人类之手经海量时间方能获得的骇人成果均蕴涵着威权。直到现代时期到来之前，世界一直需要巨大的威权。但现代乃是个体从威权中解放，能自由实现自己生活方式的世界。以革命和民主兴起为标志的现代社会的开始与集权政府的衰落是将设计从用于产生强制力的装饰中解放的土壤，是发现理性与简约价值的原动力。

的确，在现代设计初始的日子里，设计仍操于手工业者之手。这些人经过为贵族之流服务的训练，十分懂得做东西的安宁与快乐，保持着传统生活中的装饰质量。渐渐地，由于这些手工业者，普罗大众几乎到了能够享用历史进程培育出的各种装置和物什的地步。但一种叫做“机械化生产”的制造东西的新规范践踏了这种环境的潜力。作为一种契机，人类认识到形成其环境的一种理性和独立思考的方式。他们开始意识到设计了。

设计的产生

根据艺术史学家尼古拉斯·佩夫斯纳［1902—1983］《现代设计的先驱》一书，设计的概念起自于两个人的思考：社会思想倡导者和理论家约翰·拉斯金［1819—1900］与“工艺美术运动”的奠基者威廉·莫里斯［1834—1896］。这只是一百五十年前的事。都是由于机械化生产系统，从十九世纪中叶工业革命的英国传播开来。但是，早期的机械产品还没什么可看的，它们不过是机器那拙劣之手搞出来的仿制品，只想复制家具等那些保留着贵族装饰痕迹的东西。浏览一下一八五一年伦敦世界博览会的介绍，就能想象得出它们的大概模样。手工技巧历经时间完善的文明形式被肤浅地解释、扭曲，并以惊人的速度大批量生产。

在这种情况下，好像任何对其生活方式和文化有点感情的人都会感到失去某种东西的危机，并为审美的退化感到担忧。虽然，这些机械制造的粗糙产品的外观来自于手工滋养的文化以及隐藏在该文化背后的感觉，但它们绝无可能得到欧洲成熟的传统文化的拥抱。拉斯金和莫里斯代表了这些人的集体不屑：“我们绝对无法忍受之！”这是他们对威胁要颠覆我们心中所唤醒的微妙、精致的感觉的机械生产的抗议。他们的行为是对那个时代侵略性、无耐心的变革的一种警告和大声讥笑。很清楚，设计的概念，或其思维方式的开始，乃是审美感觉对如此粗暴改变人们生活环境的工业机制中蕴含的乏味与不成熟的反作用。

然而，只要机械化生产被大规模生产和大规模消费的趋势不断鼓劲，就不会有回头路。虽然一般智识与审美感觉对其提出了某些批评，然而无论什么也减缓不了工业革命所引爆的生产和消费动能。由于拉斯金的写作和讲演与莫里斯的“工艺美术运动”如此强烈地反现代，二人均支持手工业者手艺的复兴，尖锐抨击机械化生产的负面影响，他们的言论却不为当时的主流所接受，无法集聚足够力量制止或迟滞社会的变革。然而，他们对做东西与日常生活间关系的快乐来源的洞察与认识却深得下一代设计运动活跃者们拥戴，被当作设计理念的正确源泉，故此我们可以说最终他们对社会影响深远。

不用说，我们无法直接经历拉斯金和莫里斯那个年代，但我们可从现存的资料中窥豹一斑。这些东西丰富生动地传递了他们所引入的信息，包括莫里斯"工艺美术运动"的作品，如他为凯姆斯克特出版社做的书装设计以及他的墙纸设计。每当我看他们的作品，我都会心存敬畏，仿佛真的见到了这些十九世纪的巨人。他们不是通过理论，而是通过实物展示笨拙机器造出来的傻东西的对立面，它们的精神动力依然强烈、狂热得足以撼动今日设计师们的感觉，我们仍为其美所折服。而他们的作品令我感到好像受到责备。很清楚，他们热烈的激情启发了设计的理念。

另一方面，虽然设计的观念来自于低劣的产品质量造成的负面社会环境，我们却无法明确地宣称，那就是拉斯金和莫里斯的精神产物。无疑在十九世纪中叶，随着市民社会的成熟，从下层兴起了一种不同于艺术的感觉，造出适当物件或环境的些许愉悦感，以及一种将其引入日常生活的喜悦。在粗糙的机造日用品样貌的刺激下，这种感觉开始在社会上滥觞。拉斯金和莫里斯领导的运动正象征着这一洪流。

不管怎样，机械化生产的怒潮伤害了日常生活精致的审美感觉。这一点则引发了设计作为一种思维和认知方式在社会上出现。今天，由于我们的生活环境正被信息技术的发展与扩散改变着，我们需要再次关注围绕设计起源的环境和运动。我觉得现在是对设计思想与感觉的根源，以及生活于这一新时代的伤痛做一番新审视的时候了，就如我们正回溯拉斯金和莫里斯的时代。

设计的整合

还有一种发展在我们设计师的头脑里作为一个特殊的时代占据着一个仅次于设计概念的重要位置，那就是包豪斯运动。包豪斯既是指一个设计学派，又是一场一九一九年从德国魏玛开始的运动。一九三三年，纳粹强迫包豪斯关闭，因此包豪斯本身的行动仅持续了十四年。即使是在其盛期，包豪斯也很小，只有十几位教师、不到两百名学生。但这里却是“设计”概念找到方向之处。在这里，机械化生产体系被正面接受。同时，一批造型艺术概念经过二十世纪初艺术运动的挖掘，在这里得到了承认。

在从拉斯金和莫里斯的时代一直跨越至包豪斯时期，一股崭新炫目的艺术运动浪潮席卷了全世界：立体主义、新艺术运动、维也纳分离派、未来主义、达达主义、风格派、构成主义、至上主义等。名称及代表风格因国家、地区和意识形态而变化。但要说有一个共同点的话，那就是在欧洲的每个角落，在艺术的每个领域，为了与过去的形式决裂，实践者们采取了热烈、激进的试错做法，去彻底拆除那些形式。目标是装饰艺术史上积累下来的所有造型艺术的语汇：装饰惯用法、手工技巧以及势利而偏执的贵族式追求等。结果，美术与造型艺术的各项律法瞬间化为一片营养丰富的瓦砾山。

是包豪斯，以穿透性的观念和能量，对这座山进行了验证和分解，把它在强大思想的研钵中磨成粉末，最终，将碎屑过滤，将元素整理排序。在此阶段，与造型艺术相关的所有类别的元素都被从思考和感觉的角度进行检验，然后降到零点。无法进一步简化的元素被确认为颜色、形状、质地、材料、节奏、空间、运动、点、线、面等等。是包豪斯，将这些元素整洁地放到手术台上，自豪地宣布：“好了，我们来开始造型艺术的一个新时代吧。”然后开始。

当然我完全清楚这是一个以简单的比喻所做的粗略概括。包豪斯是一大批人搞出来的一整套行为，无法被捆绑为某种单一思想。沃尔特·格罗皮乌斯［1883—1969］以其心血整合了大范围的艺术，规划出包豪斯的方向与目标。约翰·伊顿［1888—1967］胸怀神秘主义思想研究并奠定了最初的色彩学。汉斯·迈耶［1889—1954］以其造型艺术的精确理论为包豪斯的行为带来准确的指针。拉兹洛·莫霍利—纳吉［1895—1946］在旧形式解体中导出的元素基础上为新时代探索出了一种新的造型艺术手段。保罗·克利［1879—1940］和瓦西里·康定斯基［1866—1944］追寻动力的原始形式，在这里，生命体将其成型过程等同于生命结局以创造秩序［形式］。奥斯卡·施莱默［1888—1943］关注包豪斯剧场工作室，发展出一种现代主义，超越了传统的世界观。我们看得越仔细，我们就会发现越多的个体性。包豪斯不过是许多天才个人所作所为的集中结果。

我们可对此团体及其行为进行详细、微观的审视，从中引出无限的思考。而如果我们用二十一世纪的望远镜从远处观察其整体行为，闪烁群星的集合定会呈现为旋转的星云。除非我们半闭上眼睛，否则我们常会漏掉历史的精髓。而此处，就像从远处看星系一样面对包豪斯，我愿对其进行粗略总结并继续我的讲述。简而言之，设计的理念在现代主义的框架内实现了一种极端纯粹的形式，这要归功于包豪斯提供的机会。

二十世纪后半叶的设计

约翰·拉斯金和威廉·莫里斯培育了种子，为二十世纪早期的艺术运动开垦了土地，然后在德国的土地上设计以包豪斯的形式结出了花蕾。设计所呈现的思维方式含有一个具有真正的自发性与自由的世界，在产品和传播等为人类所认可的生活质量范围内，于诸多不同文化中发展出繁茂的枝叶。

在二十世纪下半叶，设计该开花结果了，经济的力量开始驱动世界。设计只好被经济的新引擎拖着走。之前所有的设计思想，拉斯金和莫里斯的也好，包豪斯的也好，都染上了一层社会主义色彩。拉斯金和莫里斯均憎恶被一种叫做机械化生产同义词的经济所控制。而由于包豪斯的诞生就是魏玛的社会民主政府促成的，所以可以说是社会民主趋势养育了包豪斯的思维方式。基本上，设计概念的孕育和发展就是处于理想主义的社会伦理学的前提下。而现在，在经济原则的强磁场内，理念越纯粹，它就越无法达到其理想。

经济原则的诞生是干脆利落的。现代社会实现了，个人自由产生了。这就提高了占有并消费物品和服务以及积累财富的冲动。如此便生成了无数机构来更有利地满足这些欲望，经过分分合合，一种能够移动世界的强大力量形成了。这便是经济。

经济，旨在鼓励现代社会中的消费者花钱，其运转就是要保障新东西的持续生产。为了让这些新产品作为消费者的欲望对象流通，媒介发展出各种式样，传播方式不断演变。令人惊异的是，设计居然也成了经济发展潮流的一部分。

世界在二十世纪经历了两次大战。如果我们从更广的角度去看，我们看到的是世界转移到一种新的动机原则的过程。全世界民族、文化和宗教各不相同，数以亿计的人们，均是按自己的价值观生活。贸易和生活哲学交换形式的转变和通信进步下相互关系的动能越强烈，自我和外界力量的冲突就越频繁。没有一个理性鸟瞰下的国际干预框架，这些冲突便会加剧为可怕的灾难，即战争。经历了两次大战之后，世界似乎保持了足够的理性，以限制势必导致更多苦难的军备竞赛。而经济，作为一种新的不带枪的竞争方式，开始操纵世界，好像它才是人类行为的驱动之源。世界动机原则的重心转移到经济。“经济战”这样的术语在新出现的文本中诞生。设计就纠缠在这样一种环境中。

规格化，量化的生产方式

为了更清晰地想象当时的情景，我们来回顾一下某些细节。二次世界大战后，位于东亚尖儿上的战败国日本国内，产品设计成了工业生产的一部分。由包豪斯发端的现代设计思想也给日本带来了一种独特的现代主义，而其演化却终为力求达到标准化与量产的工业趋势所吞没。

据说，日本战后制造业的代表性企业家之一松下幸之助刚从一次欧美考察之旅返回后便声称："下一个时代属于设计。"他所说的当然不是那种能汇入包豪斯式的、设计的理想主义源泉中去的东西，然而却是切中设计实用本质的实话。在松下幸之助这位肩负着一个从战败的瓦砾堆中爬起来的国家的工业重建事业的商人看来就是这样的。就在那里，我们有着准备全面恢复与成长的工业，以及扛起成长大任的勤劳的工作者们。条件全部就位，随着迅速的经济增长，设计将作为驱动标准化与量产的齿轮之一融入工业。

另一方面，日本长期以来一直在寻找一种独立于量产之外的设计理念。日本的现代设计史上一直笼罩着这样一个问题："什么是原创？"每当美国或是欧洲的现代主义被扔到我们自己文化的内脏里就会打起这个嗝。这一将本民族的原创与西方本体或思想进行比对的特殊倾向是一种文化创伤，它在经历了以西方现代性为参照对其文化进行文明改造的东亚国家中十分普遍。

在这一背景下，"民艺运动"找到了由市民日常生活滋养的传统手工艺中的产品设计理想，将简单作为其理念之一，具有一种可与西方现代主义比肩的独特美学。其理念是：一物的形式不是由从属于工业计划的方案所创造与完善的，而是通过所谓"生活"的时间的累积。与拉斯金和莫里斯的主张相比，这一"设计应来自于传统"的观点显得颇有道理，但在一个工业正大踏步前进，战后美国与欧洲文化的涌入正在制造混乱的社会环境中，该运动的影响微乎其微。

当我们拉开一段距离，眯起眼睛去看它的时候，日本的工业设计显然不是指向日常生活的文化，而是经济。正从战争的毁灭性破坏中站起来的日本正完全致力于提高国力，其目标是经济繁荣，而非一种日常生活的成熟意识。对于那时的日本来说，头等重要的不是食物的质量，而是先填饱肚子；不是文化，而是工业。那个时期的价值体系在二十世纪的整个下半叶都发挥着潜在的力量，至今仍如“通奏低音”[1]一般在我们的社会基础中深深回荡着。

审视今天的产品设计我们可以看到，除了很少的一些例外，几乎所有的设计都是基于大规模生产，以标准化和量产原则为前提的。在工业设计中，设计师的个性受到压制，企业在计划、生产和销售或服务上的意志和战略得到精确的反映。如果这一系统运转得好的话，我们就能得到巧妙结合材料与技术以响应当代生活方式需求的理性设计。否则，我们拿到的就是逢迎市场的无耻设计。以SONY为代表的日本工业产品向世界展示了以企业内雇设计师为基础的高水准产品设计、工程与设计间的紧密纽带，以及标准化与量产的精细管理。

[1] 译者注：通奏低音，又称低音连奏，是巴洛克音乐，尤其是巴赫音乐中的重要手法，低声部有贯穿始终的连奏，与高声部的旋律形成相匹配的和弦与和声。由于低声部是和声的基础，这就使得音乐的整体结构建立在低声部上。

风格再塑与定位

我们若是看看美国呢？为躲避战争而移民的现代设计的欧洲先驱们随之带去了一部分理念。格罗皮乌斯去了哈佛大学，路德维希·密斯·范·德洛去了伊利诺伊工学院，拉兹洛·莫霍利—纳吉在芝加哥领导新包豪斯。每个人都在其新家传达着其对设计的个人理解。这些欧洲的或是包豪斯式思维的流入可从美国在建筑和产品设计领域的突破背后发现。

然而，与包豪斯染有社会民主主义味道的思想不同，设计在美国一直作为支持其经济发展的市场营销手段的一部分，跃动着生动的色彩。在美国，设计演变为一种极端实用主义的手段，与市场营销分析以及经营战略紧密联系在一起。“流线型”二十世纪三十年代在美国的流行即是用设计改变产品形式的做法的肇始。从此，一种影响整个世界的两相配合的发展就再没减过速：与工业技术的革新相匹配的外观设计的差异化。在美国主导世界经济的环境里，这种实用主义设计观也影响着欧洲和日本。简言之，美国将设计视为一种经营资源。那些发现创新能刺激人们消费欲的企业家们将设计提升为“风格变换器”的角色。

一种新风格的出现迫使现有的产品老化并将其变成一种古董。所制定的系列计划的战略基础是：做今天崭新、明天看起来就是旧货的东西！为的就是刺激消费者花钱，设计便以不断改变产品外观响应着它的角色。于是，在世界的每个角落，所有的产品，从汽车到音视频器材、照明设备、家具、杂物以及包装，皆变着风格出现，挑起消费者的胃口。

在另一前沿，当欧洲人认识到品牌［市场价值的保留］的操作理念，他们也给设计指定了处理此机制的工作，即品牌操作。过去，“经营资源”意味着人力资源、设备和财务资源。现在，它们还要加上信息，包括企业形象和品牌这两项渗透到普罗大众的概念。又是美国巧妙地发展出企业形象和品牌管理这样的方法，战略性地阐释设计的角色以协助企业经营。

思想与品牌

欧洲设计呢？在欧洲，另两个战败国，德国和意大利，它们的发展也牵扯着设计。包豪斯学院关闭后，大多数教授去了美国，那些分享了学院经历的人在其新家帮助包豪斯理念继续发展。

在德国，乌尔姆设计学院扮演着一个角色。其第一任院长马克斯·比尔［1908—1994］倡导一种他所谓“Umweltgestaltung”［环境设计］的概念，设计的观念开始包含与环境达成一致的理念。学院的原则可从其课程设置上清楚地看出，包括建筑、环境、产品形式、视觉传播和信息等领域，而它们倒不是因其专业领域出现在这里，而是作为一种整合所有这些领域的系统来定位设计。课程中所包含的不仅仅是关于色彩与形式的知识和训练，还有哲学、信息美学、人体工程学、数学、控制论以及科学基础等。这些课程的内容不再被视为一种手工艺类别的教育结构，而是要当作一种综合人类学或信息学，前提是与科学的跨接。该课表深入考虑的是：对那些以其工作承载整体环境的设计者们，需要什么样的思想和知识系统对其形成支持？它反映了从包豪斯到乌尔姆的设计理念不断深化的底蕴，这种底蕴存在于德国日用产品［一度由博朗牌产品所象征］背后，是一种极高水平的人类行为研究的结果。

另一个战败国意大利呢？闪耀着拉丁光芒的意大利设计帮助发展了现代设计，与思辨性的德国设计形成了鲜明对比。正如“感觉就像在米开朗基罗和达·芬奇身边长大的”工业设计师恩佐·玛丽所言，意大利的设计世界自由地伸向一种旺盛的原创性。凭借着非量产的、将手工工艺融入生产程序中的相对小规模工业生产中的高质量想法及造型艺术，意大利设计获得了原创性、卓越性和日益高涨的声誉。

详细审视欧洲设计的每一寸细节，我们感受到的是其设计者的独立精神以及萦绕不去的手工艺术情怀。这大概是因为手工艺的血统作为欧洲设计师职业意识的一部分继承下来。在包豪斯，教授与手工艺大师联袂授课，而欧洲制造的基础就包括了培训过的手工业者的手工制品。当此系统运行良好时，它所产生的设计具有惊人的独特性、原创性与自由度。反之，其设计则会令我们感到一种傲慢的个人性。

在市场上，那些标志着设计师个人才华与工艺质量的好产品赢得了卓越的声誉，被当作一种特殊价值保留下来。那就是，我们所谓“品牌”的力量得到了社会认同。这种保证产品质量与产地的品牌悄无声息地从世界市场上集聚力量，当作为一种方法论得以完善后便持续发展。奥利维蒂和阿莱西的工业产品示范了品牌的理念。通过品牌，我们再次瞥见设计的基础性力量。如我所说，在美国，这种品牌的概念被当作一种市场营销元素，投入巨大热情予以研究，其力量展示为产品设计、企业形象管理以及广告策略设计等。

我无法在这里面面俱到地谈欧洲设计。北欧、法国、英国、荷兰等地的优秀品牌有着不胜枚举的故事，可以另找时间，我们还是继续我们眼前的话题。日本、美国、欧洲：外形与形式设计依照其诞生环境、血统，以及国家经济发展时受到的影响等在各自社会有所不同。而且，在二十世纪下半叶，经济力量加强了控制，经济是设计发展背后的主导力量。面对越来越高的期待，设计作为一种提供质量、创新与定位的服务，开始响应对它的这些要求了。

在这类社会，普通人太喜欢把自己与信息和产品的新鲜度联系在一起，唯恐落后于时代。

后现代主义的嬉戏

在个人电脑爆炸性成长之际，我们的头脑又进入另一种新经济文化的婴儿期，而在其诞生的前夜，有那么一点点，设计又误入了一个怪异的迷宫。在八十年代，“后现代”一词被引入设计界，发展为一种时尚现象，流行于建筑、室内装饰和产品设计领域。它起源于意大利，像野火一般在各发达国家中蔓延。顾名思义，“后现代主义”可谓现代主义与新时代之间的意识形态冲突，但在二十一世纪的今天，如果我们以更为广阔一些的视角回顾它，我们就会认识到后现代主义不能被视为设计史上的转折点。它只是现代主义概念从一代传到下一代时一阵掠过的骚动。如果我们细看，我们甚至可将后现代主义视为一个象征着信奉现代主义的那一代设计师老化的事件。

从造型艺术的趋势可以清楚地看到，后现代主义是偶像的一种小型操纵系统，是一种时髦的东西。穿着任何过去时代老款服装的人的照片之所以令我们发笑，是因为整个社会都参与这所谓时尚的怪异性的空白协议。从二十一世纪回望，后现代主义令我们好笑也是同样原因。这就好像流线型风格的复兴。但值得注意的是，那些掀起此运动的人包括了艾托·索特萨斯这样的设计师，其精彩的作品包括在现代主义潮流中为奥利维蒂公司创作的产品和企业形象设计。令此运动与红极一时的流线型相区别的，是设计师们并未服膺于后现代主义的造型和代表性特征，而那些凭其自身经验看出现代主义局限性和可能性的人是在玩设计，他们创造空洞的偶像系统，且完全清楚他们在做什么。同时我们不能忘记萌芽于普通人当中，带有一种成熟性和世俗性，认可并接受这种设计虚构性的设计配方。

但是，我仍怀疑能否将后现代主义仅解读为某一代的老化，因为这是一个恶作剧的世界，导演是那些厌倦了在现代主义上耗费时间的设计师，和那些在信息方面已比较老练的普通人。在对向现代主义倾注单纯热情已感到厌烦的一代身上，我觉出一种成熟的洞察力。

参与后现代主义游戏的诸种形式就像我们祖父辈的设计师们讲的复杂笑话，那个设计消融的时代是我们应该珍惜的。世界本该微笑着让后现代主义过去，但唯有经济是严肃的，它想以此来重振市场，远大于必要地将其传入世界。年轻设计师们在混乱中也有点被忽悠了，甚至评论家们也宣称后现代主义是现代主义和新时代之间的一场决斗。这是后现代主义游移的原因，也是它的迷惘与苦涩。

从这些事件我们应能认识到现代主义并未终结。即便其起始时所具有的冲击力已经失去，现代主义却不是那种能沦为某种潮流或时尚的东西。

现代主义暂时苦于被一代厌倦追逐它的设计师当作模仿秀讽刺地蔑视。如果通过做东西的实践理解生活质量的思维是能激发现代主义演变、成长的本质能量，亲炙现代主义思想的年轻一代设计师们就将引领一次新的现代主义，超越那些对主流无比反感的上一代人的成就。

电脑技术与设计

设计在今天立于何处？信息技术的突飞猛进将我们的社会投入空前的混乱。电脑向我们许诺将惊人地提升人类的能力，而世界对可能会在电脑充斥的未来出现的环境变化有些反应过度。无视我们的火箭只能到达月球那么远的事实，世界已开始为星系间的旅行担忧和忙碌。

东西方的冷战结束了，而世界早就开始琢磨那没讲出来的经济力的标准。在一个经济力量主导价值观的世界，人们相信保有此力量的最佳策略就是把能预见到的变化迅速反应到环境上去。鉴于工业革命的示范作用，人们很怕错过这趟车，他们拼命要赶到某个新地方去，但还在按“前电脑教育”的思路行事。

在一个满脑子想的都是如何越过别人去发电脑财的世界，人们没时间悠闲享受现有的实际好处与宝藏，而是怀着对可能性的热望竭力探身向前，结果失去了平衡，处于一种极不稳定的状态，当他们冲向下一步时几乎站都站不稳。

显然，人们觉得不该怪罪技术进步。深植于我们当代意识中的可能是一种成见，觉得那些与工业革命或机器文明对抗的人都是缺乏远见、遭人蔑视的。这就是对那几乎人人都意识到的裂痕，人们却难以启齿的缘故。因为他们生怕抱怨技术就会被认为与时代不合。社会对那些跟不上时代的人是毫无怜悯的。

然而，冒着被误解的风险，我要说技术应该演变得再慢、再稳些。最好是让它有时间经过试验和错误而成熟。我们的竞争心太强、太狂热，使得我们不断把不稳定的系统根植在不稳定的土地上，它们又演化为各种子系统，这些系统均脆弱而易出故障，但却任由其发展。停下来是没门儿的，它们在轨道上狂奔，彻底地筋疲力尽。人们将自己置于此不健康的技术环境中，每天都积下更多的压力。技术继续前进，数倍于任何个人可能通晓的数量。其总量既无法把握，也看不见边际。当人们的意识形态与教育始终无法应对这种情况，而只能沿着熟悉的小径继续时，传播或是做东西也就再无任何审美上的吸引力了。

电脑不是一种工具，而是一种材料，麻省理工学院一位叫前田约翰的教授如是说。意思是我们使用电脑不应只要是软件搞出来的便照单全收，而要深入细想在这种数字运行的新材料基础上会开发出怎样的知识世界。我觉得这一建议值得重视。对于任何可能成为很棒材料的东西，我们都需要尽可能让其与众不同的个性更纯粹。作为一种塑造和雕刻的材料，泥巴有着无尽的可塑性，而其无穷可塑性并非与其材料的品质无关。如果里面尽是钉子或其他碎铁片，捏出来就达不到可用的要求。现在是我们捏泥巴捏得满手出血。我无法相信在这种要命的情形下产生的任何东西能为我们的生活带来满意。

设计在今天被赋予了呈现技术最新创新的角色，而就这一点也被扭曲了。经过一番调教，设计要在“让今天看着新的东西明天看着旧”这方面逞能，还要负责把新奇的水果端给一桌好奇的客人，这便进一步加剧了其扭曲度，令其屈从于新技术。

激进的冲锋

当技术推动社会，我们将这种社会称为“技术驱动型”。而有一个国家，其设计比其他任何国家都更符合这种情况。这就是荷兰。欧洲最新设计时代的摇篮并不总是意大利或德国。

二〇〇〇年，世界博览会在德国汉诺威举行。主题是生态，以展示自然资源和环境保护等事务计划。只有荷兰的信息与众不同。我记得其情形是这样的：我国的土地、森林、各类花草、能源，甚至啤酒，全是我们自己做的。昵称为“Big Mac”、由建筑师小组MVRDV设计的荷兰馆共有六层。顶层是一片高原状的区域，有一个小湖和几架风车，为整个大楼发电。下面一层是一片真树组成的林子，支撑地板和屋顶的是实木柱子。屋顶密布着随机安装的数量巨大的荧光灯，好像在帮助树木进行光合作用似的。底层是个花园，我记得好像听到蜜蜂的声音从分布在花毯上的小监视器中传来。总的来说，到此馆的参观者直接感受到了荷兰人与大自然交流的方式。

现在当我回头去想，我记起荷兰四分之一的土地位于海平面以下，荷兰人以排水恢复土地。这就是“上帝创造了世界，荷兰人创造了荷兰”说法的来历。说他们造出了土地意味着他们造出了森林、田野和运河。荷兰的运河是非常几何化的，好像用尺子画出来的一样，房子都整洁地立在岸边。荷兰曾狂热于改善其郁金香品种，现在它是此花的种子业中心。其风车发电技术棒极了。可以得出结论，这个国家在干预自然、以人力创造自身环境方面值得骄傲。

简单讲，荷兰现代设计的传统是激进主义，可能部分反映了其文化定位。在上世纪前半叶活跃于风格派运动的艺术家包括曾在包豪斯任教的平面设计师皮特·茨瓦特，以设计红蓝椅著称的建筑师杰瑞特·T.里特维特以及施罗德工作室，还有画家皮特·蒙德里安。风格派艺术家们的显著特征可阐释为直率与本质主义。风格派是荷兰现代主义传统的起源，表现为极度讲究和全心全意，其典型态度是一旦决定做某事，最好完全投入直到结束。在建筑界光芒闪耀的雷姆·库哈斯，即此荷兰激进风格的代表人物。地板直接变成墙壁，墙壁立即变成屋顶。柱子不必是直立的，礼堂里座位的色彩配置是随机的，顶灯的位置也是随机的。为了追求一种理性的空间分配，他拿出的方案是，一座楼被设计成好像是从由圆形比例图构成的地平面抬升上来的。他的设计手段将现代的精彩触感置于他干巴巴、直来直去的方案之上，第一眼看上去咄咄逼人，像是一种技术驱动环境下的产品。

荷兰的产品设计团队，德鲁克设计 [Droog Design]，亦承担着对现代主义的一种虚无主义批评。虽其恶作剧与后现代主义稍有不同，其核心的激进感觉与库哈斯有着同样根源。在这片无山而多人才的土地上培养出的美学，与不成熟技术的不和谐韵律斗争着，对今天全世界设计的影响可是一点不小。它为堵塞的大脑吹进了一缕原创的清风。在抱怨技术的迅疾进步之前，从荷兰人正在做的直截了当的积极冲锋中学点东西也许是个好主意。它一定有东西让我们可学，即便本书的大部分内容都是这种精神的对立面。

超越现代主义

至此，这个设计的故事包括了引入风格变化技巧的设计、与新技术紧密挂钩的设计，而设计终究不是经济或技术的仆从。在倒向趋势的同时，设计还一直在做另一件好事：作为理性指针将形式赋予物。在其内心最深处，设计携带着理想主义思想的一种特殊基因：对形状与功能的追求，即便是以经济能量运行，它仍保有一个酷而虔诚的探路者的形象。那就是，在工业社会中，设计稳定地作为理性、高效的指针，规划着最优的物与环境。每当技术的进步揭示了一种创造新的产品或传播机制的可能性，设计都扮演着一个执著、不断追求最佳方案的角色。我是在一架从纽约到布宜诺斯艾利斯的飞机上写下这些文字的，不仅是飞机的安全性，就连座椅的舒适以及其他机内陈设都可视为设计勤奋努力的结果。而从我那简洁化的、人体工程学形式的电脑键盘上也能清楚看出设计在制造上的角色。换句话讲，现代主义的成果之一，就是将设计牢固地植入我们的日常生活中。

今天的设计师开始明白，设计的无尽可能性不仅沉睡在技术带来的新环境中，也在我们日常生活的普通环境里。新奇事物的创造不是唯一的创意。使人重新发现熟悉中的未知的感觉同样有创意。我们自己手中握有文化的大量积累，而我们却没有意识到其价值。将这些文化财富当作全新资源利用起来的能力，比起无中生有的创意能力来一点都不少。在我们脚下躺着一条从未有人触及的巨大矿脉。就像戴上太阳镜就能让世界看起来更新鲜，看待事物亦有着无限多种方式，大多数还未被发现。唤醒、激活那些认知事物的新方式是对我们认识官能的丰富，这关系着物与人类关系的丰富。设计不是用新奇的形式和材料去迷惑观众，它是从日常生活的普通罅隙中不断提取惊人想法的原创力。继承了现代主义遗产、肩负着新世纪的设计师们逐渐在其意识中对这一事实开始探索。

传播也一样。在混乱的环境中创造一个可信赖的指针就是积聚关于事物真实状态的合理、实用的观察。今天我们是这样理解事物真实状态的。传统的并未被新技术替代。旧的接受新的，导致更多选项。为此我们需要做的不是去巴结新的，而是理性分析我们得到的选项。例如，在电子商务市场，新成立的公司并不像经过痛苦分析后进入同一领域的现有公司那么成功。互联网的新闻服务并未清除报纸。电子邮件服务和手机的发展并未减少实体邮件的数量。很清楚，媒介数量和复杂度的上升导致的是我们传播途径的多元化。

传播设计是对这些媒介进行有效组织的方式。传统媒介培养的敏感性不会因新媒介的出现而成为多余。一种媒介为我们培养出的传播感觉，其他媒介也用得上。设计这个职业把新旧媒介都接过来，对谁也不偏心，把它们放到交叉审视的视角下全部彻底加以利用。设计不是媒介的下属，设计探索媒介的本质。实际上，在今天媒介迷宫般的复杂之中，人们倒是有望能更清楚地理解设计的真正价值。

对技术与传播间的关系挖得再深一点。某些设计师已经开始重新思考信息质量的可能性了。当将互联网上尘土般乱飞，粘在我们显示器上的粗糙信息放到一边时，我们认识到只有当感觉被调动起来才能觉察出信息质量的深刻性。一个象征性的例子是，近年来认知科学领域［研究虚拟现实］对视觉和听觉之外的“触”觉的大量关注。此类极其精微的人类感觉已开始在技术前沿上变得格外重要。人类与环境同样可触知，我们感受到的舒服及满意是建立在我们如何理解与珍惜我们通过各种感觉器官与世界沟通的基础上。就这一观点而言，设计与技术、设计与科学的领域面向的是同一方向。我专于传播但已想到，此法之理想并非以抓人的图像去吸引观众的眼球，而是让图像渗透五感。这种传播难以捉摸而又牢固，因此极其有力，甚至在我们知道它们存在之前就已成功了。

好吧，我们兜了个圈，但总算到了。我们现在一起所站的地方就是我们思考设计、实施设计之处。设计不只是做东西的艺术。我们在历史中的短暂巡游证明了这一点。设计这个职业是在揪着我们的耳朵和眼睛去发现日常生活中的新问题。人们通过生活创造其环境。在对此事实的理性观察之外是技术的未来与设计的未来。在其松散的交汇处附近，我们会发现现代主义的未来。

深泽直人

关于原研哉

原研哉

中文版后记

关于原研哉

深泽直人

产品设计师

“当某个群体中的创造性个体发现了某种符号，该符号将会激发出群体成员新的活力。”河合隼雄所著《无意识的机制》［中央公论新社出版］一书中如是说。

基督教的十字架是一个符号，“日之丸”，即日本国旗上的红色圆也是。原研哉想创造一个这样的符号，一个能产生大量心灵能量去启迪大众的符号。他的热切愿望似乎过于勇敢，但他的意愿里不含任何政治或宗教因素。的确大多数人倾向于拒绝受某一符号力量的控制。原研哉渴望的并非建立一个代表某种运动的符号。他所搜寻的符号不具有任何有形的实体。他真正的兴趣在于将所有人类共有的情感，也就是在潜意识中起作用的那些东西视觉化。他擅长将我们周围飞舞着的创意颗粒以一种易懂的形式表现出来。他极其巧妙地将每一个都发出独特亮光的无数创意最终编辑、整合为一束闪耀的光芒。

他的力量足以将这么多不同的东西——设计、艺术、建筑以及种种社会现象变形为一种符号与创意信息。正如我们也许能看见天上的每颗星星，但却从未见过它们所构成的星系。原研哉是那唯一看到整体轮廓的人，其本体通过他的工作将自身显现出来——清晰地、优雅地、审美地。

我估计原研哉确信他自己是一个具有以逻辑分析阐释事物能力的设计师。他在这一点上并没有错。但我却更喜欢把他看成一个能够最大限度以直觉感知事情和现象的设计师。就拿他是如何把一块石头放到一张白纸上这个例子来说。令人惊叹的是他在为石头确定其在空间中唯一一个和谐的位置上从未失手。即使是有一百块石头，他在纸上构成的石头组合也是精确合理的。我觉得这种直觉力，使得他能够全面地理解事情和现象，通过眨眼间的精神集中与分散感知到全局中一个精确的点，乃是一项天赐之才。

石头与纸张并不是准备好的，它们并不具备某种美学价值。令我们感到神奇的是，他能够通过一种完全达到目标的布局将这些东西变成一种美学本体。他这种罕异之人能将以构成而非内容来创造价值的那种精致转化为现实。

毋庸置疑，日式美学或者说达至巅峰的简约美学是他思想的基础。他所创造的精致与作为一个符号或平面设计的“日之丸”相像。我说的不是某种社会思想，或者历史，而是这样一个符号所暗示的含义。“日之丸”不过是一块白方地上一个绯红的盘子，尽管如此却可以作为一件空的容器任由各种观众解释成各种意义。我确信，原研哉是想展示一个空的、自由的框架，让某种目标解释或理解在观众头脑中产生，而无需有意规定其意义。

原研哉是个处于崇高孤寂中的设计师。他似乎与其他人和事保持着一定距离，以便将围绕着设计、艺术与建筑领域的所有创造从总体上作为设计来理解。不靠得太近，处于主观性成为客观性的山外，他正试图抓住那容纳所有创造的巢居的轮廓。

中文版后记

原研哉

设计就像体育比赛中的球。球必须得是圆的。如果不是圆的，也就没有比赛和进展了。

现代科学据说是和球类运动一起发展起来的。一个圆球就是一种揭示宇宙本质和法则的媒介。球类运动使人类能够通过体育运动体验到这些东西。

重要之处在于一个圆球培养的是熟练。一个不规则形状的球反应是不稳定的，很难让运动者获得任何技巧。而一个基本是圆形的球则总是有规律地反应，帮我们逐步改进对它的处理。如果球是圆的，比如网球，我们就能快速地把球发到角上。我们甚至可以骑在一个大球上。这不是个人能力问题，这有关和世界以及宇宙法则的沟通。

设计就是这个圆球。人们通过不断与设计相联系，能够体验宇宙的本质和法则，因而从这一指向环境创造与传播的指示物中受益良多。

我所参与的项目就好像各种球类运动。如果我把它们比作网球，那就好像一连串顶尖高手正将我发到角上的每个妙球有力地回过来。我也回球，然后产生的是又一次精妙的回合。这就是触觉［HAPTIC］展、再设计［Re－Design］展以及其他项目产生的方式。

当我做这些项目的时候，我感到就像给世界发球。本书则是下一个发球。我期望球是圆的，这样大家就都能玩了。

这里我想向诸多创作者表达我的敬意，他们对每个项目的意图有着深刻的理解，他们的全心投入参与，使得我们能够通过这些展览分享一份迷人的智慧资源。而由于这些方案是如此高质量，在回顾时，我们又能学到在项目运作过程中没注意到的其他新发现。

我还想向为此书中文版得以付梓而付出努力的朱锷先生致以谢意，他也是之前本书简体字版的译者和装帧设计。我和朱锷先生同为设计师，而且我们之间已有超过10年的友谊，这使得我们之间的合作有着更深的互信，我在中国的所有出版物都离不开他在背后默默的帮助和支持。希望借此书的出版，向我热爱的国家——中国表达敬意，也衷心期待能与中国的读者有更深的交流。

我想感谢拉尔斯·穆勒让本书成为现实。他从一开始就跟我说：“个人作品集是属于上个年代的东西。你一定不能只是展列作品，而应该强调你的作者性。”接受了他的意见，我才得以将这本书带到这个世上。

产品设计师杰斯帕·莫里森鼓励我通过拉尔斯·穆勒出版社出版此书。由于他十分恰当的建议，此书既达成了意愿，又获得了独立存在。我还想向那些不顾在世界上飞来飞去的紧张日程安排，对我的手稿请求反应如此之快的人们表达最深的感激。没有比从这些可敬的同行那里收到这种鼓励更高的荣誉了。

我还要感谢和多利当代美术馆的和多利惠津子，将我介绍给拉尔斯·穆勒。由于她，我交到了一位我可以完全信任的朋友。

我要感谢李·埃德尔库特对本书的贡献。她感觉极棒，能让趋势成为一个丰富的故事，不断启发着我。凭借她的写作，本书的第一部分装点上了许多富有启发性的词语，我确信当本书面世的时候它将成为作品的一种强大中介。

亦贡献良多的约翰·梅达，在计算机这种新涌现的感件上他对我来说就像一位大师。除了他领先时代的广博能力以外，他不只是往前跑，我深深敬重他的审慎，他豁达的智慧。在本书中能得到他的只言片语真是莫大的快乐。谢谢你，约翰。

我还要感谢深泽直人，在本书后面写下了那些话。他是我最经常见到的设计师之一，同时也是我在武藏野美术大学的同事。他观察世界的独特视角与他对设计的献身精神也在设计中激励着我。我一直对这位兄长心存感激。

感谢竹尾公司赞助了触觉展和再设计展，对为他们创作的项目给予如此巨大的理解。同时感谢本书的印厂。

对参与本书编辑出版的日本设计中心原研哉设计工作室的人员表示最诚挚的谢意。我尤其要感谢多年来一直支持我工作的井上幸惠，和为本书做编辑设计的松野薰。

最后，感谢我的妻子由美子。我高兴地告诉你，本书终于完成啦。

作品一览

List of Works

再设计——二十一世纪的日常用品
2000

展览会：Takeo Paper Show 2000
委托者：竹尾株式会社
期间：2000年4月
会场：青山SPIRAL Garden & Hall
海外巡回展：格拉斯哥［英国］／哥本哈根［丹麦］／香港／多伦多［加拿大］／上海［中国］／北京［中国］
企划·构成：原研哉
制作协调：原设计研究所·竹尾株式会社

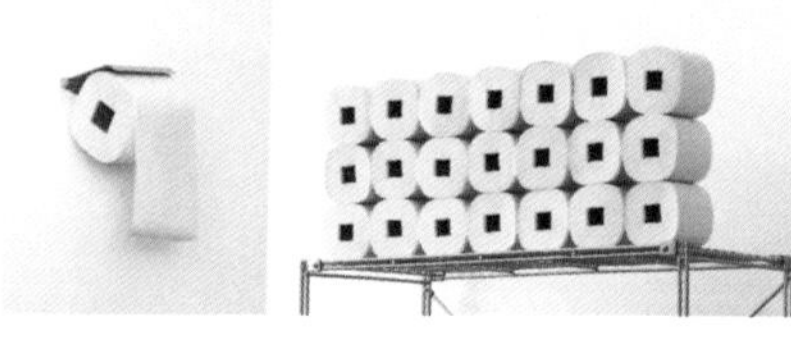

卫生纸 ｜ pp26-29
回答者：坂茂
尺寸：W110×D110×H115mm

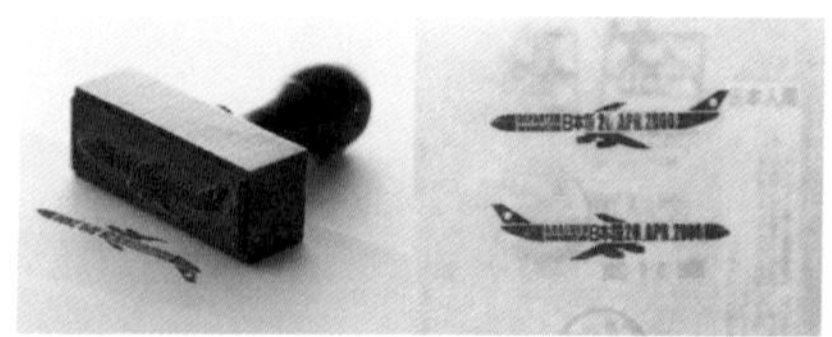

出入境章 ｜ pp30-32
回答者：佐藤雅彦
尺寸：W80×D26×H80mm

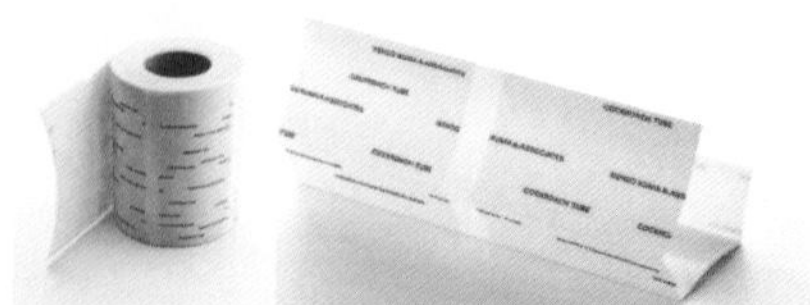

捕蟑盒 ｜ pp33-37
回答者：隈研吾
尺寸：W100×D20×H35mm

纪念日火柴 ｜ pp38-40
回答者：面出薰
尺寸：S：W37×D65×H8mm
M：W37×D136×H8mm
L：W37×D240×H8mm

纸尿布 ｜ pp40-43
回答者：津村耕佑
尺寸：短裤：Men's M
T恤：Men's M
慢跑衫：Men's M
运动短裤：Men's M

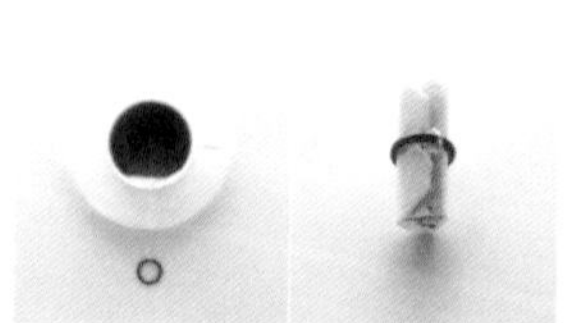

茶包 ｜ pp44-47
回答者：深泽直人
尺寸：环型：W45×H50mm
圆型：ø70mm
傀儡型：W58×H65mm

建筑师的通心粉展
1995

展览会：Architects' Garden 1995
委托者：The Japan Institute of Architects
会场：青山SPIRAL Garden 工学院大学
企划·构成：原研哉
制作协调：原设计研究所·吉田晃
展示模型：原设计放大20倍制作

OTTOCO | p59
建筑师：葛西薰

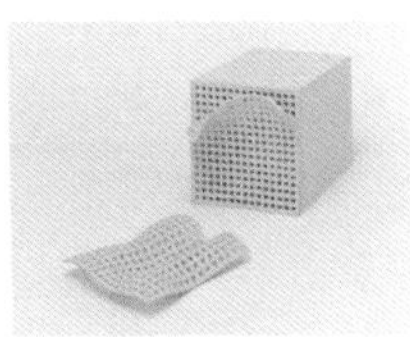

冲孔通心面 | p63
建筑师：宫胁檀

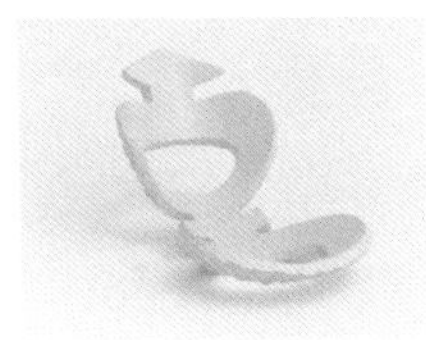

SHE & HE | p56
建筑师：今川宪英

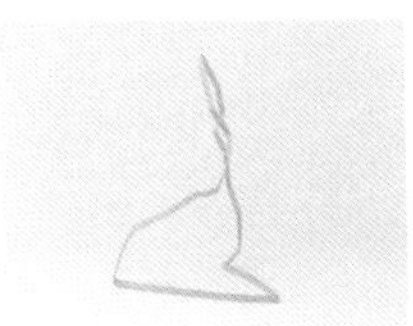

半结构 | p60
建筑师：隈研吾

食 | p64
建筑师：TANAKA NORIYUKI

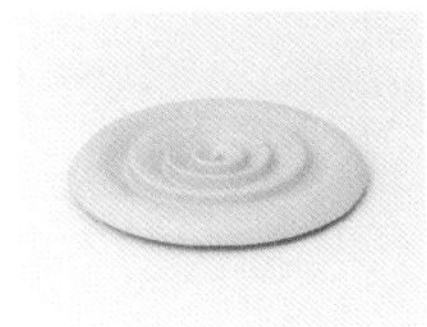

WAVE—RIPPLE. LOOP. SURF. | p57
建筑师：大江匡

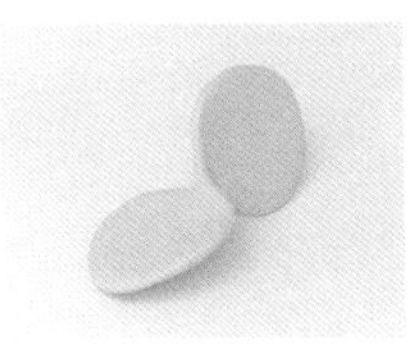

MACCHERONI | p61
建筑师：象设计组合

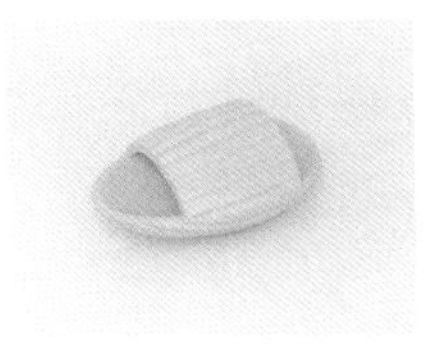

CUCCHIAIO | p64
建筑师：永井一正

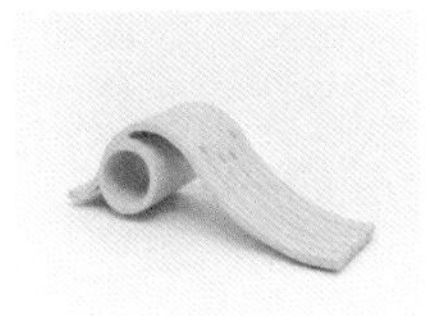

i flutte | p58
建筑师：奥村昭夫

Serie Macchel'occhi | p62
建筑师：小林宽治

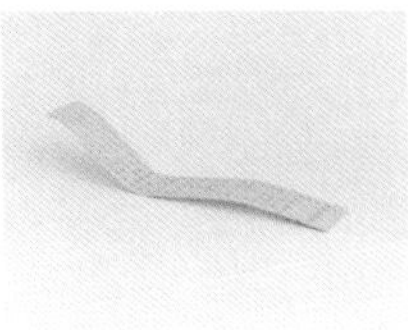

锁孔通心面 | p64
建筑师：林昌二

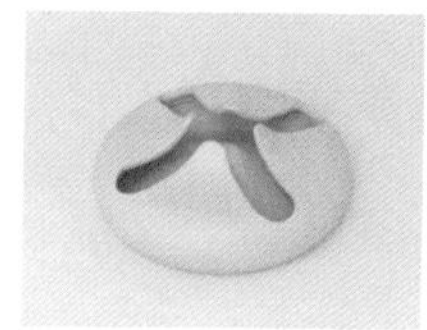

MACALA | p64
建筑师：原田顺

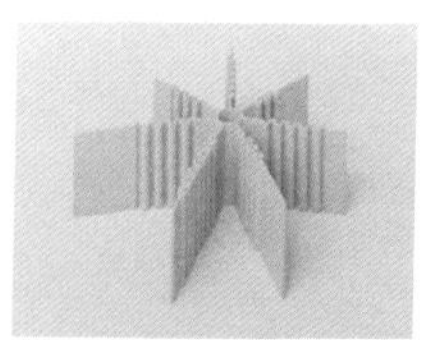

クッテミーロ | p64
建筑师：林昌二

建筑与通心粉 | p64
1995

印刷：
尺寸：W200×H200mm 56页
企划·构成：原研哉
艺术总监：原研哉
视觉设计：原研哉·村上千博
插画：Kogure Hideko
摄影：长岛真一
监修：［社］新日本建筑家协会
出版：TOTO

HAPTIC ——五感的觉醒
2004

展览会：Takeo Paper Show 2004
委托者：竹尾株式会社
会期：2004年4月
会场：青山SPIRAL Garden & Hall
企划·构成：原研哉
技术建议：吉田晃·赤池学·太田浩史
制作协调：原设计研究所·竹尾株式会社

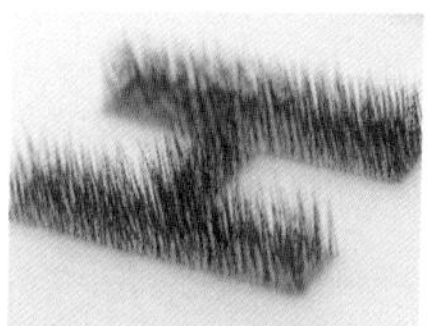

HAPTIC 标志 | p68
2004

素材·技术：硅胶·植毛
尺寸：H720×W720mm
艺术总监：原研哉
视觉设计：原研哉

HAPTIC 标志 | p69
2004

素材·技术：微菌培养
尺寸：H300×W300
艺术总监：原研哉
视觉设计：原研哉

KAMI TAMA ｜ pp72-75
设计师：津村耕佑
素材·技术：和纸［丝黏合］·人工植毛
尺寸［灯］：ø240mm

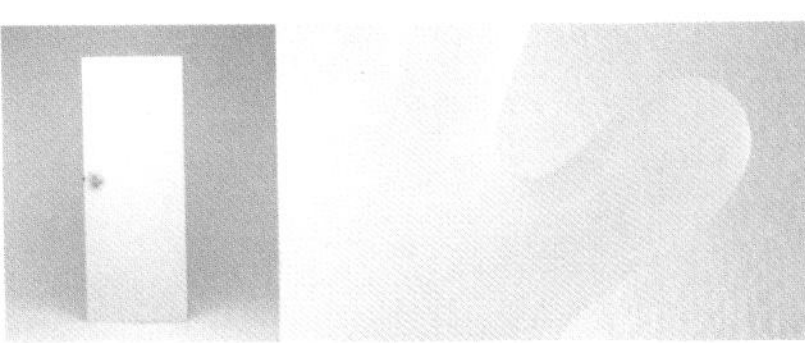

凝胶门把手 ｜ pp84-87
设计师：伊东丰雄
素材·技术：凝胶
尺寸：W142 × D40 × H142mm

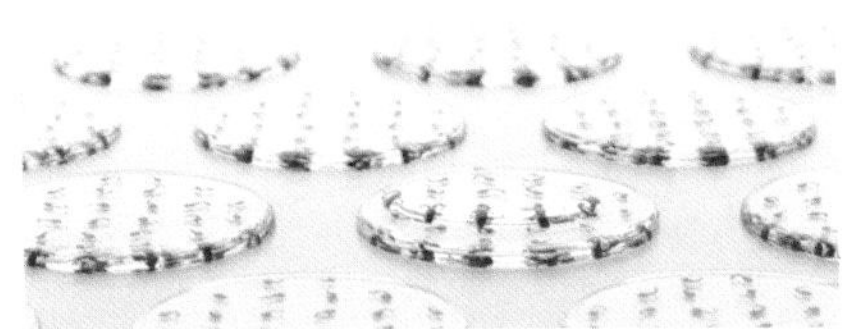

蝌蚪杯垫 ｜ pp76-79
设计师：祖父江慎
素材·技术：透明液状硅胶·塑胶黏土
尺寸：ø 55 × H5mm

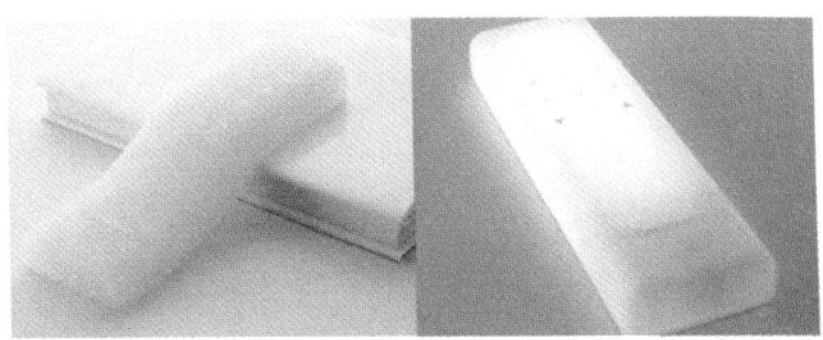

凝胶遥控器 ｜ pp88-91
设计师：Panasonic设计公司
素材·技术：凝胶
尺寸：W70 × D200 × H25mm

挂钟 ｜ pp80-83
设计师：Jasper Morrison
素材·技术：WAVYWAVY·塑胶成型
尺寸：ø 156.5 × 70mm

果汁外皮 ｜ pp92-95
设计师：深泽直人
素材·技术：软质塑胶·植毛印刷·食品样本制作技术
尺寸：香蕉：W58 × D44 × H126mm
豆奶：W48 × D73 × H36mm
草莓：W55 × D33 × H67mm
奇异果：W56 × D40 × H78mm

木屐 | pp96-99
设计师：挟土秀平
素材 · 技术：木材 · 泥瓦匠技术
尺寸：W90 × D240 × H95mm

妈妈的宝贝 | pp114-117
设计师：Matthieu Manche
素材 · 技术：硅胶 · 凝胶 · Epithese
尺寸：Mom：W200 × D120 × H100mm
Baby：W80 × D80 × H50mm

圆白菜碗 | pp104-109
设计师：铃木康广
素材 · 技术：纸粘土 · 翻模成型
尺寸：W200 × D200 × H150mm

废纸篓 | pp118-121
设计师：平野敬子
素材 · 技术：VULCANIZED FIBRE
尺寸：W648 × H571mm

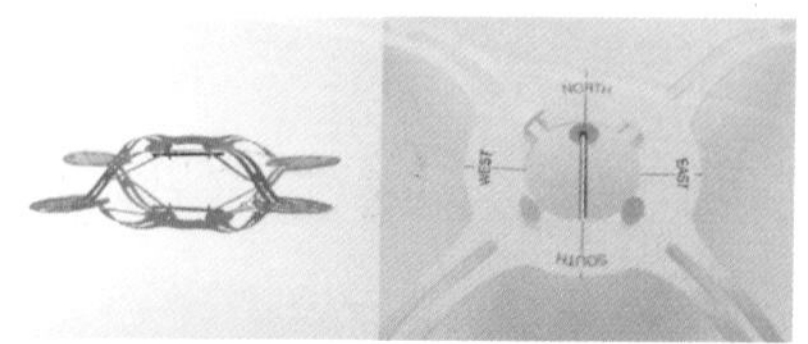

漂浮的指南针 | pp110-113
设计师：山中俊治
素材 · 技术：纸 · 磁铁 · 氟素采树脂泼水加工
尺寸：ø 156.5 × 70mm

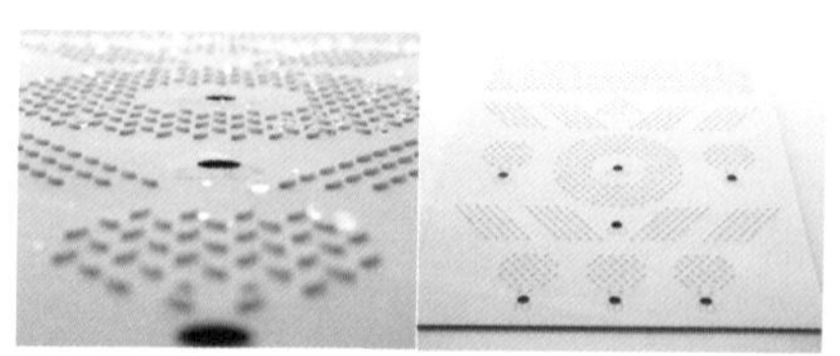

水弹珠 | pp120-127
设计师：原研哉
素材 · 技术：纸 · 超防水加工
尺寸：D728 × H1.0305mm

文库本书封800凸点 ｜ pp128-129
设计师：阿部雅世
素材·技术：纸·点字印刷
尺寸：W153 × H390mm

带尾巴的礼品卡 ｜ pp138-139
设计师：服部一成
素材·技术：纸板·人工毛·植毛
尺寸：L200mm

蛇皮纹样纸巾 ｜ pp130-133
设计师：隈研吾
素材·技术：机械抄制和纸·镭射切割压克力模型
尺寸：W300 × H1,400mm

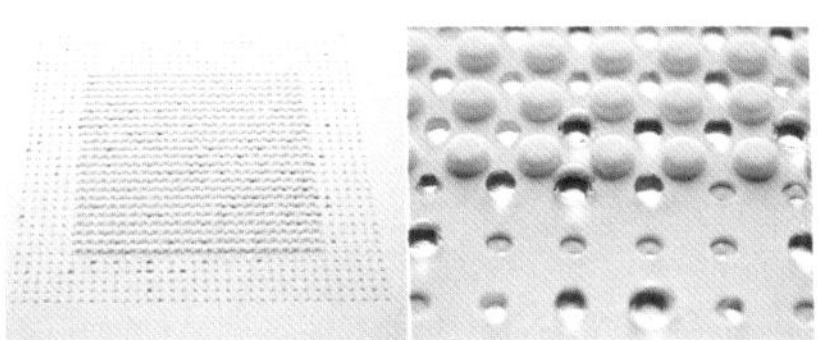

加湿器 ｜ pp140-143
设计师：原研哉
素材·技术：纸·超防水加工
尺寸：W600 × H600mm

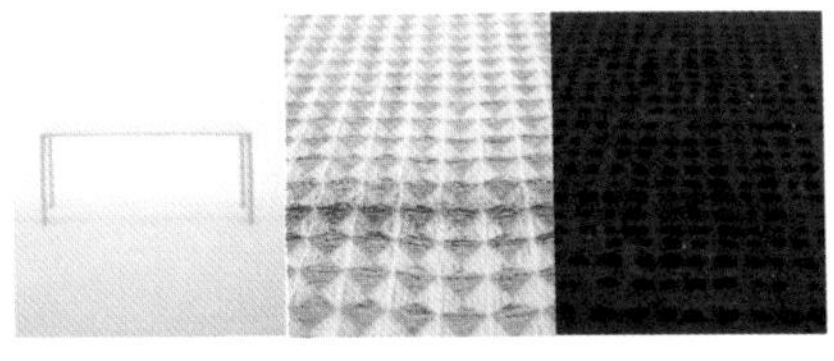

瞪羚 ｜ pp134-137
设计师：须藤玲子
素材·技术：白瞪羚：美浓和纸·棉
黑瞪羚：越前和纸·人造纤维丝绒
霜降瞪羚：纸系“OJO+”
体长：165mm
体高：70mm
重量：20千克
家具设计：手槌RIKA

长野冬季奥运会开幕式节目表 | pp158-163
1998

印刷：平版印刷
尺寸：W312×H256mm
委托者：财团法人 长野冬奥会组织委员会
艺术总监：原研哉
视觉设计：原研哉·村上千博·井上幸惠
插画：谷口广树
广告文撰写协调：照沼太佳子·青柳直美·田中英司

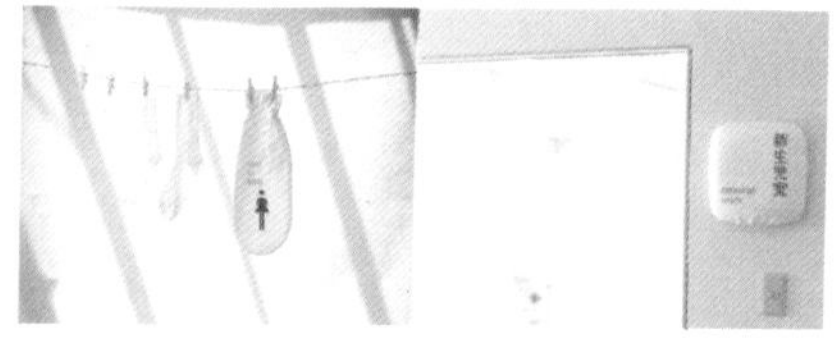

梅田医院视觉指示系统 | pp164-169
1998

素材：棉
尺寸：W280×H276.5mm
W305×H1,350mm
W162×H533mm
委托者：梅田医院
艺术总监：原研哉
视觉设计：原研哉·井上幸惠
版型师：竹田雅子

公立刈田综合医院视觉指示系统 | pp170-173
2002

素材·技术：镶嵌·亚麻油地板
委托者：公立刈田综合医院
艺术总监：原研哉
视觉设计：原研哉·小矶裕司

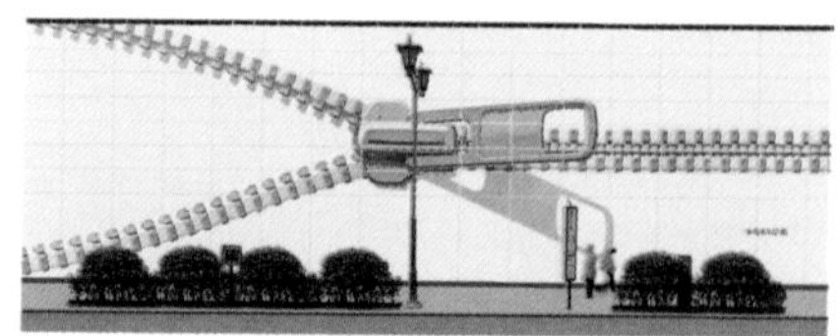

银座松屋再造项目
改装工程用的临时围墙 | pp177-179
2001

尺寸：W1,190,000×H9,250mm
委托者：银座松屋
艺术总监：原研哉
视觉设计：原研哉·池真帆

银座松屋再造项目
正面［凸点样式］ | pp180-181
2001

尺寸：W1,190,000×H31,805mm
委托者：银座松屋
艺术总监：原研哉
视觉设计：原研哉·村上千博

银座松屋再造项目
积分卡 | p182
2003

素材：塑胶
尺寸：W85×H53mm
委托者：银座松屋
艺术总监：原研哉
视觉设计：原研哉·小矶裕司·日野水聪

银座松屋再造项目
购物袋·包装用纸 | pp182-185
2001

技术：平版印刷
委托者：银座松屋
艺术总监：原研哉
视觉设计：原研哉·村上千博·日野水聪子

长崎县美术馆视觉指示系统 | pp189-191
2005

技术：动画
委托者：长崎县
艺术总监：原研哉
视觉设计：色部义昭
动画：齐藤裕行

银座松屋再造项目
海报 | pp184-187
2001

技术·素材：毯状厚纸·拉链·刺绣·钢版
尺寸：W728 × H1,030mm
委托者：银座松屋
艺术总监：原研哉
插画：KATOUYUMEKO

长崎县美术馆视觉指示系统 | p191
2005

素材：不锈钢
尺寸：W900 × D182 × H261.6mm
W500 × D30 × H336.8mm
委托者：长崎县
艺术总监：原研哉
视觉设计：原研哉·色部义昭

长崎县美术馆入口视觉标识 | pp188-189
2005

技术·素材：不锈钢·卡典西德
尺寸：W6,061 × H1,800 × H2,100mm
委托者：长崎县
艺术总监：原研哉
视觉设计：原研哉·色部义昭

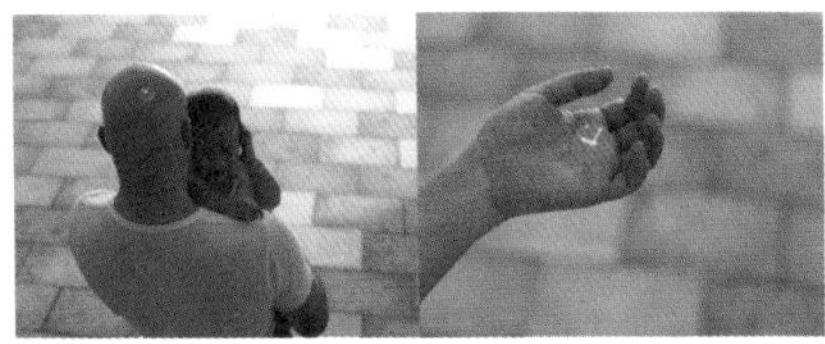

斯沃琪集团视觉标识系统 | pp192-195
2007

技术：投影
委托者：The Swatch Group
艺术总监：原研哉
视觉设计：原研哉·色部义昭
动画：齐藤裕行

Crossing the Parallel
柯布西耶选集 | p197
1999

印刷：平版印刷
尺寸：W180 × H256mm 58页
委托者：森建筑株式会社
艺术总监：原研哉
摄影师：藤井保
视觉设计：原研哉 · 下田理惠
文：森稔 · 丹下健三 · Terence · Conran · William · J.R.Curtiss · 原田幸子
企划：森美术馆准备室
协助：科比意财团
发行人：森建筑株式会社

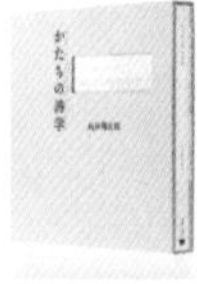

形的诗学 | P199
2003

印刷：平版印刷
尺寸：W210 × H210mm 370页
作者：向井周太郎
艺术总监：原研哉
视觉设计：原研哉 · 松野薰
发行：美术出版社株式会社

再设计——二十一世纪的日常用 | p199
2000

展览会：Takeo Paper Show 2000
印刷：平版印刷
尺寸：W145 × H215mm 240页
委托者：竹尾株式会社
艺术总监：原研哉
视觉设计：原研哉 · 井上幸惠
编辑 · 制作协调：原设计研究所
摄影：AMANA株式会社 / 广石尚子 · 黑川隆广 · 蒲生政弘 · 飞知和正淳
发行：朝日新闻

FILING | pp202-203
2004

展览会：Takeo Paper Show 2004
印刷：平版印刷
尺寸：W182 × H257mm 186页
委托者：竹尾株式会社
企划 · 构成：织诚 · 原研哉+原设计研究所
艺术总监：原研哉
视觉设计：原研哉 · 松野薰
编辑 · 制作协调：原设计研究所 · 株式会社竹尾
摄影 · 株式会社AN / 蒲生政弘 · 兼子薰 · 伊藤彰浩
株式会社AMANA / 关口尚志 · 二瓶宗树 · 大贯宗敬 · 松浦一生
发行：株式会社宣传会议

不要谈论色彩 | pp204-205
1997 [im Product catalog]

印刷：平版印刷
尺寸：W145 × H215mm 126页
委托者：オンリミット株式会社 / On Limits lnc.
艺术总监：原研哉
摄影：藤井保
广告文编写：原田宗典
视觉设计：原研哉 · 井上幸惠
Stylist：及川敬子
角色制作：河野 博 · 岛田一明

设计的原形 | pp206-207
2002

展览会：设计原形展
印刷：平版印刷
尺寸：W148×H210mm 168页
制作：JAPAN DESIGN COMMITTEE
企划·构成：原研哉·深泽直人·佐藤 卓
编辑设计：原研哉
视觉设计：原研哉·松野薰
摄影：久家靖秀
编辑协助：紫牟田伸子
发行：株式会社六耀社

东京大学选集
摄影师上田义彦的矫饰主义博物志海报 | p218
2006

印刷：平版印刷
尺寸：W515×H728mm [B2]
委托者：东京大学综合研究博物馆
摄影：上田义彦
企划：西野嘉章
视觉设计：原研哉·伊能佐和子

纸与设计 | pp208-209
2009

展览会：Takeo Paper Show 2000
印刷：平版印刷
尺寸：W185×H244mm 252页
委托者：竹尾株式会社
总监：原研哉
摄影：藤井保
视觉设计：原研哉·池真帆·岩渊幸子
编辑：原研哉·紫牟田伸子
发行：竹尾株式会社

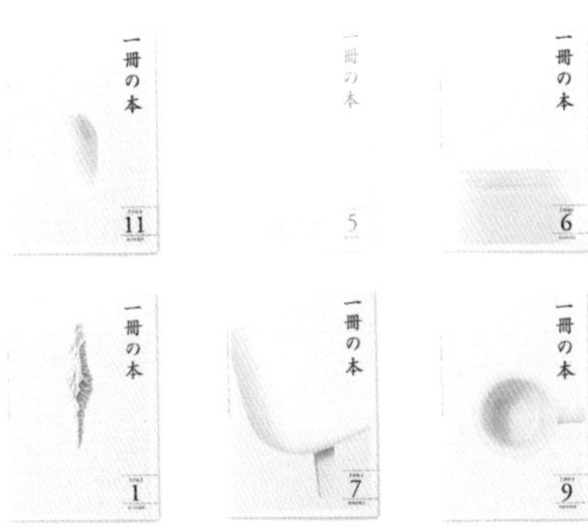

杂志“一册の本”封面设计 | pp220-225
1996

印刷：平版印刷
尺寸：W145×H210mm
艺术总监：原研哉
插画：水谷嘉孝
发行：朝日新闻社

無印良品宣传海报
“地平线［乌尤尼盐湖］”
pp228-229，pp246-251
2003

印刷：平版印刷
尺寸：W2,912 × H1,030mm ［B × 02］
外景地点：乌尤尼盐湖［玻利维亚共和国］
委托者：良品计划株式会社
艺术总监：原研哉
摄影：藤井保
视觉设计：原研哉 · 井上幸惠 · 菅IZUMI
协调：葵Promotion / 北村久美子 · 池田麻穗

無印良品宣传海报
“地平线［蒙古草原］”
pp244-245，pp252-253
2003

印刷：平版印刷
尺寸：W2,912 × H1,030mm ［B × 02］
外景地点：蒙古
委托者：良品计划株式会社
艺术总监：原研哉
摄影：藤井保
视觉设计：原研哉·井上幸惠·菅いずみ
协调：葵Promotion/北村久美子·池田麻穗

無印良品杂志广告 ｜ pp232-233
2002

印刷：平版印刷
尺寸：W230 × H284mm
委托者：良品计划株式会社
艺术总监：原研哉
摄影：藤井保
视觉设计：原研哉 · 井上幸惠 · 菅いずみ
协调：葵Promotion / 北村久美子 · 池田麻穗

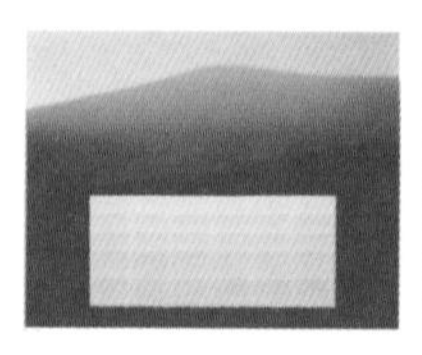
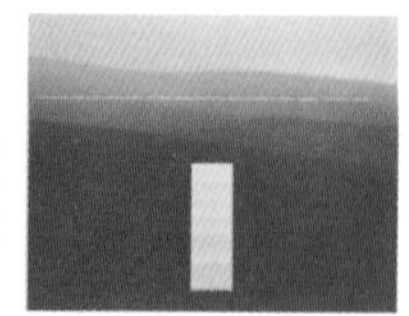

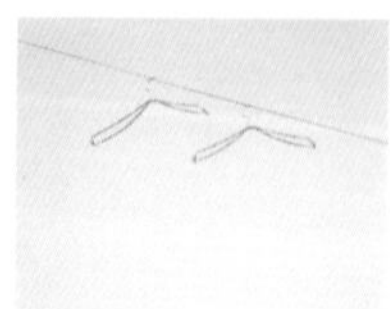

米兰展出概念手册｜ pp234-237
2003

印刷：平版印刷
尺寸：W265 × H210mm 32页
委托者：良品计划株式会社
艺术总监：原研哉
摄影：藤井保
视觉设计：原研哉 · 菅いずみ

無印良品杂志广告“家”｜pp254-259
2004

印刷：平板印刷
尺寸：W230×H284mm
委托者：良品计划株式会社
艺术总监：原研哉
摄影：片桐飞鸟
视觉设计：原研哉·菅いずみ

無印良品海报“家［Renovation］”｜pp260-263
2004

印刷：平板印刷
尺寸：W2.912×H1,030mm［B0×2］
委托者：良品计划株式会社良品计划
艺术总监：原研哉
摄影：片桐飞鸟
视觉设计：原研哉·菅いずみ

無印良品宣传海报“家［喀麦隆］”
pp264-267
2004

印刷：平板印刷
尺寸：W2,912×H1,030mm［B0×2］
外景地点：喀麦隆
委托者：良品计划株式会社
艺术总监：原研哉
摄影：藤井保
视觉设计：原研哉·井上幸惠·菅いずみ
协调：葵Promotion/北村久美子·池田麻穗

無印良品宣传海报“家［摩洛哥］”
pp268-271
2004

印刷：平板印刷
尺寸：W2,912×H1,030mm［B0×2］
外景地点：摩洛哥
委托者：株式会社良品计划
艺术总监：原研哉
摄影：藤井保
视觉设计：原研哉·井上幸惠·菅いずみ
协调：葵Promotion／北村久美子·池田麻穗

無印良品宣传海报“茶室” | pp272-277
2005

印刷：平版印刷
尺寸：W2,912×H1,030 〔B0×2〕
外景地点：京都
委托者：良品计划株式会社
艺术总监：原研哉
摄影：上田义彦
视觉设计：原研哉·菅いずみ
协助：千宗屋
协调：桥本麻里

無印良品报纸广告 | pp278-279
2005

印刷：轮转印刷
尺寸：W787×H511
外景地点：京都
委托者：良品计划株式会社
艺术总监：原研哉
摄影：上田义彦
广告文编写：原研哉
视觉设计：原研哉·菅いずみ
协助：千宗屋
协调：桥本麻里

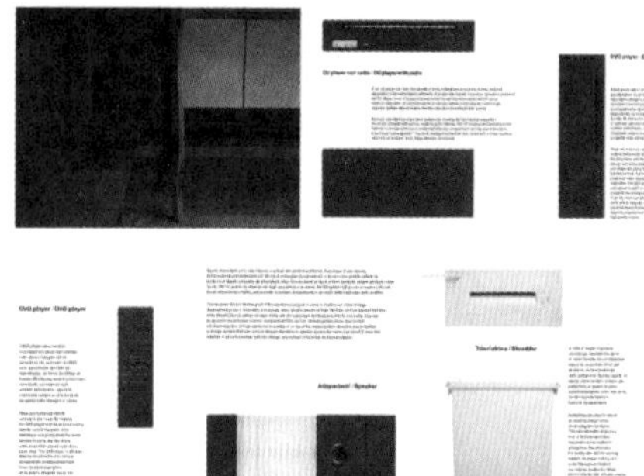

無印良品手册 iF Design Award | pp280-281
2005

印刷：平版印刷
尺寸：W150×H150 14页
委托者：良品计划株式会社
艺术总监：原研哉
摄影：上田义彦〔茶室〕
佐佐木英丰·大贯宗敬·筒井义昭〔制品〕
视觉设计：原研哉·家田顺代

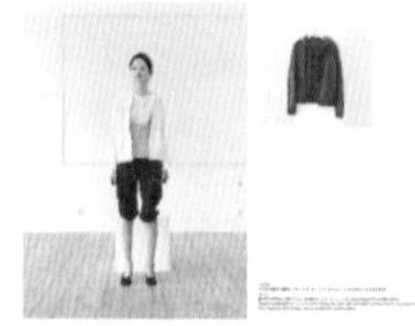

無印良品手册 | pp284-285
2006

印刷：平版印刷
尺寸：W148×H210 32页
委托者：良品计划株式会社
艺术总监：原研哉
摄影：长野阳一
佐佐木英丰·大贯宗敬·筒井义昭〔制品〕
视觉设计：原研哉·野村惠
Stylist：冈本纯子

米兰無印良品展
pp286-287
2003

委托者：良品计划株式会社
创作总监：杉本贵志
协同设计： Tim Power
艺术总监：原研哉
摄影［展览会摄影］：藤井保
视觉设计：原研哉 · 井上幸宪 · 菅いずみ · 松野薰

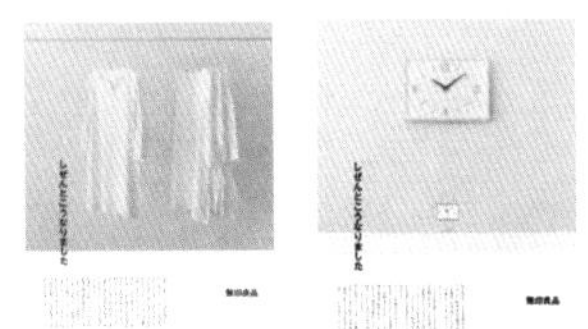

無印良品杂志广告
pp288-291
2006

印刷：平版印刷
尺寸：W230 × H284
委托者：良品计划株式会社
艺术总监：原研哉
摄影：片岛飞鸟
广告文编写：原田宗典［标题］
池田容子［内文］
视觉设计：原研哉 · 野村惠

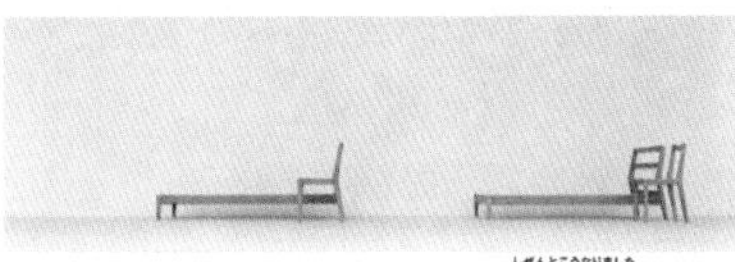

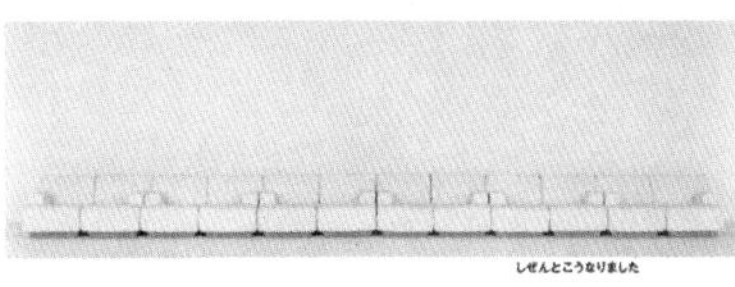

無印良品宣传海报“自然就变成这样了”｜pp292-295
2006

印刷：平版印刷
尺寸：W2,912 × H1,030 ［B0 × 2］
外景地点：京都
委托者：良品计划株式会社
艺术总监：原研哉
摄影：上田义彦
广告文编写：原田宗典
视觉设计：原研哉 · 井上幸宪

無印良品广告片“自然而然就变成这样了”
与其广告用相片｜pp294-297
2006

媒体：广告影片
委托者：良品计划株式会社
艺术总监：原研哉
影片总监：上田义彦
计划者：原研哉
摄影师：上田义彦
广告文编写：原田宗典
音乐：中川俊郎
监督：福田真人 · 井上幸宪

广告用相片
摄影师：上田义彦

无何有瓶装水｜p321
2003

素材：玻璃
容量：720ml
委托者：BENIYA无何有
艺术总监：原研哉
视觉设计：原研哉 · 口贤太郎

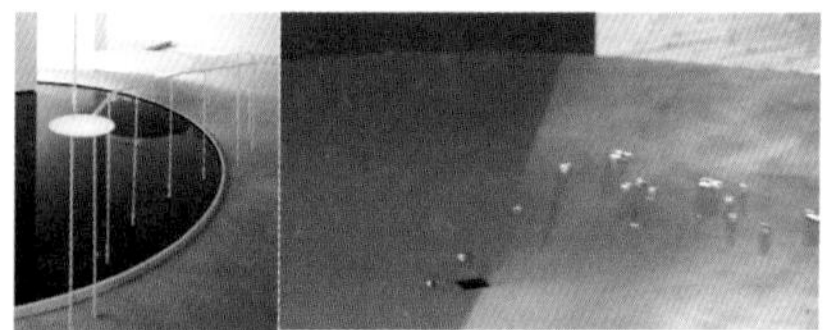

蹲［无何有 施术院］｜pp322-323
2006

展览会："T-room" Project
［金泽21世纪美术馆"另一个乐园"展］
尺寸：W5,000 × D,2000 × H2,40Omm
艺术总监：原研哉
视觉设计:原研哉 · 色部义昭

清酒"白金" p324
2000

素材：不锈钢
容量：800ml
委托者：一市村酒造
艺术总监：原研哉
视觉设计：原研哉

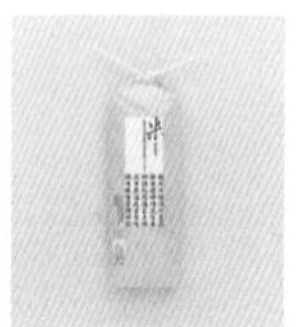

越光米包装｜p327
1999

印刷：平板印刷
容量：750g
委托者：新泻岩船农业协同组合
创作总监：番场芳一
艺术总监：原研哉
视觉设计：原研哉

蒲公英酒包装｜p328
1999

素材：玻璃
容量：300ml
委托者：北海道鵡川町
艺术总监：原研哉
视觉设计：原研哉

甲州酒包装｜p329
2005

素材：玻璃
容量：720ml
委托者：中央葡萄酒株式会社
艺术总监：原研哉
视觉设计：原研哉 · 下田理惠 · 日野水聪子

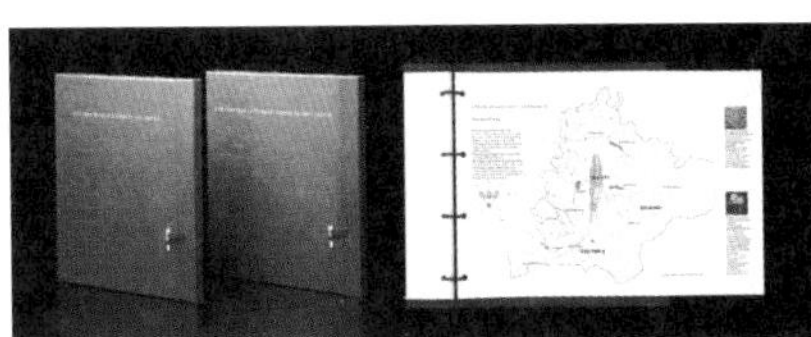

2005爱知世博会提案资料｜p333
1997

印刷：平板印刷
尺寸：W265×H320mm
构想委员：中泽新一·团纪彦·限研吾·竹山圣
监督：残间里江子
委托者：通商产业省
艺术总监：原研哉
视觉总监：原研哉·井上幸惠
插画：竹田郁夫

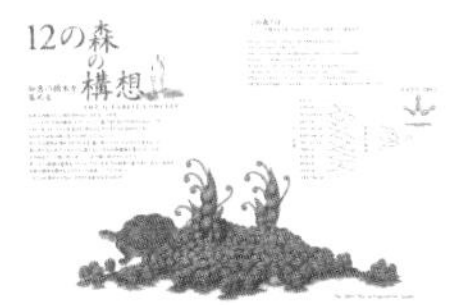
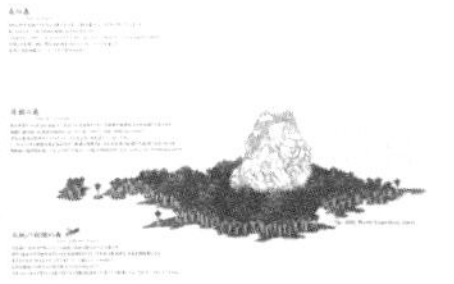

2005爱知世博会手册｜pp337-339
2000

印刷：平板印刷
委托者：财团法人2005日本国际博览会协会
企划：财团法人2005年日本国际艺术设计专门委员会
艺术总监：原研哉 视觉设计：原研哉·井上幸惠
文案撰写：小崎哲哉
图版出处：本草图说　高木春山画
插画　森林：大野高史
　　　图表：水谷嘉孝
　　　江户资源回收社会：须田悦弘

2005爱知世博会月历｜pp340-343
1999

委托者：财团法人2005日本国际博览会协会
尺寸：W528×H573mm
艺术总监：原研哉
图片题材：本草图说 高木春山画
摄影：藤井保
视觉设计：原研哉·井上幸惠

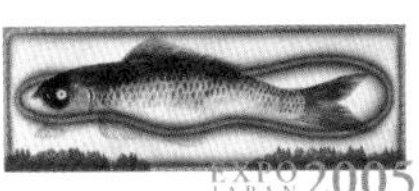

2005爱知世博会海报｜pp345-349
2000

印刷：平板印刷
尺寸：W728×H1，030mm [B1] 、W1456×H1，030mm [B0]
委托者：财团法人2005日本国际博览会协会
艺术总监：原研哉
视觉设计：原研哉
插画：高木春山·大野高史

2005爱知世博会封箱胶带｜pp352-353
2000

印刷：凹版印刷
尺寸：W70×H50，000mm
委托者：财团法人2005日本国际博览会协会
艺术总监：原研哉
视觉总监：原研哉·井上幸惠
原画：本草图说 高木春山画
插画：大野高史

北京奥运标志设计竞赛｜PP356-367
2003

委托者：北京奥运组委会
艺术总监：原研哉
视觉设计：原研哉·竹尾香世子·井上幸惠·日野水聪子
协调：株式会社Media新日中

Zone Qianmen 提案 | pp371-377

客户：SOHO CHINA
艺术总监：原研哉
视觉设计：原研哉 · 大黑大悟 · 松野熏 · 小矶裕司

Exformation
一四万十川
2004

武藏野美术大学毕业制作
基础设计学科
2004年度
教授：原研哉

模拟——如果河是一条路 | pp388-393
稻叶晋作 · 松下总介 · 森泰文

脚印景观——踏上四万十川 | pp394-395
中村恭子 · 野本和子 · 桥本香织

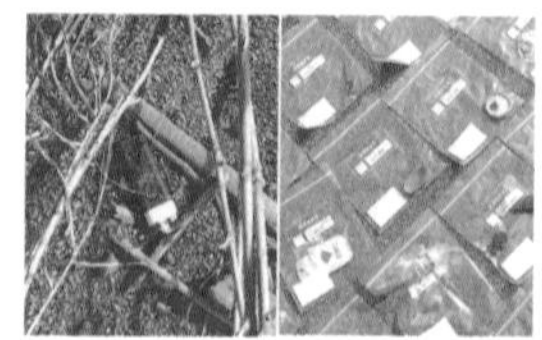

拾垃圾 | pp396-397
大野あかり · 只野绫沙子

六方位——以立方体切割四万十川｜pp398-399
吉原爱子

独自六天的纪录｜p400
宇野耕一郎

Exformation
-RESORT
2005

武藏野美术大学毕业制作
基础设计学科
2005年度
教授：原研哉

救生圈 / 彩条｜pp405-407
阿井绘美子

睡在外面｜pp408-409
折原桢子 · 木村あかり · 高桥聪子 · 森裕子

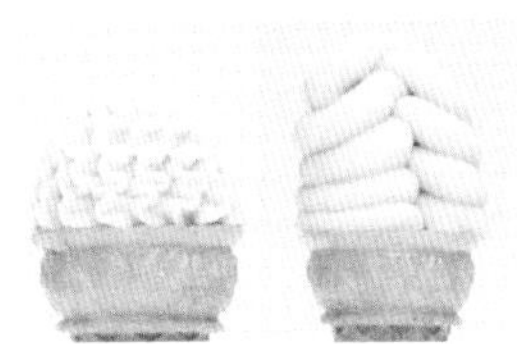

冰激凌机｜pp410-411
伊藤志乃 · 风间彩 · 田中萌奈

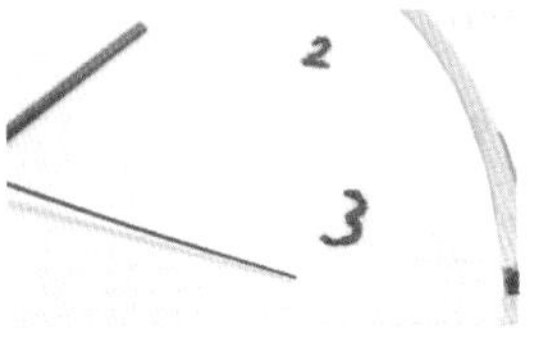

松散的字体编排设计｜p412
柳泽和

度假地 · 开关｜p414
富田诚

KENYA HARA

2007 *"SENSEWARE"* Tokyo Fiber 2007 企划·构成
PALAIS DE TOKYO Contemporary Art Center［巴黎］
青山SPIRAL GARDEN & HALL［东京］

2005 *"T-Room-Alternative Paradise* 另一个乐园" 展出 "蹲"
金泽21世纪美术馆［金泽］
"Ningbo Poster Biennial" 展出无印良品 "地平线" 海报
宁波美术馆［宁波］

2004 *"HAPTIC—五感的觉醒"* Takeo Paper Show 2004 企划·构成
青山SPIRAL GARDEN［东京］
"FILING—混沌的管理" Takeo Paper Show 2004 企划·构成［与织咲诚共同合作］
青山SPIRAL HALL［东京］
*"KENYA HARA"*Exhibition 原研哉展
日本艺术·技术中心［波兰 克拉科夫］

2003 *"VISUALOGUE"* Icograda世界平面设计大会 企划·构成
国际会议场［名古屋］
"MUJI"Exhibition 无印良品米兰展 艺术总监［与杉本贵志、深泽直人共同合作］
米兰家具展［米兰］
"Hospital Signage" 医院视觉标识展 企划·构成
银座松屋设计艺廊［东京］
"RE-DESIGN" 海外巡回展
DESIGN EXCHANGE［多伦多］ 2月
东华大学艺术设计学院［上海］ 9月
关山月美术馆［深圳］ 10月
中央美术学院［北京］ 12月

2002 *"RE-DESIGN"* 海外巡回展
DENMARK DESIGN CENTER［哥本哈根］ 4月
Business of Design Week［香港］ 9月
HONGKONG DESIGN CENTER［香港］10月
"KENYA HARA"Exhibition HONGKONG DESIGN CENTER［香港］
"KENYA HARA—Edited Works" ARTUM艺廊［福冈］

2001 *"RE-DESIGN"* 海外巡回展
LIGHT HOUSE［格拉斯哥］
"KENYA HARA" Exhibition 海外巡回展
国际交流基金会日本文化中心［多伦多］
Thomasy Jose Chapes Morard Museum［墨西哥 瓜纳华托］
国际交流基金会日本文化中心［圣保罗］
"KENYA HARA—Edited Works" RECRUIT G8艺廊［东京］

2000 *"RE-DESIGN—21世纪的日常用品"* Takeo Paper Show 2000 企划·构成
"Paper and Design—竹尾纸业50年" Takeo Paper Show 2000 企划·构成
青山SPIRAL GARDEN［东京］
"KENYA HARM Poster Exhibition"
波兹南市民艺廊［波兰 波兹南］

1995 *"SKELTON"* 包装设计展［与佐藤卓、藤井保共同合作］
RECRUIT G8艺廊［东京］
"Architects's Macaroni" 建筑师的意粉展 企划·构成
青山SPIRAL GARDEN［东京］

1994 *"KENYA HARA"Exhibition* 银座艺廊［东京］

1992 *"KENYA HARA Poster Exhibition"*
银座松屋设计艺廊［东京］

1994 *"Takeo Paper World"* 企划·构成
六本木艺术论坛［东京］

获奖 | Awards

2006 *CS Design Award 2006*, *Gold Prize*, Japan
CS设计赏金奖 / 长崎县立美术馆标识设计

2004 *Suntory Arts and Science Award*, Japan
Suntory学艺奖 / 针对著作《设计中的设计》

2003 *Tokyo Art Director's ClubAwan*, *Grand Prize*, Japan
东京ADC赏最高奖 / 无印良品"地平线"宣传活动

2001 *Mainichi Design Award 2000*, Japan
每日设计奖
Takeo Paper Show 2000 "RE-DESIGN" "纸与设计"
The 3rd Yusaku Kamekura Award, Japan
第三届龟仓雄策奖
针对书籍《纸与设计》与其展览会之企划、设计

2000 *BIO 17 Icograda Excellence Award and Icsid Design Excellence Award*, Slovenia
ICSID Excellence Award
ICOGRADA Excellence Award [斯洛维尼亚] / RE-DESIGN展
Hiromu Hara Award 2000, Japan
原弘奖 / 书籍编辑设计*RE-DESIGN*和《纸与设计》

1999 *The Prime Minister's Award*, *Japan Calendar Exhibition*, Japan
全国年历展内阁总理大臣奖 / EXPO 2005 Calendar
The Minister of International Trade and Industry Award
Japan Poster and Catalog Exhibition, Japan
全国手册海报展通商产业大臣奖 / EXPO 2005 Poster
The Minister of International Trade and Industry Award
Japan Poster and Catalog Exhibition, Japan
全国手册海报展通商产业大臣奖 / 竹尾Vent Nouveau样本手册

1998 *Signage Design Award*, *Grand Prize*, Japan
标识设计大奖 [通商产业大臣奖] / 梅田医院视觉标识设计
The Art Directors Club, *Distinctive Merit Award*, USA
纽约ADC海外展特别奖 / "im product" 手册

1997 *Provisional Regional Council Postr Award*, *Asia Pacific Poster Exhibition*, Hong Kong
亚洲太平洋海报设计展海报奖 [香港]
"MUSUBI" 海报系列

1996 *Japan Inter Design Forum Pirze* 日本文化设计奖 / 针对设计活动之实践
Kodansha Publshing Culture Award, *Book design*, *Award*, Japan
讲谈社出版文化奖书籍设计奖 / "请盗取海报"

1991 *Tokyo Art Director's Club Award*东京ADC奖 / 竹尾Paper Award '91海报

1990 *Tokyo Art Director's Club Award*东京ADC奖 / 竹尾Paper Award '90海报
JAGDA New Artist's Award, Japan日本平面设计协会新人奖

1989 *Design Forum'89 Gold Prize*, Japan Design Committee
设计论坛 '89金奖 / 演剧海报 "箱子内容物"

1987 *Design Forum'89 Bronze Prize*, Japan Design Committee
设计论坛 '89铜奖 / Award Calendar 1987

1985 *Mainichi*, *Advertisement Design Award*, Second Prize, Japan
每日广告设计奖二等奖 / "Kirin罐装啤酒" 新闻广告

1984 *Maintchi Advertisement Design Award,* Third Prize, Japan
每日广告设计奖三等奖 / "Suntory Wine Reserve" 新闻广告

著作·共著 | Books

2007　“*Designing Design*”　英文版：Lars Muller publishers
日语版：岩波书店

《为什么设计》 原研哉·阿部雅士对谈集 / 平凡社

“*TOKYO FIBER‘07—SENSEWARE*”
企划·构成：原研哉+日本设计中心原研哉设计研究所
17个团队创作者及企业共同参与
日本创作实行委员会编 / 朝日新闻社

“*Exfornlation*—皱”　武藏野美术大学基础设计学科 原讲座 / 中央公论新社

2006　“*Exfbrmation*—RESORT”
武藏野美术大学基础设计学科 原讲座 / 中央公论新社

2005　“*Exformation*—四万十川”
武藏野美术大学基础设计学科 原讲座 / 中央公论新社

2004　“*HAPTIC*—五感的觉醒”
企划·构成：原研哉+日本设计中心原研哉设计研究所
21位创作者共同参与 / 竹尾纸业株式会社编 / 朝日新闻社

2003　“*Design of Design*”日本原版：岩波书店
中文繁体版：磐筑创意出版［2005］
中文简体版：山东人民出版社［2006］
韩文版：Ahn Graphics Ltd.,Seoul［2006］

2002　“*Optimum*—设计的原形”
企划·构成：深泽直人+原研哉+佐藤卓
制作：日本设计委员会 / 六耀社

“*KENYA HARA*”　ggg Books 原研哉
银座视觉艺廊 / Trans Ar

《原研哉的设计世界》　广西美术出版社［北京］

2000　《窥视通心粉洞穴》　朝日新闻社

“*RE-DESIGN*—21世纪的日常用品”
企划·构成：原研哉＋日本设计中心原研哉设计研究所
32位创作者共同参与 / 竹尾纸业株式会社编 / 朝日新闻社

《不可谈论色彩》
文：原田宗典　摄影：藤井保 / 幻冬舍

1995　“请盗取海报” 新潮社

“SKELTON—原研哉，佐藤卓包装设计集”
摄影：藤井保 / 六耀社

简历 | Biography

1958年出生于日本冈山市，1981年毕业于武藏野美术大学基础设计学科，1983年取得同校硕士学位后进入日本设计中心。大学时代曾于高田修也、石冈瑛子事务所工作，在以此为设计师的基础上，1991年于设计中心内设立原研哉设计研究所，而展开独立的设计活动。现为日本设计中心代表，从2003年起担任武藏野美术大学基础设计学科教授。

专注识别与传达，亦即不以“东西”，而以“事情”为设计要义，以将企业活动和经济文化的愿景，通过视觉设计的方式来加以重新捕捉为其目标。

2000年制作“RE-DESIGN——21世纪的日常用品”展览，指出就算在一般日常生活中也能发现具有令人惊奇的设计资源。此展在格拉斯哥、哥本哈根、香港、多伦多、北京、上海等地巡回展出而引人注目。

2002年成为無印良品顾问委员会的成员，并从田中一光手中接下艺术总监的职位。

2004年以“HAPTIC——五感的觉醒”为题制作展览会，以此来与设计师深陷技术漩涡的现代设计氛围相对抗，展现了潜藏于人类感觉认知系统中的巨大设计资源。该展览引导人们去发现一个崭新的设计领域，其所探索的不只是诸如形式、颜色、质地等方面的造型元素，而是更复杂、更有效的东西：人类如何“感受”。

2007年，策划制作呈现日本人工纤维可能性的“TOKYO FIBER '07——SENSEWARE”展，并于东京和巴黎两地展出。此展融合超越天然纤维、创造新“环境皮膜”的智慧纤维和日本精致造物技术，因此提示出人类、纤维、环境三方面的新方向。

另一方面，在以东京为活动据点的同时，也广泛承接日本各地区的工作，并持续进行以设计重新捕捉本土、区域文化的尝试。此外，也承接长野冬季奥运会开、闭幕式节目表、2005年爱知世博会海报等代表国家的项目，且具有在日本文化中探索未来传达资源的姿态。

广告、识别、标识设计、书籍设计、包装设计、展览会总监……以横跨诸多不同领域的活动而获得无数奖项。2004年的著作《设计中的设计》，更获得只颁给学术书籍的Suntory学艺奖，并以从设计来谈现代实际问题的作家身分而备受瞩目。

Member of AGI (Alliance Craphique Internationale)
Member of the Janpan Design Committee
Member of Tokyo Art Directors Club
Member of JAGDA (Japan Graphic Designers Association)

Photographic Credits

amana / Masahiro Gamo, Naoko Hiroishi, Masayoshi Hichiwa, Takahiro Kurokawa, Kiyoshi Obara, Keisuke Minoda, Motoki Nihei, Takashi Sekiguchi: RE-DESIGN (pp22-49), HAPTIC(68-99, 104-143), 160-161, 163, 182-183, 185, 186-187, 197, 199, 204(above), 206(above), 324, 328, 353

Daici Ano: pp188-189, 191

Michael Baumgarten: p9

Tamotsu Fujii: pp307, 317, 319

Asuka Katagiri: pp52-53, 56-65, 327

Nacása & Partners Inc.: pp286-287

Nippon Design Center, Inc.: pp165, 167, 168(bottom), 171-173, 176, 178-181, 333, 464-467

Toshinobu Sakuma: p26(left)

Yoshihiko Ueda: p153

un(amana group) / Masahiro Gamo, Akihiro Ito : pp168 (above)-169, 322-323

Voile(amana group) / Raita Nakaseko, Kiyoshi Obara, Takashi Sekiguchi: pp154, 194-195, 202(above), 208-209, 220, 222-225, 321, 329

Hara Design Institute
Nippon Design Center, Inc.
1992-2007

Staff

Yukie Inoue
Kaoru Matsuno
Yoshiaki Irobe
Mutsumi Tokumasu
Yukiyo Ieda
Naoko Suzuki
Megumi Nomura
Yoko Ikeda
Akiko Uematsu
Eiji Mima
Rikako Hayashi
Tomoko Kishimoto
Meirin Kogure
Sawako Ino

Former Staff

Kenmei Nagaoka
Noriko Ikoma
Chihiro Murakami
Maho Ike
Rie Shimoda
Sachiko Iwabuchi
Satoko Hinomizu
Kentaro Higuchi
Yuji Koiso
Izumi Suge
Kayoko Takeo

著作权合同登记图字：20-2021-127

图书在版编目(CIP)数据

设计中的设计|全本 /（日）原研哉著 ；纪江红译
—桂林：广西师范大学出版社，2010.9(2024.12重印)
ISBN 978-7-5633-9418-0

Ⅰ.①设... Ⅱ.①原... ②纪... Ⅲ.①设计学
Ⅳ.①TB47

中国版本图书馆 CIP 数据核字(2010)第 000298 号

出版人 | 黄轩庄
责任编辑 | 马步匀
特约编辑 | 苏本
翻译 | 纪江红
校译 | 朱锷

中文版设计制作 | 汪阁 李婷 [朱锷设计事务所]

中文版项目策划及完成 | 朱锷设计事务所

广西师范大学出版社出版发行
(广西桂林市五里店路9号 邮政编码：541004
网址：www.bbtpress.com)
全国新华书店经销
发行热线：010-64284815
天津裕同印刷有限公司印装
开本：787mm×1092mm 1/16
印张：30 字数：400 千字
2010 年 9 月第 1 版 2024年12月第22次印刷
定价：128.00 元